乡村振兴之
科技兴农系列

柑橘高效栽培与病虫害绿色防控

彩色图解+视频指导

冉春　主编

化学工业出版社
·北京·

图书在版编目（CIP）数据

柑橘高效栽培与病虫害绿色防控：彩色图解+视频指导/冉春主编. —北京：化学工业出版社，2024.3

（乡村振兴之科技兴农系列）

ISBN 978-7-122-44766-1

Ⅰ.①柑…　Ⅱ.①冉…　Ⅲ.①柑桔类-果树园艺②柑桔类-病虫害防治　Ⅳ.①S666②S436.66

中国国家版本馆CIP数据核字（2024）第038895号

责任编辑：邵桂林　　　　文字编辑：李娇娇

责任校对：刘　一　　　　装帧设计：韩　飞

出版发行：化学工业出版社

（北京市东城区青年湖南街13号　邮政编码100011）

印　　装：北京缤索印刷有限公司

850mm×1168mm　1/32　印张11¼　字数330千字

2024年6月北京第1版第1次印刷

购书咨询：010-64518888　　　　售后服务：010-64518899

网　　址：http: //www.cip.com.cn

凡购买本书，如有缺损质量问题，本社销售中心负责调换。

定　　价：69.80元

编写人员名单

主　编　冉　春

副主编　江才伦　周　彦　李鸿筠　黎思辰

编　者　冉　春　江才伦　周　彦　李鸿筠　黎思辰　丛　林　刘浩强　李帮秀　付世军　于士将　王余富　黄春秀　戴建修　刘　柳　谭　峰　王　珍　付　强　潘　琦　李明玥

前 言

柑橘是世界上最重要的经济作物之一，在国际贸易上占据重要地位。我国是全球柑橘生产第一大国，2021 年栽培面积已达 4800 万亩（1 亩 =666.7 平方米），产量 5400 万吨。柑橘产业已成为南方广大地区农村经济的支柱产业，在乡村振兴、农民增收方面发挥着重要作用，但仍存在产品优质率不高、单位产出效益低、产业链条短等诸多问题，严重制约柑橘产业可持续发展。推进柑橘产业提质增效、推动高质量发展、创造高品质生活势在必行。

目前我国柑橘产业发展较慢，与栽培管理技术、病虫害防控技术不系统、可操作性不强有密切关系。柑橘栽培技术涉及果园规划、品种选择、土肥水管理、整形修剪和花果调控等多个关键环节，任何一环节出现问题，都会对柑橘产业的发展造成不利影响。同时，柑橘为常绿果树，病虫害发生种类多，柑橘黄龙病、柑橘溃疡病、柑橘实蝇、柑橘害螨等在许多产区暴发成灾，柑橘生产缺乏有效的绿色防控措施，这不仅严重影响柑橘产量和品质，而且往往导致农残超标。本书针对柑橘产业发展的技术问题，系统介绍了柑橘高效栽培与病虫害绿色防控的最新技术，形式上注重图文并茂，此外，对不易掌握的内容增加了视频讲解，以期让读者充分掌握和领会柑橘高效栽培与病虫害绿色防控技术。

本书由西南大学柑橘研究所冉春组织和策划编写，编写队伍由教学科研单位的科研工作者和技术推广部门的农业技术人员组成。编写过程中得到了重庆市特色水果产业技术体系的帮助，同时，全国柑橘产区多位同行积极为本书提供病虫害图片，在此一并表示感谢。

由于时间紧迫和作者水平有限，不足之处在所难免，恳请读者批评指正。

第一章　柑橘高效栽培

第二章　高效柑橘园的基本要求

第三章　柑橘园科学规划设计

第四章 柑橘砧木和主要栽培品种选择

第五章　柑橘苗木栽植技术

第六章 土壤管理与杂草控制

第七章 柑橘营养与施肥

第八章 柑橘缺素与矫治

第九章　柑橘需水规律与水分调控

第十章　柑橘简化整形修剪

第十一章　柑橘花果调控

第十二章　柑橘高接换种技术

第十三章　老柑橘园改造技术

第十四章 自然灾害前后柑橘树管理

第十五章 柑橘病虫害防治

第一章
柑橘高效栽培

柑橘高效栽培包括安全生产和高效生产两个方面。安全生产主要是指果园生产出的果品使用安全农药（国家绿色果品规定使用的农药，下同）、使用农药次数少、在保证高效的情况下使用农药的剂量低、果实上农药残留少或无。高效生产是指果园在科学管理和合理的投入下获得较高的产值，最终获得较高的利润。

一、柑橘高效栽培的含义

本书中所谈的柑橘，是指柑橘类果树中能用于生产种植、果实能鲜食、能产生经济效益的那部分柑橘类果树（书中下文均称“柑橘”）。主要包括柑橘类果树中的柑橘属、金柑属、柚类和杂交柑橘部分品种/品系。

用于生产种植的柑橘类果树均为多年生常绿乔木或灌木，种类繁多，品种品系复杂，其植物学和生物学特性各异，所以栽培技术针对性强，书中以其共性为主。

因为柑橘为多年生常绿果树，栽种后的效益不能以一年、二年来计算，应以从开始建园到产出果实销售后计算当年收支利润评价当年效益，然后计算多年的累计利润和累计投入，确定需要多少年才能盈利，因此，柑橘高效栽培必须从多年来考虑。

如何理解柑橘安全高效栽培？笔者认为，柑橘安全高效栽培是在适合种植柑橘的种植地和生态条件下，选择适宜种植地和生态条件的最佳砧木和接穗组合的柑橘品种/品系种植，在改良好的肥沃土地上用科学方法管理，以投入最有效且成本最低的肥料、安全农药和与之相应的劳动力，生产出具有外观漂亮、大小适中、内质优良、食用安全等特性的优质果，并通过销售获得最大化利润。

二、柑橘高效栽培的构成

要实现柑橘的安全高效栽培，柑橘的种植地（柑橘园）是高效栽培的基础，种植的柑橘品种是高效栽培的前提条件，柑橘果园的管理技术和劳动力是实现安全高效栽培的保障，柑橘果实的流通销售能保证实现利润最大化，只有这几个方面实现最优组合，才能真正实现柑橘的高效安全生产。

用于种植柑橘的柑橘园，应立地条件好。果园的规划设计要科学、合理、低成本、安全、土地利用率高，并集山、水、园、林、路和土壤的水、肥、气、热于规划设计中。果园建设时，必须要同时配套建设果园管理过程中需要的灌溉和水肥一体化系统、喷药系统、防草控草设施，最好还配套建设防旱、防冻的大棚（包括简易大棚）、防旱防冻的喷灌系统等设施。

种植柑橘品种的选择，是柑橘高效栽培的重中之重。柑橘品种的选择，不能盲目追新，人云亦云，必须因地制宜地选择品种，品种要能够适应种植地的气候、土壤条件。选择用的砧木必须既和品种嫁接亲和性好，又能适应土壤的酸碱变化。品种选择后，还必须要有成熟的配套基础条件和管理技术。

柑橘园安全高效管理技术包括柑橘园土壤的科学管理、不同品种柑橘树对营养和水分的需求与之对应的施肥和水分管理方法、杂草的科学防控、不同柑橘品种的整形修剪和花果调控，以及不同产地和不同品种的病虫害安全防控技术等。

目前，从事农业生产的劳动力越来越少，现阶段果园管理中的施肥、喷药、采果、整形修剪、人工除草等都需要劳动力，所以，充足的劳动力也是柑橘园效益的保障。

柑橘园再好的产量和品质，其效益也离不开好的果品销售。柑橘栽培效益的最终体现在于果品的销售。所有企业主或果园园主，都必须在开始建园时着手建立自己的销售渠道，以确保果园果实在合理价格下顺利销售，保证果品利润最大化，以实现柑橘的高效栽培。

三、柑橘高效栽培具体表现

柑橘栽培年效益等于当年的产值减去果园当年的所有投入。当年产值即为当年果品销售后的收入，也就是果园当年的毛收入；果园当年的所有投入包括当年果品生产过程中投入的所有肥料、安全农药、劳动力、生产用具、运输等的费用和损耗成本。

产值由产量和销售价格决定。高产量和高销售价格会有高的产值，反之，低产量和低价格产值较低。当然，在生产销售过程中，也会出现产量中等或低产量获得高产值的情况，这是由于果园主或企业主果实销售渠道通畅，并且果实销售的价格比一般同类柑橘果实销售价格高得多。

生产过程中使用的肥料、农药是柑橘果园两种主要的生产资料投入，其使用的种类、数量（或浓度）、方法和时间都严重影响果园果品的产量和质量，而且二者的价格，影响生产成本的高低；劳动力是果园生产过程（喷药、采果、整形修剪等）中必不可少的生产投入，也是果园生产过程中投入较大的生产成本，尤其是在幼树期劳动力的投入更多，如果要进行人工除草，幼树期对劳动力的需求更大；果园管理过程中使用的修枝剪、采果剪、运输机械、装果工具等生产资料，都属于果园生产过程的耗材，也是果园投入的生产成本之一，在果园生产投入中占相当部分比例，不可小觑；肥料、农药和果品的运输，及运输过程中的各种损耗，都是果园生产过程中的生产性投入，也是果园的生产成本。

柑橘园效益的高低与生产性投入息息相关。在销售工作顺畅的情况下，高的投入可能带来高的收益，没有投入不可能带来高的收益，但科学适度的投入才能带来好的收益。因此，柑橘园的管理，一定要在科学技术的指导下，尽量控制各种生产成本，合理高效使用肥料和安全农药，尽量减少劳动力的使用，减少生产耗材投入，降低运输成本和减少果品损耗。

至于前面提到在产量中等或低产量的情况下，由于销售价格高而实现高产值的情况，不适用于所有柑橘果园。这部分柑橘果园在整个柑橘果园的占比不高，一是果园业主有自己独特的销售渠道，能常年保持柑橘果实的顺利销售并保持较高的销售价格；二是果园业主有自己独到的安全高效生产管理技术，生产出的果品品质高、果实大小品质等整齐一致；三是果园业主不追求产量，以生产出高品质、果品卖相好的精品果为主要目标；四是观光采摘园，由于采摘价格高而创造了高产值。所以，要实现柑橘园高效，渠道是多样的，果品质量是前提，果品销售是根本。

第二章 高效柑橘园的基本要求

柑橘是多年生常绿植物，喜欢冬无严寒冻害、夏无高温酷暑、一年四季阳光充足、降雨充沛、温暖湿润、昼夜温差大的气候。果园自然条件中优质的土、肥、光、热、水、气等条件是柑橘园高产优质的基础。柑橘园的土壤条件、交通条件、水源条件、海拔高度与坡度和隔离条件等因素，以及柑橘园道路系统、蓄排水系统、水肥一体化系统和喷药系统等基础设施的建设，以及土壤改良都是实现柑橘园高效栽培的基础。

一、气候条件

总体来讲，柑橘适宜栽种的平均温度为 16 ～ 22℃。早熟品种在低温来临前果实已经采收，即使遭遇低温冻害被冻伤或冻坏枝叶，也对当年的产量没影响，所以，绝对最低温度在 −5℃以上也能栽种，而且，有的柑橘品种的枝叶比较耐低温，在低温情况下树也不会被冻坏；中晚熟柑橘品种，一般绝对最低温度在 −3 ～ −2℃时开始结冰受冻，即使套袋和简易覆膜，果实组织也会受损，没有食用价值和商品价值，因此，绝对最低温度最好在 0℃以上。除此之外，柑橘园所在位置要求 1 月平均温度≥ 5℃，≥ 10℃的年有效积温 5000℃以上，年光照时长 1000 小时以上，年降雨量 1000 毫米左右。花期以空气湿度低为宜，一般以 65% ～ 75% 为好，无连续阴雨、高温和急剧天气变化。花期至果实成熟期无冰雹、霜、雪、台风等严重自然灾害。果实成熟期，降雨少、空气温度低、温差大时生产的果实品质好，冬季有低温果实着色好；如果实成熟期降雨多，空气湿度大，昼夜温差小，则果实品质差。

正常情况下，光照时间长的区域，柑橘树生长快、结果早、产量和品质高、果实比光照低的区域果实大，但果实易浮皮、果肉松、酸度低、糖酸比高。光照时间短的区域，产量和品质会低一些、果实比光照时间长的区域的小，但果实包裹较紧、果肉紧凑结实、酸度越高，所以低酸品种可以栽种在海拔稍高的地方，果实风味更浓一些。一些需要强光照的品种，年日照时间要达到 1500 小时以上才能获得丰产，如福本脐橙等；一些需要弱光照的品种，成熟期温度太高则品质差，如春见橘橙等；一些高糖高酸的品种，在积温较高的地方，其品质反而得不到较好体现，甚至不能食用，如不知火橘橙等；气温较高的海南种植区，果实成熟后虽然肉质较好，但果实的果皮颜色因高温不能褪色而保持绿色，所以，通常成熟的果实果皮是绿的，如海南的红江橙因果皮不能褪色而称为“绿橙”。

昼夜温差大小是影响柑橘果实品质的重要因素。昼夜温差越大，越有利于果实糖的积累，果实品质越好；昼夜温差越小，越不利于果实糖的积累，果实品质差。

宽皮柑橘类，以及和宽皮柑橘类杂交获得的类似宽皮柑橘枝、叶、花、果的杂柑类品种，大多保留了宽皮柑橘抗低温的能力，抗低温能力大都比较强，但在低温期老叶容易脱落。柑橘北缘地带种植的柑橘品种，大多是宽皮柑橘类。甜橙类和柚类耐低温的能力次于宽皮柑橘类，枝干能短时间抵抗 −7 ～ −5℃低温。柠檬是柑橘类果树中最不耐低温的种类，最适于在我国热带或南亚热带种植，−2℃就会造成大量落叶落果。虽然具有耐零下低温的能力，但不能说栽培这些品种就没有问题，因通常在这样低的温度下，这些品种的果实都会因果肉被冻伤而失去食用价值，也就没有商业栽培的必要了。果实需要越冬的晚熟柑橘品种，冬季低温会引起严重落果，这类果种植时，应特别注意其冬季最低温应在 0℃以上，也不能在低洼的山坳中种植。

在现代栽培中，有的地方因为低温而不能种植果树，所以在生产中出现了设施栽培（盖大棚、覆盖薄膜等），设施的好坏会影响其提高温度的能力。在设施栽培的条件下，很多正常情况下不能种植的地方都可以适度种植，这当然要进行产出与生产投入的差值比较，有效益则种，无效益则放弃。

每一个柑橘品种（品系），都有其最适宜的气候区域，只有在最适宜的气候区域种植，才能实现真正的高效栽培，才能获得丰产和优质，才能体现优良品种的真正价值。因此，一个新品种的推广发展，必须因地制宜，必须搞清楚这个品种对气候条件的要求，不能盲目跟风发展，最好找最适宜地发展。

二、交通条件

柑橘园交通条件在柑橘生产管理过程中具有非常重要的作用。人员进出需要道路，建园栽植的苗木、果园生产管理中使用的肥料农药的运输等需要道路，喷药、灌溉等农机具进出需要道路。更重要的是，果实成熟采收后运输果实的车辆也需要道路。如果是一个观光柑橘园，进出果园的道路远近、宽窄、路况和果园内的人行便道等，都直接影响观光人数和观光人的心情，进而影响柑橘园的效益。因此，柑橘果园选址时，尽量选择在交通方便、道路较宽（或能扩宽）和路面质量较好的地方，如果是采摘观光园，离城区的距离最好不要超过1小时车程。在远离公路（双车道，宽7～8米）或机耕道（单车道，宽3～4米）的地方，如果因地势、建筑等影响不能新建道路至果园，则不宜建大型柑橘园。

三、土地条件

柑橘对土壤的适应性很广，除了高盐碱和严重受污染的土壤外，各种类型的土壤都能种植柑橘，只要气候适宜，都能生长、开花和结果。但是，不同的土壤栽种柑橘，柑橘树的生长速度、生产出的果实的产量和品质是不一样的。同时，土壤类型不同，土壤的酸碱性（pH值，下同）不同，要求苗木的砧木不同。因此，柑橘栽培要获得高产、稳产和优质，土壤必须达到一定的条件。土壤质地和肥力较差的，应进行改良后再栽种，最适宜柑橘生长的土壤是壤土和沙壤土。

直接可以栽种柑橘的土壤，或通过改良可以栽种柑橘的土壤，一般要求疏松肥沃，土壤有机质含量在2.0%以上，至少不得低于1.0%；土壤活土层40厘米以上，最好在60～80厘米以上。土壤以微酸性为好，pH值在5.5～6.5之间。由于柑橘根系对土壤水分比较敏感，过干或过湿都会对柑橘根系造成严重伤害，尤以土壤过湿对柑橘根系的伤害最大，严重时会造成根系腐烂、死亡，因此，种植柑橘的土壤，要求不能积水，地下水位至少不得低于80厘米，最好在1米以上，同时，一定要做好果园开沟排水工作。

四、水源

柑橘为常绿果树，喜湿润土壤，对水的需求量大，干旱不利于柑橘树生长结果。我国大部分柑橘产区降雨量都在1000毫米以上，从雨量来讲，基本能满足柑橘生长结果的需要，但由于降雨时间和降雨量分布不均，有时降雨量过大而出现涝害，有时则无降雨而出现季节性干旱。涝害可以排水，干旱则需蓄水灌溉。在干旱季节，尤其在干热河谷地区，水是柑橘能否高产优质的一个非常重要的因素。因此，园地选择时，必须要有充足的灌溉水源，而且，还要考虑用水的成本。

对干旱季节柑橘灌溉量的确定，目前没有统一的标准，也没有确切的灌溉量。根据国内多数柑橘产区情况和生产实践，在干旱季节，以滴灌和微喷灌效果较好，微喷灌溉水量高于滴灌，所以微喷需要的水源必须充足。根据当地气候条件下蒸发量的大小和干旱的程度，一般每天每株树灌溉3小时左右，灌水量以15～30升/（天·株）为宜，可3～7天灌溉一次。因此，园地选择时应考虑干旱季节灌溉水源问题。一是要考虑灌溉水源的位置，最好用于灌溉的水源来自果园的顶部，如果在园区顶部没有适合的灌溉水源而需要提灌，那么扬程越小越好，以降低生产成本；二是水质问题，柑橘属于忌盐果树，对灌溉水中的盐分敏感，尤其是水中的硼和氯等离子，一般要求灌溉水中的硼离子含量小于0.5毫克/升，氯离子含量小于150毫克/升，对于工业污染灌溉水源，不能含有砷、铅、汞、镉等重金属，要在安全的情况下才能使用；三是干旱季节的水量必须能够满足园区的灌溉需要；四是要考虑水源必须是在干旱季节即使与当地农户争水也能满足并稳定用于果园灌溉。

五、海拔与地势

海拔高度对气温的影响很大，通常情况下，海拔每上升 100 米，气温下降 0.6 ～ 0.7℃。柑橘的生长、开花、结果，以及产量和果实品质都与气温有关。在温度比较低，原本就可能出现冻害的地方，海拔高度的增加，易导致果实和树体受冻的可能性增大，整个物候期推迟，树生长相对慢一些，成熟延后，果实含酸量增加，但适度的低温（3 ～ 10℃）果实着色会早也会好一些（超过 20℃的温度则不利于柑橘果实的着色），同时也可以增加挂树贮藏时间。

果园的地势（地形和地貌）对柑橘的生长、开花和结果影响也比较大。不同的地形地貌，其生长、开花和结果有差异。地形地貌主要是指园地的坡度、坡向、丘陵地的位置等。柑橘园园地以浅丘缓坡为好，其土壤排水性好，树体通风透光能力强，病害发生率低，但易水土流失；平地通风透光不好，空气湿度大，排水不易，容易积水烂根，病虫害发生率高，但水土不易流失，管理易，成本低，坡度较大的园地，通风透光能力强，排水较好，但由于坡度大，管理人员行走和物资运输不方便，管理不易、成本高，且水土易流失，要建台地后才宜种植，因此建园成本高。一般来说，柑橘种植的地形坡度最好为 10° 以下的缓坡地或平地，但受土地资源限制，10° 以下的缓坡地或平地大多用来种大田作物、蔬菜等，所以，我国大部分柑橘园都在 10° 以上的坡地。根据不同生产地区的土地资源，综合考虑生产作业和水土保持，柑橘园的坡度在 15° 以下为宜，坡度最好不要超过 25° 。15° 以下的园地可不建水平台地进行栽种，高于 15° 以上的坡地必须建台地后再种植。

山地的坡度是果园选址必须考虑的一个重要因素。不同坡向，光照、温度和风力都不一样，通常光照和温度以南坡为高，北坡为低。在有冻害的地方，最易出现冻害的是北坡和西坡，南坡相对好一些，同时，北坡的光照不及其他几个方向，所以在光照少的地方，北坡不适合种植柑橘，但在光照充足、太阳辐射比较强的热带和南亚热带，南坡种植柑橘往往容易产生日灼，而北坡产生日灼轻或无，所以在这种区域，北坡更适合种植柑橘。

六、社会环境及杂树等其他

除上述因素外，柑橘园园地选择，还应考虑柑橘园地所在位置的社会因素、园地内及附近的杂树、是否有工厂污染、周围风力大小、与黄龙病区和溃疡病区的隔离条件、农村院落、坟墓群等。

园地周围社会环境好，群众支持率高，有利于果园的发展和果园的管护。附近工厂如有硫化物、氟化物、一氧化碳、一氧化氮，以及油类物质、农药和一些粉尘物质等排出，会严重影响柑橘生长结果和果品安全，不仅对柑橘生长不利，而且容易造成果品食用不安全，因此，在空气容易被污染的水泥厂、农药厂、化工厂、砖瓦厂、钢铁厂和炼油厂等附近不适宜建柑橘园。紧邻果园有成片青冈林、桃园、李园等，因其内树木与柑橘有共同病虫害，也不适合建柑橘园。

微风和小风既有利于柑橘园内的空气流动，提高柑橘树的光合作用，降低空气湿度，又可以减少冬季和早春的霜冻，减少高温对树的伤害，同时减少病虫害的发生。但大风会降低光合作用，加剧土壤水分和叶片水分蒸发，加重干旱，低温季节也容易冻伤柑橘树，更为严重的是大风致使果面擦伤，甚至吹断枝干，加速溃疡病、黄龙病等病虫害的快速传播。同时，在高温时的大风，会加速果实、叶片的日灼，在高温季容易形成“火风”伤叶、果、树，甚至造成全树受“火风”而死亡。

黄龙病和溃疡病是栽培管理过程中的两大不易彻底防治或难治之病，也是高效栽培过程中需要通过加强栽培管理与多次喷药结合才能将其进行一定程度防控的病害，所以，为了避免柑橘黄龙病和溃疡病的传染，降低生产成本，提高果品的安全性，在柑橘园园址选择时，一定要注意柑橘园应远离黄龙病和溃疡病区。一般柑橘园地要离溃疡病区 3 ～ 5 千米以上，离黄龙病区 10 千米以上，同时注意栽种脱毒苗木，避免疫区果、苗入园，做好园区消毒管理。

一个完整的果园，为了方便管理，最好在选址时果园园区内没有农户院落和坟墓，如果实在无法避开，则可以将农户院落或坟墓与园地用铁网或枳、香橙、马甲子等带刺植物隔开。

第三章 柑橘园科学规划设计

规划设计好的柑橘园，苗木栽种后生产管理容易、方便、成本低、树生长快、结果早、产量高、品质好、效益好，能实现真正意义上的高效栽培。

柑橘园科学规划设计是从有利于柑橘的高效栽培管理和提高土地利用率出发，针对选定区域柑橘园的地形地貌、交通、水源和土壤等条件，为有利于柑橘园的水土保持，有利于柑橘树生长结果条件下的土壤改良、培肥地力、灌溉和排水，以及有利于柑橘园管理方便的交通运输等，对园地的道路系统、排水和蓄水系统（简称排蓄系统）、土壤改良、栽植方向和栽植密度，以及园地的附属建筑和绿篱等进行统一科学规划设计，使柑橘园的山、水、园、林、路成为一个统一的有机整体，同时也使规划设计后的柑橘园尽可能满足柑橘树生长结果所需要的水、肥、气、热条件，让果树树冠形成快、丰产稳产、质优色优，实现高效。

柑橘果园的科学规划设计，必须做到科学合理、经济适用、安全稳固、能提高土地利用率，并充分考虑当地柑橘产业发展规划、当地政府及种植者的要求，以及柑橘园建设的资金投入等。

第一节　道路系统科学规划设计

除观光采摘柑橘园的道路系统要根据特殊需要进行规划设计外，一个完整的柑橘果园的道路系统由干道（双车道）、支路（单车道或机耕道）、作业道（三轮车道）和人行便道组成。干道和支路为运输骨架，称为骨干道路。柑橘园通过骨干道路与作业道和人行便道连接，组成完整的交通运输网络，方便农药、肥料等生产物资和果实的运输，方便管理人员从事农事管理。

一、骨干道路

干道一般是 500 亩以上柑橘园内的运输主路，园外与公路相连，园内与支路相连，也是园内作业道和人行便道的出口。

主干道能同时通过 2 辆大卡车，一般路基 8 米、路面宽 7 米、路肩宽 0.5 米，其他技术参数按四级公路标准设计。主干道要么两端和柑橘园外公路相连，要么一端与柑橘园外公路相连，另一端在柑橘园内形成闭合线路贯穿全园。

500 亩以上柑橘园除干道外，还有支路规划，与果园内干道相连接，支路也是 500 亩以下柑橘园内运输的主要道路系统。支路在柑橘园内与作业道和人行便道相连接，构成运输纽带。支路以单车道设计，通常路基宽 4.5 米、路面宽 3.5 米、路肩宽 0.5 米，要求能通过一辆大卡车，每隔 300 ～ 500 米在视线良好的路段设置一错车道，以方便错车通行。错车道路基宽度不小于 6.5 米，特殊路段可减为 5.5 米，有效长度一般不小于 10 米，相邻错车道之间应尽可能通视。

柑橘园内的骨干道路在园区内的线路规划应科学合理、安全稳固、低造价，尽量少占耕地，尽量避开需要修建桥梁、大型涵洞和大型堡坎的地段，道路通过较大的排水沟时设置涵洞。骨干道路一般不应规划在园区底部和顶部，应尽量上下兼顾，园区的干道和支路尽量采用闭合线路，如果支路实在不能修建为闭合道路，必须在道路末端修建回车场。为了安全稳固，骨干道路路基必须压实，压实度不小于 90%，路拱排水坡度 3% ～ 5%，尽量铺设成泥结石路面或砼硬化路。除山脊上的干道和支路外，其余干道和支路均需在道路的一边或两边设置路边沟。路边沟的尺寸由上方的集雨面大小或排水系统确定。

柑橘园道路系统的骨干道路，原则上果园内任何一点到最近的干道、支路之间的直线距离不超过 200 ～ 300 米，特殊地段控制在 300 ～ 400 米，也就是说，柑橘园内的干道和支路两条路相互间的距离一般不超过 400 ～ 600 米，特殊情况下不超过 600 ～ 800 米。

二、作业道

柑橘园区作业道是供三轮车在园区通行而修建的道路。为了园区交通运输方便，同时也不因修建道路而降低土地的利用率，在一些没有条件修支路而又需要机械运输的地方，可以在地势比较平缓的行间根据位置情况修建作业道。

作业道路面宽 2.0 米，用石板或预制砼路板铺筑，可直接推土建设，也可以在主排水沟上铺带钢筋的砼路板建成暗沟作业道。

柑橘园区的作业道最好两端都与骨干道路相连形成闭合道路，如果实在无法两端与骨干道路相连，则必须一端与骨干道路相连，另一端在道路尽头修建回车场以便车辆返回。

三、人行便道

人行便道是为了方便柑橘园管理和观光采摘方便而修建的人行道路。人行便道可与柑橘园区内的骨干道路相连，也可以和柑橘园区内的作业道和邻近的人行便道相连。

人行便道可根据不同的要求进行规划设计，一般路面宽 1.0 ～ 1.5 米，最好为砼硬化路面，也可为土路面。人行便道一般采取水平走向或上下直线走向。坡度小于 10° 的直上直下，坡度 10° ～ 15° 的斜着走，坡度 15° 以上的按“之”字形修建。人行便道斜道纵坡应小于 8%，如用砼硬化斜道必须做防滑齿，纵坡超过 8% 的应修成梯级。

为了提高土壤利用率和不影响栽植后的视觉效果，行间人行便道直接设在两行树间，株间人行道则需要减栽一株树。如果是采取方格网放线栽植，相邻人行便道之间，或相邻人行便道与骨干道路和作业道之间的距离与种植的行距或株距必须成倍数。

为了有利于果园管理，一般果园内任何一点，人行便道到最近骨干道路、作业道和人行便道之间的直线距离在 75 米以下，特殊地段控制在 100 米左右，也就是说，果园内两条路之间的距离在 150 ～ 200 米。

第二节　水利系统科学规划设计

柑橘园的水利系统由排水系统、灌溉系统和蓄水系统组成。排水系统由拦洪沟、排洪沟、田间排水沟、梯地背沟、沉沙凼和路边沟等组成。灌溉方式主要是管网灌溉和普通灌溉。蓄水系统由水塘水库、蓄水池等组成。

一、排水系统科学规划设计

（1）拦洪沟　山地或丘陵柑橘园，园地上方汇水面较大时，如遇暴雨、大雨或连续降雨就容易形成洪水冲毁柑橘园，需要在柑橘园上方开挖拦洪沟以拦截洪水冲入柑橘园，或通过拦洪沟将洪水引入大型蓄水池、水塘或水库进行蓄积。

拦洪沟的建设必须根据汇水面的大小决定。汇水面大时拦洪沟宽而深，汇水面小时拦洪沟略窄而浅。拦洪沟按梯形断面修建，一般深 0.8 ～ 1.0 米，上宽 0.8 ～ 1.0 米，下宽 0.5 ～ 0.8 米，易冲毁的地方用石料砌成，或用水泥建成。拦洪沟大体沿等高线修建，但应保持 3‰～ 5‰的比降，其出口与排洪沟相连，引水出柑橘园。

（2）排洪沟　排洪沟贯通整个柑橘园，上与拦洪沟相连，下与田间排水沟、背沟和路边排水沟相连，将来水引入水库、水塘、大型蓄水池，或柑橘园外排洪沟、沟渠、河流。排洪沟为梯形断面，其深、宽和修建比降必须根据聚集的水量和确保排水畅通来确定。排洪沟一定要注意消能和沉沙，并注意与田间主排水沟深度尺寸的匹配。

（3）田间排水沟　柑橘是怕涝害的果树，积水很容易烂根死亡，因此，凡是柑橘园内积水的地块都必须开挖田间排水沟进行开沟排水。

田间排水沟可分为田间主排水沟（图 3-1）和一般排水沟。田间有排洪沟的柑橘园，排洪沟也兼有主排水沟的作用，顺田间株向或行向的排水沟也可称之为厢沟，厢沟也是排水沟。

田间主排水沟为梯形断面，上宽0.6～0.7米，下宽0.5～0.6米，深≥0.8米，比降3‰～5‰。田间顺行向或株向的主排水沟1～8行一沟。稻田改良后做柑橘园的，一般两行一沟，积水特别严重的可一行一沟；不易积水的地块，可根据位置和排水情况4～8行一沟，或8～10行一沟。容易积水的地块，应在地块四周挖田间主排水沟将水排走，其开挖规格和要求与田间顺行向或株向的主排水沟相同，但注意与彼此间的衔接。

田间一般排水沟根据情况开挖，旱地呈弧形，稻田地呈梯形，上宽0.5～0.6米，下宽0.4～0.5米，深≥0.5米，比降3‰～5‰。

（4）梯地背沟　梯田在梯壁下离梯壁0.3～0.5米处设背沟，背沟离种植的柑橘树干1米以上。短背沟在两端设沉沙凼，长背沟除在两头设沉沙凼外，在背沟中间可修建竹节背沟（图3-2）。旱地背沟弧形，上宽0.3～0.4米，底宽0.2～0.3米，深0.3～0.4米，比降1‰～3‰；梯田背沟梯形，上宽0.4～0.5米，底宽0.3～0.4米，深0.3～0.4米，比降3‰～5‰；低洼梯田背沟梯形，上宽0.5～0.6米，底宽0.4～0.5米，深0.8米以上。

图3-1　田间主排水沟

图3-2　竹节背沟

（5）沉沙凼　沉沙凼设在沟旁、蓄水池旁或长沟中间，其大小和深度由沟的大小决定。一般沉沙凼比沟宽0.4～0.6米，比沟深0.3～0.5米。为了增强沉沙效果，沉沙凼的进水口和出水口错开，不要排在一条直线上。沉沙凼要经常清理淤泥。

（6）路边沟　包括根据需要修建的主干道排水沟、支路排水沟、作业道排水沟和人行便道排水沟。

主干道和支路路边排水沟为梯形，一般上宽 0.6 ～ 0.8 米，下宽 0.4 ～ 0.5 米，深 0.5 ～ 0.6 米，易积水地块深 0.8 米以上，宽度适当加大，并注意与排洪沟和田间主排水沟尺寸匹配。易冲毁的沟段，用石料砌筑，但必须留水缝，同时沿道路走向在适当位置应设沉沙凼。

作业道及人行便道排水沟均为梯形，土沟，上宽 0.3 ～ 0.4 米，下宽 0.2 ～ 0.3 米，深 0.3 ～ 0.4 米。

二、灌溉方式科学规划设计

柑橘园的灌溉方式可分为普通灌溉和管网灌溉两大类。普通灌溉包括沟灌、漫灌和浇灌等方式，普通灌溉方式根据果园的地势，利用蓄水条件，修建简单的沟渠即可，建设成本低，容易维护管理，但灌溉效果差，树体受水量差异影响较大，受水量大的树根受影响较大，掌握不好可能会导致根系受损，甚至根会受涝腐烂。管网灌溉包括滴灌、喷灌、微喷灌溉和地下管网节水灌溉等，主要是通过在果园田间布置灌溉管网，将灌溉管网与稳定的水源相连，并通过管网将水输送到田间、输送到树。管网灌溉要有稳定和充足的水源、水池（水塘、水库等）、灌溉管网和管理房等，建设成本较高，而且需要专人维护，管网等的维修、维护管理成本较高，但灌溉快、效果好，树体间差异较小，同时，由于灌溉管网的存在，果园的施肥、喷药系统可与之相结合，虽然建设成本高，但在灌溉、施肥、喷药方面会更省人工，果园管理效果更好。如果要实施柑橘果园高效栽培，管网灌溉是必需的措施之一。经大量生产实践证明，管网灌溉中滴灌和微喷灌两种方式比较实用。

三、蓄水系统科学规划设计

水是柑橘园实现高效栽培的重要保证。柑橘园防病治虫需要水，干旱抗旱救树也需要水，柑橘树生长结果需要水，要实现水肥一体化更需要水。也就是说，柑橘园的水，一是必须满足果园防虫治病需要的水，二是满足果园施肥需要的水，三是满足干旱季节抗旱保果促生长需要的水。为了满足柑橘树对水的需求，柑橘园必须要有足够的水源和蓄水量。无论是普通灌溉还是管网灌溉，都应有蓄水系统，对于管网灌溉，蓄水系统是非常重要的。

（1）原有水库和大型水塘　柑橘园地现有的水库和大型水塘，是柑橘园灌溉用水的主要蓄水地，必须保证其能正常蓄水，如果原有水库和大型水塘不能正常蓄水，应进行修缮，以保证柑橘园干旱季节用水，同时，如果原有的水库和大型水塘通过修缮不能满足果园干旱灌溉用水需要，则必须对原有水库和大型水塘进行修缮、扩建。

（2）新建蓄水池　对于柑橘园来说，非干旱期柑橘园的蓄水只要满足喷药和施肥用水就够了，但在干旱季节，柑橘园的蓄水，除满足喷药和施肥用水外，还必须蓄有用于抗旱的水。

一般来说，在干旱季节，1 亩柑橘园用于抗旱灌溉的水量为每次 3 ～ 5 吨，保水能力差的果园，土壤通透性好，水分流失快，3 ～ 5 天灌溉一次；保水能力好的果园，土壤水分流失较慢，5 ～ 7 天灌溉一次。因此，柑橘园如果没有稳定的、足够的水源，那么就应计算柑橘园原有水库和大型水塘的蓄水量是否能满足果园的需水要求，如果不能满足，在原有的水库和大型的水塘能够扩建的情况下，则扩建原有的水库和大型的水塘，如果没有位置用于扩建，则必须选择合适地新建蓄水池。

柑橘园没有水库和水塘的，应修建蓄水池。为了提高园地的土壤利用率，柑橘园内新建蓄水池不宜多，修建密度最好以 100 亩地修建一个蓄水池为宜，每个蓄水池至少蓄水量不低于 300 ～ 500 吨。新建的蓄水池、水塘，要求要有足够的汇水面以蓄足水，其建设地点最好在果园上部，其次为果园中部，休闲观赏园可以修建在果园下部以供休闲垂钓。

第三节　主要土壤类型特点及改良

我国的土壤类型很多，有的可以直接用于种植柑橘树，有的由于土壤有机质含量太低、营养元素缺乏、酸碱度过高、地下水位高等，必须经过改良才能种植柑橘果树，才能取得好的产量和获得好的果实品质。

柑橘基地果园的改良，除了针对不同的土壤类型采取不同的改良措施以外，最主要的还是在改良土壤的同时增加土壤中的有机质。因为柑橘是多年生果树，有机肥对柑橘来说是基肥，要施在柑橘树根系集中的土壤中，在栽树前有机肥可以一次性多施，这样对以后树的生长有利，也可以减少以后有机肥的施肥次数，而且，栽树前施的有机肥是埋在树株根下，在栽树后不能再施在主根下，所以栽苗前的有机肥应尽量埋够。栽树后施有机肥会与栽前施有机肥不一样，是施在树根系外，必须在树滴水线附近开沟施，对树的根存在一定的损伤，而且，施肥方法不对或有机肥没有发酵，会伤树根，而且得年年开沟施，会大大提高生产成本。所以，对于有机肥的施用，最好在栽苗前一次施足。生产实践发现如果建园资金没有问题，可以在建园改土时，开 40 ～ 60 厘米的沟，每亩地将 5 ～ 10 吨发酵腐熟的牛粪、鸡粪等有机肥施于沟内与土混匀，这样在柑橘树结果 5 ～ 7 年，甚至更长时间内都可以不再施有机肥。

一、红壤

红壤是我国分布面积最广的土壤，是种植柑橘的良好土壤。红壤在中国主要分布在北纬 25° ～ 31° 之间长江以南的低山丘陵区，包括江西、湖南两省的大部分，云南的南部、湖北的东南部，广东、福建北部及贵州、四川、浙江等的一部分地区。

红壤发育于热带和亚热带雨林、季雨林或常绿阔叶林植被下，大多是高温高湿的丘陵地区，是脱硅富铁、铝化过程和旺盛的生物富集过程长期共同作用的结果。在高温高湿条件下，矿物发生强烈风化产生大量可溶性的盐基、硅酸、氢氧化铁、氢氧化铝；在淋溶条件下，盐基和硅酸不断淋洗进入地下水后流走，而活动性小且易累积的氢氧化铁、氢氧化铝在干燥条件下发生脱水形成无水氧化铁和氧化铝，导致土壤中缺乏碱金属和碱土金属而富含铁氧化物和铝氧化物。铁化合物中主要是褐铁矿与赤铁矿等，因土壤中赤铁矿含量特别多，剖面呈均匀红色而取名红壤。

红壤自上而下包括腐殖质层、淋溶淀积层（均质红土层）和母质层等三个基本的发生层。腐殖质层在自然植被下，一般厚20厘米左右，暗棕色，有机质1%～6%不等，但在部分红壤地区自然植被受到破坏，加之水土流失严重，腐殖质层越来越薄，严重者已不存在；淋溶淀积层一般厚0.5～2.0米，呈均匀的红色或红棕色，紧密黏重，呈块状结构，常有大小不等的铁锰结核出现，具有明显铁胶膜或铁离子层或铁锰层；母质层包括红色风化壳和各种岩石的风化物。

（一）红壤特性

1. 土层较深，耕作层浅

发育于不同成土母质的红壤土层均较深。发育于第四纪红色黏土上的红壤，土层可深达10米以上；发育于第三纪红砂岩上土层较浅的红壤，土层也有50～60厘米。在我国大部分柑橘产区的红壤，大部分发育在板质岩、石灰岩及第四纪红母质上，质地较黏，多为黏壤土至黏土，黏土矿物以高岭石为主，土壤熟化程度低，耕作层浅薄，不利于耕作和柑橘根系的伸展。

2. 酸性强，养分缺乏且易淋失

红壤酸性较强，一是由于土壤中含有较多氢离子，二是红壤脱硅富铁、铝化作用的结果，使土壤中氧化铁和氧化铝增多，大量聚积的活性铝水解后增加了土壤溶液中的酸性物质而导致红壤酸性强。据测定，红壤土壤pH值一般为4.0～6.0，表土与心土pH值4.0～6.0，底土pH值4.0左右。

红壤的酸性环境，虽然有利于活化土壤中的铁、锰等柑橘所需要的营养元素，但也会加速矿物质和有机质的分解和淋溶。土壤中氮、磷、钾、钙、镁等多种营养元素大量淋失，导致有效态钙、镁的含量减少，硼、钼很贫乏，水溶性的磷也易被铁、铝固定而氧化成为难溶物质或闲蓄态磷，使得土壤中的有效磷更低，速效养分更缺乏。植株常因缺乏微量元素锌而产生柑橘“花叶”现象，土质变得很瘠薄，有机质含量一般仅为1%～1.5%，全氮多在0.06%以下，全磷0.04%～0.06%。

3. 土壤黏重，耕作性差

红壤黏粒含量40%～60%，高的可达70%～80%，有机质含量较少，腐殖质形成少，不易积累，加之水土流失严重，土壤有机质缺乏，质地黏重，土壤板结，结构性差，遇水很快呈糊状，影响水分下渗，干旱后极易板结成硬块，“干时一块铜，湿时一包脓”，土壤不利于耕作，也不利于柑橘根系伸展。

4. 易干旱

红壤地区虽然雨量充沛，但受季风影响，雨量分布不均，旱季明显，而且土壤大多分布于丘陵坡地，地形起伏，土黏难渗，水分极易流失，地表径流量大，水土流失严重，土壤中的无效水分多，有效水分少，柑橘难以吸收利用而受干旱。

图3-3为红壤剖面图。

图3-3 红壤剖面图

（二）红壤改良方法

1. 全面规划，综合治土

平整土地，丘陵地修建等高水平梯地时在山上部果园种地前挖拦洪沟拦截洪水，沿丘陵山脚挖环山沟防洪水浸蚀，以保持水土，同时与治山、治水、种树及种草相结合，并采取旱地培地埂、垄作、沟种，冬季深耕、夏季浅耕、春季不耕等耕作措施，减少水土流失。

2. 合理施肥，培肥土壤

（1）合理种植绿肥　绿肥富含有机质和氮、磷、钾等养分，有根瘤菌能固定空气中氮的豆科绿肥，植物体内氮素很丰富，一般新鲜绿色体中含有机质 10%～15%、氮素 0.4%～0.8%、磷素 0.1%～0.2%、钾素 0.3%～0.5%。同时，绝大多数绿肥作物吸肥能力很强，能将肥料中不能利用的养分吸收，使养分得到活化和集中，翻压后不但能补充红壤的矿质营养，而且可以提高土壤有机质。研究发现在云南，翻压苕子后，红壤耕层有机质由 0.78% 提高到 1.09%，全氮由 0.057% 提高到 0.091%，速效磷由 1.0% 提高到 1.3%；在江西红壤丘陵连续种三年绿肥后，耕层有机质、全氮、全磷分别由 0.64%、0.04%、0.04% 提高到 1.21%、0.07%、0.07%，因此种好绿肥是解决红壤有机肥源的可靠途径之一，也对红壤的改良有显著的效果。一般平地红壤柑橘园每亩翻压绿肥 1 吨左右、旱地红壤柑橘园每亩翻压绿肥 2 吨左右。

适宜红壤地区种植的绿肥很多，可因地、因时选择适于当地自然条件、抗逆力强、生长速度快、覆盖度大、产量和肥效都比较高的绿肥种类和品种。适宜红壤冬季种植的绿肥有油菜、紫云英、肥田萝卜、蚕豆、箭舌豌豆、苕子等，适宜春夏季种植的绿肥有田菁、豇豆、绿豆等，多年生绿肥和牧草有紫穗槐、热带苜蓿、木豆等。

（2）增施有机肥　施用有机肥不仅可以直接提高红壤中的有机质含量，增加土壤中氮、磷、钾等养分，改善土壤结构，提高土壤保水、保肥能力，而且有机肥中有大量腐植酸类物质，可以中和土壤中的游离氧化铁，减少铁、铝对柑橘的危害。

施肥的效果因季节、作物和土壤而不同，一般夏季施用效果高于冬季。生物有机肥、腐熟的人畜粪、杂草、作物秸秆、树枝、淤泥等，都是有机肥的主要来源。有机肥的施用量一般每亩 2 吨。有机肥一定要分层压埋，并且要和泥土相混，同时压埋有机肥应在晴天进行，一定要见到须根压埋，尽可能少伤大根，根系也不能在外暴露太久。

（3）合理施用磷肥和氮肥　红壤磷含量很低，有效磷更缺乏，所以在红壤上施用磷肥的效果很显著。目前在柑橘生产上施用的磷肥有钙镁磷肥、过磷酸钙、磷矿粉、骨粉等，每亩施 100 kg 左右为宜。钙镁磷肥呈微碱性，不易溶解，但施在酸性的红壤上有利于提高这种磷肥的有效性，也有利于增加红壤的磷肥。在新开垦的红壤荒地、低产旱地和低产水田上施用磷矿粉、过磷酸钙、骨粉等，效果也非常显著。施用磷肥时，最好与有机肥配合使用，减少磷素与土壤的直接接触，有利于提高磷肥的肥效。施用磷肥必须将磷肥深埋于柑橘根系附近，以利于柑橘根系的有效吸收。对豆科绿肥施用磷肥，还能“以磷增氮”。

红壤不仅缺磷，也缺氮。红壤施用氮肥，初期效果虽不如磷肥大，但能解决土壤缺氮的问题，而且更能发挥磷肥的作用。红壤中含钼、硼、锌和铜等微量元素，虽然酸性条件可以提高其有效度，但由于受到强烈的淋溶，绝对含量低，因而施用微量元素一般都有好的效果。

3. 合理施用石灰

强酸性是红壤的一个重要特性，而且土壤熟化越低，酸性越强，铝离子也越多，所以，在红壤上施用石灰，可以中和土壤酸度，提高土壤 pH 值，消除铝离子对柑橘的毒害，增加土壤的钙素，加强有益微生物活动，加速有机质的分解，减少磷被活性铁、铝固定，改良土壤结构和改变土壤黏、板、酸、瘦等不良性状。一般每亩施用 0.5 ～ 1.0 吨。朱宏斌等研究表明，施用石灰可以提高土壤 pH 值两个单位，土壤活性铝含量降低 1/3 ～ 2/3。

4. 合理耕作

红壤旱地耕作层浅，不能满足作物根系的伸展及正常生长发育所需的良好环境和营养范围，进行合理耕作，目的在于创造一个深厚、均一和肥沃的耕作层。江西都昌、丰城等地区根据当地春雨夏旱的特点，创造了“冬深耕、夏浅耕、春不耕”的经验，同时，采取雨后中耕、畦面盖草、表土埋草等措施，吸蓄雨水、减少蒸发、稳定水热动态。

二、黄壤

黄壤是我国南方山区主要土壤之一，也是柑橘主要的栽培土壤之一，集中分布于南北纬度 23.5°～ 30° 之间，广泛分布于南亚热带与热带的山地上，以四川、贵州、重庆为主，在云南、广西、广东、福建、湖南、湖北、江西、浙江和台湾诸地区也有相当面积。在湿润条件下，黄壤的垂直带带幅较宽，一般在海拔 800 ～ 1600 米之间，低者在 50 米左右，高者 1800 米左右，云南高原山地在 2200 ～ 2600 米以上。在各个山地的垂直带谱中，黄壤一般在红壤的上部。

黄壤发育于亚热带湿润山地或高原常绿阔叶林下的高温高湿地区，热量条件比同纬度地带的红壤略低，雾日比红壤地区多，日照较红壤地区少，夏无酷暑，冬无严寒，干湿季节不明显，所以湿度比红壤高。黄壤在形成过程中与红壤一样，同样包含富铝化作用和氧化铁的水化作用两个过程，只是富铝化作用比红壤弱，黏土矿物以蛭石、高岭石为主，加之在长期湿润条件下，游离氧化铁遭受水化，因含褐铁矿（$2Fe_2O_3 \cdot 3H_2O$）等呈黄色而得名。

黄壤酸性强，自然黄土为淋溶层 - 沉积层 - 母质层。淋溶层未分解或半分解的枯枝落叶腐殖质厚 10 ～ 30 厘米；沉积层黏重、紧实，以黄、红杂色为主，块状结构，具有明显的铁胶膜或铁离子层；母质层为岩石碎石的半风化体。耕作土壤剖面构型为耕作层 - 心土层 - 母质层。自然土表层有 10 ～ 30 厘米的未分解或半分解枯枝落叶腐殖质层，其下为黏重、紧实的淀积层，颜色为黄至棕黄色。黄壤的有机质随植被类型而异。在自然土中，有机质由于腐殖质层存在，可高达 5% 以上，但心土层则迅速降低，耕作黄壤随熟化程度提高而增加。

（一）黄壤特性

1. 发育于不同母质的黄壤特点各异

发育于花岗岩、砂岩残积、坡积物上的黄壤，土层较厚，质地偏沙，渗透性强，淋溶作用较明显，在森林植被下，地表有较厚的枯枝落叶层，腐殖质层较厚，表土为强酸性，因酸性淋溶作用而可见灰化现象；发育于页岩上的黄壤，质地较黏重；发育于紫色砂页岩上的黄壤，心土黄色，底土逐渐过渡为紫红色，多为壤土，渗透性好；发育于第四纪红色黏土上的黄壤，土层深厚，富铝化作用较强，心土为棕黄色，以下逐渐转为棕红色或紫红色，质地黏重，渗透性差。

2. 土层较薄，酸性强

黄壤旱地土壤，大多分布在山坡地上，植被破坏后，水土容易流失，尤其是在板页岩残积物上发育的土壤，土质疏松，地表径流容易将细粒带走，使土层变浅薄，甚至完全失去肥沃土层，出现过黏、过沙、过酸三大特点，pH 值一般在 4.0 ～ 6.0，耕作土壤具有瘦、冷、湿和板结的共性。

3. 土壤养分较少

由于水分流失的结果，大部分有机质含量仅 1% ～ 2%。土壤特别缺磷，绝大部分黄壤速效磷低于 10 毫克 / 千克，是典型的缺磷土壤之一。氮、钾含量均属中等水平。由于黄壤植被被破坏，水土流失严重，土层多显贫瘠。

4. 土黏易干旱

由于黄壤土质较黏重，黏粒含量高达 40% 以上，结构不良，通透性差，干时坚硬，湿时糊烂，保水保肥力弱，加之地形起伏，水分极易流失，在部分地块缺乏灌溉水源，易受干旱。

（二）黄壤改良方法

黄壤与红壤通常是交织在一起的，黄壤的改良应特别注意通过深挖压埋植物秸秆、腐熟人畜粪等，加深耕作层，增强土壤透性；合理轮作，增加土壤有机质；土施石灰，降低土壤酸性等，改良利用措施与红壤大致相同，不再赘述。

图 3-4 为黄壤剖面图。

三、紫色土

紫色土主要分布于我国亚热带地区，以四川红色盆地分布面积最广，云南、贵州、湖南、江西、浙江、广东、广西等省（区）也有分布。

紫色土发育于亚热带地区不同地质时期富含碳酸钙的白垩纪和第三纪的紫红色页岩、砂页岩或砂砾岩和砂岩，也有少部分三叠纪紫灰岩母质风化发育成土，分石灰性、中性及酸性三种。紫色土全剖面上下呈均一的紫色或紫红色、紫红棕色、紫暗棕色，也有紫黑棕色，土壤分层不明显。

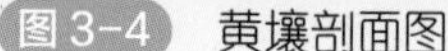

图 3-4 黄壤剖面图

图 3-5 紫色土剖面

（一）紫色土特性（图 3-5）

1. 土层浅薄，含砾岩多

紫色土由于风化迅速，所处地形多为坡地，极易受到冲刷，水土流失较严重，剖面发育不明显，没有显著的腐殖质层，表层以下即为母质层。耕作后，表层为耕作层，有时也出现犁底层，所以土层深浅不一，浅者几厘米，深者 30 ～ 50 厘米，通常不到 50 厘米，超过 1 米者甚少；土中夹大量半风化的母岩碎片及砾石，含量达 40%～ 50%。由沙土至轻黏土，以粉壤土为主，土质粗糙，孔隙度良好，土壤通透性好，抗蚀力低，漏水漏肥，抗旱保水力弱，蓄水和保肥能力差，施肥后易发生肥水流失，土壤肥力低。土壤吸热性强，白天土温容易上升，夜间降温也快，高温时节容易发生干旱。

2. 土壤有机质较缺乏，养分含量不平衡

紫色土由于土层浅薄，岩片砾多，水土流失严重，植物覆盖稀疏，土壤有机质含量少，一般低于 1.0%。含氮量也缺乏，大多低于 0.1%。在长期耕作施肥下，有机质可达 1% 以上。土壤中磷、钾较丰富，一般含全磷 0.1% 左右，含全钾 2%～ 3% 或更高。由于成土母质的原因，土壤差异较大，养分含量不平衡，管理措施跟不上时会严重影响柑橘生长结果。

3. 酸碱性不一

紫色土分为酸性紫色土、中性紫色土和石灰性紫色土。酸性紫色

土分布在长江以南和四川盆地广大低山丘陵地区，碳酸钙含量小于1%，土壤呈酸性，pH值小于6.5，土壤有机质、全氮含量相对较高，磷、钾稍低，指示植物有松树、蕨类和映山红等；中性紫色土主要分布在四川、重庆、云南，碳酸钙含量1%～3%，pH 6.5～7.5，肥力水平较高，有机质、氮、磷稍显不足；石灰性紫色土主要分布在四川盆地及滇中等地，土壤的碳酸钙含量大于3%，pH值大于7.5，土质疏松，土壤有机质在10克/千克左右，氮、磷含量低，锌、硼严重缺乏，土体浅薄，保水抗旱能力差，指示植物有刺槐、臭椿、苦楝、白榆、桑树、紫穗槐、白蜡树等。

4. 土壤蓄水量少，调温能力差

由于土层较浅，土壤透性和渗透性极好，蓄水量极低，加之紫色土吸热性强，导热性大，白天土壤温度受气温影响极大，土壤温度的上升和下降都极快，稳定性也差。所以，在夏秋季节往往水分不足、温度过高而导致柑橘根系死亡，在冬季又会因温度过低而导致根系受冻。据史德明等研究，每100立方厘米的紫色页岩风化碎屑可以吸收水分47克，1963年8月25日在江西兴国县长岗公社紫色光坡地地表最高温达到76℃，昼夜温差为46.8℃，而同一天紫色草地上的地表最高温度为62.6℃，昼夜温差仅34.5℃。因此，紫色土蓄水能力弱，土壤变化大，而且土层越薄，蓄水能力越弱，土壤温度变幅越大；反之，土层越厚，蓄水能力越强，土壤温度变幅越小。

（二）紫色土改良方法

1. 深挖改土

紫色土土层浅，因此，在柑橘建园时应进行深挖改土增加土壤厚度。深挖方式有两种，一是大穴深挖，二是壕沟深挖。大穴深挖时，穴为圆形，直径1.5米以上，深1米以上；壕沟深挖时，壕沟上宽1.5米以上，下宽1.2米以上，深1米以上。两种方式中，以壕沟深挖为好。深挖改土时，最好在深挖的穴或沟内分层填入植物秸秆、杂草和鸡粪等人畜肥有机肥，其填入量为压实后占穴或沟深度的1/3左右。回填时将埋入的有机肥与土相混，并将已熟化的表土埋于底层，新挖

出的未风化的新土置于表层，同时，开挖时，一定要做到穴或沟能很好地排水。

2. 种植绿肥，增施肥料

由于紫色土土壤熟化程度不高，有机质含量低，肥力不高，在建园前应先种植豆类、花生、玉米、油菜等作物熟化土壤，然后将植物秸秆等埋于土中，加速土壤的熟化，增加土壤有机质，改良土壤结构。在改良土壤时，在多施人畜粪、堆肥、生物有机肥等的同时，应配合施用氮素肥料，对酸性紫色土施用适量石灰，对碱性紫色土使用硫酸钾等酸性肥料，以中和土壤酸碱度。

3. 生草栽培，合理间作套种

在栽植树前或栽植树后，保留果园内的浅根杂草以保持水土，应注意夏秋降低土壤温度、冬季提高土壤温度、气温变化过程缓和土壤温度变化，进而促进柑橘根系生长。

四、海涂土壤

中国海涂面积较大的地区主要分布在长江、黄河、珠江、海河等大河入海处。海涂土壤是在平原海岸的边缘地区由淤泥质或沙质和海相沉积物组成的海岸滩地，是海水平均高潮线与平均低潮线之间的地带。

（一）海涂土壤特性

1. 土壤盐分较高

这类土壤土层深厚，富含钾、钠、钙、镁等矿质元素，但地势较低，地下水位高，由于海水浸泡，干旱季节随着土壤水分的蒸发，土壤底层盐分随水上升，土壤剖面含盐量较高，而且盐分不易排洗，一般来说，海涂土壤盐分主要成分为氯化钠，一般含量在 2% 以上，高的可达 5% ～ 8%。

2. 酸碱度比较高

海涂土壤由北向南酸碱性不一样，长江以北地区的海涂土壤多数偏碱性，pH 值为 7.5 ～ 8.5，高者可以达到 9.0 ～ 10.0，土壤许多养分变成无效性；长江以南的海涂土壤偏酸性，pH 值为 4.0 ～ 6.0。

3. 土壤有机质含量少

在盐碱土上，由于作物生长不好，留在土里的植物残体少，土壤的有机质含量也少，加之泥沙比较黏细，呈粥状或粉糊状，结构较差。而且滩面较平整，保水保肥能力差，土壤中的微生物，特别是固氮菌和根瘤菌等有益微生物的活动受到抑制，不利于土壤养分的增加与活化，降低了土壤的供肥能力。

4. 怕旱怕涝怕小雨

干旱季节，土壤强烈蒸发，土壤水分特别是有效水分迅速减少，盐分浓度相应增加。到了雨季，土壤水分增加，盐分得以淋洗，但由于盐碱土所处的地势低平，常常积涝成灾。

（二）海涂土壤改良方法

1. 筑堤建闸，杜绝海水侵入

在开垦种植前，做好防潮堤坝，防止海水对土壤的冲刷，在已做好堤坝的地区，让海涂土壤与海水隔绝，杜绝海水侵入。

2. 降低地下水位，排水洗盐

开沟排水，降低地下水位，是降低海涂土壤盐分的主要方法。沟开得越深越密，盐分就排出得越快。为保证柑橘根系的正常生长，开挖沟的深度最好在 1.5 米以上，间距 200 ～ 300 米以内。中国农业科学院农田灌溉研究所等研究表明，开挖田间排水沟，连续两次降水 214 毫米的情况下，每平方千米排水量 3.6 万立方米，每平方千米排盐量为 150 吨，1 米土层无排水沟的平均脱盐率为 25%，而有排水沟的平均脱盐率为 50%。

3. 种好绿肥，降低盐分

开沟排水后至建园前，可在海涂土壤上种植一些耐盐和吸盐力强的作物，如咸青、咸草等，建园后，也可在行间种植绿肥，可以减少地表水分蒸发，抑制土壤返盐，加之庞大的根系大量吸收水分，叶片蒸腾作用使地下水位下降，从而有效地防止土壤盐分在地表积累，不仅熟化土壤，而且能增加土壤有机质。山西省农业科学院土壤肥料研究所报道，种植三年紫花苜蓿，可降低地下水位 0.9 米，可加大土壤脱盐率，孔隙率增加 3.2%。

4. 增施有机肥

在海涂果园增施有机肥是增加土壤有机质的一个重要来源，如厩肥、土杂肥、人畜粪发酵肥等。

5. 合理耕作

建园栽树前应起垄，实行起垄栽培。耕作时不宜在土壤过湿或过干时进行，而应该在适宜的湿度条件下进行。深耕深翻，可以疏松耕作层，打破原来的犁底层，切断毛细管，提高土壤透水保水性能，加速淋盐和防止返盐。深耕深度一般为 25 ～ 30 厘米，可逐年加深耕作深度。深翻将含盐重的表土埋到底层，而将底层的淤泥、夹黏层或黑土翻到表层，一般深翻 40 ～ 50 厘米。

6. 选择适宜砧木

种植柑橘时，在海涂地上，应选择比较耐盐碱的砧木，如酸橙和酸橘等。

五、水稻土

水稻土在我国分布很广，占全国耕地面积的 1/5，主要分布在秦岭 - 淮河一线以南的平原、河谷之中，尤以长江中下游平原最为集中，是在人类生产活动中形成的一种特殊土壤，是我国一种重要的土地资源。

水稻土是发育于各种自然土壤之上，经过人为水耕熟化和自然成土因素的双重作用而形成的耕作土壤。这种土壤由于长期处于水淹的缺氧状态，土壤中的氧化铁被还原成易溶于水的氧化亚铁，并随水在土壤中移动，当土壤排水后或受稻根的影响，氧化亚铁又被氧化成氧化铁沉淀，形成锈斑、锈线，形成特有的水耕熟化层（耕作层）- 犁底层 - 渗育层 - 水耕淀积层 - 潜育层水稻土的剖面构型，土壤下层较为黏重而硬，透气性特差。水稻土中有机质、氮、铁、锰含量较高，磷、钾缺乏。硫虽然丰富，但 85% ～ 94% 为有机态，当通气状态不好时易还原为硫化氢（H_2S）而使植物中毒。水稻土 pH 值均向中性变化，pH 值 4.6 ～ 7.5。

图 3-6 为水稻田剖面。

水稻土改良方法如下：

地势低洼、积水难排和冬季冷空气易沉积难排出的深峡谷水田地段不适宜种植柑橘，而其他适宜种植柑橘的水稻田，应进行土壤改良。其措施如下。

图 3-6 水稻田剖面

1. 深沟改土

水稻田因长期耕作、蓄水，耕作层浅，而且在耕作层下沉积了一层不渗透的犁底层。犁底层保水性能好，通透性极差，柑橘根系很难穿过犁底层往下扎，也很容易积水产生涝害，所以对改种柑橘的水稻田在建园时一定要深挖栽植壕沟打破犁底层。栽植壕沟应顺排水坡方向进行，沟呈梯形，深 0.8 ～ 1.0 米，上宽 1.5 ～ 2.0 米，下宽 1.2 ～ 1.5 米，比降不低于 1‰。沟挖好后，最好在沟底部填一层厚 20 ～ 40 厘米的石块或较粗大的树枝等以利于排水，同时，在回填时应埋入有机肥，而且有机肥必须与水稻土相混。

2. 建立完整的排灌沟系

水稻田土层较浅，土质黏重，地下水位高，雨季易积水，土壤孔隙的空气含量减少，造成土壤氧气缺乏，导致根系生长停止而引起柑橘涝害，根系腐烂枯死，因此水田种植柑橘必须修好排灌沟系。排灌沟系包括主排水沟、背沟和厢沟。主排灌沟比降1‰以上，深1.0～1.2米，宽0.4～0.6米；背沟和厢沟深0.8～1.0米，宽0.3～0.4米。

3. 起垄栽培，增施有机肥

水稻田种植柑橘时，为降低地下水位，避免柑橘根系积水涝害，必须采用起垄栽培（图3-7）。但不论是哪种栽培方式，在栽植沟（穴）挖好后一定要备足有机肥，并按规范埋肥。回填后的栽植沟或栽植穴应高于原土面0.4～0.5米，呈龟背形起垄。

图3-7 起垄栽培

第四节 园地调整

不同土壤在建园前必须经过改良才能栽种苗木，但是仅仅改良了不同的土壤，也还不能实现柑橘园的高效栽培。除了对土壤进行改良外，对园地还必须进行科学整治，才能提供柑橘生长的最适土壤条件，这对柑橘根的生长、品质的提升都是非常必要的。

一、起垄栽培

对地下水位低、土壤板结的平地或缓坡柑橘园地，为了降低地下水位、排出土壤中的过多水分，为根系生长创造一个通气的环境，为果实品质提升创造条件，同时也为果园实现机械化创造条件，除了在果园行间开挖深的主排水沟（厢沟）外，还必须对这类园地进行起垄栽培（图 3-8）。起垄栽培是在橘园每两厢的行间开挖宽 1.5 ～ 2.5 米、深 40 ～ 50 厘米的沟渠，既有利于排出土壤积水，也为运输机械提供道路。

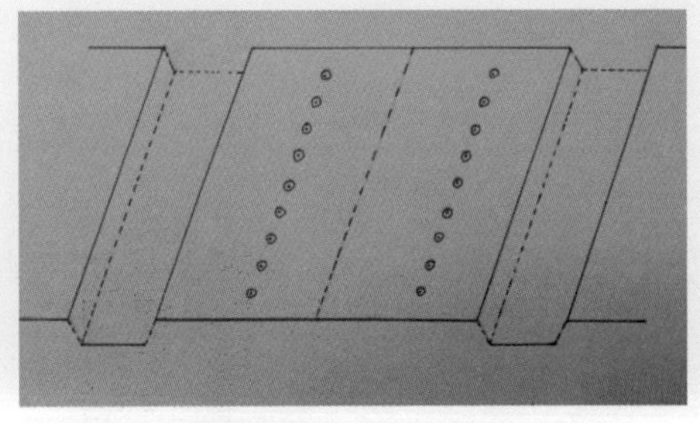

图 3-8　起垄示意图

对土壤排水和透气性都好的柑橘园地，干旱季节特别容易因水分蒸发而受旱，建议不要进行起垄栽培，只要做好园地的开沟排水就可。

对于土层较浅、保水保肥能力弱的土壤，要么放弃栽培，要么进行垒土栽培（实际也就是起垄栽培，只是起垄的目的不是排水，而是聚土）。这种土地，垒土是为了增加土层厚度，以满足柑橘根系生长和保水保肥的需求。这种土地起垄，主要考虑土壤的土层厚度，只要土层厚度能满足柑橘根系生长需要就可。可以一厢起垄，也可以多厢起垄。起垄的高度由需要的土层厚度决定。

二、开挖定植壕沟或定植穴

柑橘园栽种株行距确定后，接下来是放线确定栽种的位置。栽种的位置通常是定植沟或定植穴。平地、容易积水的板结地和土层浅的紫色土，建议开壕沟种植，有利于根系伸展和排水；在透气性好的缓坡地，可以开定植穴种植，但定植穴要确保不积水。图 3-9 和图 3-10 为紫色土定植壕沟和紫色土定植穴示意。

图 3-9 紫色土定植壕沟

图 3-10 紫色土定植穴

三、定植基肥

定植壕沟或定植穴挖好后，要实现高效栽培，必须在苗木栽种前在定植壕沟或定植穴内填入足量的有机肥。此次压埋有机肥，是压埋在树主根下，是定植以后不可能再实施的，对定植树的生长和果实品质的提升有不可替代的作用，所以，保证足够量的有机肥进行压埋是非常重要的，此次压埋，比苗木栽种后扩穴压埋的效果好得多，而且成本也低得多。

有机肥可以是如玉米秆等植物的秸秆，也可以是经腐熟发酵的动物粪便。植物秸秆要和土壤分层压埋，每隔 20 ～ 30 厘米压埋 20 ～ 30 厘米厚植物秸秆，压埋好后，土壤要高出土面 40 ～ 50 厘米；如果是动物粪便腐熟发酵的有机肥，每株压埋有机肥至少 25 ～ 50 千克，甚至更多，但有机肥一定要和土壤相混，而且有机肥最大量占土壤的 1/3，压埋好后土壤高出地面 20 ～ 30 厘米。图 3-11 和图 3-12 分别为紫色土分层压埋玉米秆和改土分层压埋有机肥。

图 3-11　紫色土分层压埋玉米秆

图 3-12　改土分层压埋有机肥

第五节　苗木栽植方式与栽植密度

柑橘苗木的栽植方式主要有两种：一是等高栽植，二是坐标方格网栽植。至于是采用等高栽植还是采用坐标方格网栽植，主要考虑土地的坡度、坡向、地势条件、水土保持、栽培管理习惯等。一般来说，平地果园和坡度在 5° 以下的新规划果园，水土不易流失，栽培管理也比较方便，道路规划建设也比较容易，这类地块最好采用坐标方格网栽植；对于坡度在 5° 以上 15° 以下、坡向比较一致的、水土容易保持、管理相对比较方便的新规划果园，可以采用坐标方格网栽植；坡度在 5° 以上 15° 以下、坡向比较复杂、水土容易流失、管理不方便的新规划果园，最好采用等高栽植。

不管是等高栽植还是坐标方格网栽植，栽植的密度要考虑栽植品种及砧木的生长结果特性、栽植地的光热条件、土壤类型及土壤土层厚度、栽培管理水平及栽培管理习惯等。在以坐标方格网栽植的新规划柑橘园，生长势强旺、枝梢粗长、树冠高大的品种，如柚及葡萄柚、血橙类、夏橙类及部分杂柑品种等，栽种密度应小一些，一般株行距以（3 ～ 5）米 ×（4 ～ 6）米为宜。对于砧木和栽植品种生长势弱、枝条粗短披垂、树冠矮小、结果能力强的，以及在光热充足的地方栽植的品种，栽植密度应该相对比较大一些，一般株行距以（2 ～ 3）米 ×（3 ～ 4）米为宜。在以等高栽植的新规划柑橘园，其栽植的密度与坐标方格网栽植方式相似，但其行距为所开台地的宽度。等高栽植的新规划柑橘园，其台地的宽窄根据坡度大小决定。坡度小的台面宽，坡度大的台面窄。一般情况下，台面宽不超过 3 米，台面窄的不低于 2 米。当然，在光热条件较好的热带或南亚热带，种植密度可以大一些。

种植密度与品种、生态条件、果园立地条件等有关，更与栽培技术有关。通常种植密度越大，对树体树冠大小和树的高度控制水平越高，病虫害的防控和施肥水平也越高，所以要求的整体栽培技术水平越高；种植密度小，树可以高一些，树冠直径可以大一些，果园内的病虫害发生要少一些，发生程度要轻一些，而且喷药防控也容易一些，同时，整形修剪更粗放一些，施肥水平低一些，所以，要求的技术水平也低一些。

图 3-13 和图 3-14 分别为平地坐标方格网栽植示例和坡地等高栽植示例。

图 3-13 平地坐标方格网栽植（重庆）

图 3-14 坡地等高栽植（江西）

第六节 柑橘园分区

对于大型规划柑橘园来说，面积大、种植品种多、地形不一致，为了方便管理，在柑橘园区内必须进行分区管理。分区一是根据不同品种进行，二是根据管理地块进行，三是根据管理规模进行。规划柑橘园区分为种植片区和生产管理小区。但不论是哪种分区方法，一般都是以柑橘园中的道路、沟渠和山崖等为分区的分界线。种植片区和生产管理小区没有固定的面积，其大小由品种、管理模式（机械化、人工）、管理能力划分。就管理方便而言，一个栽种品种可以划分为一个管理片区，一个家庭管理承包户所管范围可以划分为一个生产管理小区。以家庭为主的生产管理小区，一般管理 50 ～ 100 亩为宜。

第七节　柑橘园隔离（绿篱）保护带规划设计

为了防止牛、猪等牲畜进入果园损伤柑橘树，破坏果园土壤，防止果园外人员随意进入果园而带进检疫性的病虫害，同时也为了柑橘果园果实的守护，在果园的四周最好栽种绿篱或用铁栅栏将果园与外界隔离。

用作绿篱的植物一般要求刺比较粗长且硬。绿篱一般种两排，株距和行距都均为20～30厘米。用作绿篱的树种不能是桃、李、桑树、柳树、花椒等，这些植物上的天牛、叶甲和红蜘蛛等会传播到柑橘树上危害柑橘，而且很不好控制。当然，如果用作绿篱的植物，还能产生经济效益就更好了，比如枳、香橙。较好的绿篱植物是马甲子（俗称铁篱笆）。

第八节　其他附属设施规划设计

新建果园必须规划建设果园管理人员住房、肥料农药存放用房和果实收购站等，没有自然水源的柑橘园，还必须建提灌站。有的大型果园，为了特殊需要，还要建参观点等。

果园管理人员住房一般建在所管理片区或生产管理小区内比较安全的位置，其大小根据人员数量确定。肥料农药存放用房所建位置应尽量考虑离全园各个地方都相对比较近的地方，而且一定要做到安全、相对比较隐蔽、其散发出的特殊味道不会影响果园生产员的生活，其存放地也不会对周围居民和居民生活的饮用水源等形成污染。提灌站是在大、中型没有自然蓄水的果园内建设的提水设施，一般建设在管理比较方便的牢固位置，其提水能力按干旱时每天每亩不低于2～3立方米的用水计算。果实收购站是果园的一个重要的附属设施，在果实成熟时，除了将成熟的果实采收直接装车外，还应在果园内适宜的位置建设果实收购站，一般用塑钢做成棚即可，其大小由果实生产量来决定。果园内的参观点是针对一些具有示范作用的果园，为了满足前来参观学习的人的视觉效果，在果园内位置比较高、尽可能环视全园的地方建设参观点。

第四章 柑橘砧木和主要栽培品种选择

嫁接亲和力好、适应性广的品种与适合的砧木组合成的柑橘树，在粗放管理下仍易获得高产、优质、外观漂亮的果实，容易进行高效化栽培；反之则不易。所以，品种和砧木的选择是高效栽培必不可少的条件。

一个柑橘园要想获得好的经济效益，在选好果园地址的前提下，一是要通过因地制宜栽培优良的柑橘品种以实现柑橘园的高产、优质和错季节采收上市，二是通过轻简化栽培技术降低生产成本增大产出与投入的差值，获得好的比较效益。好的品种能获得好的产量、种出高品质的果实，并在最适宜的季节销售，能卖出好的价格，获得好的经济效益；而轻简化栽培技术能降低生产管理成本，降低生产成本也是一种获得效益的方式，当然，降低投入也是增大产出与投入之间的差值，是实现直接高效益的捷径。

因地制宜选择优良的柑橘品种及砧木，对于轻简化栽培来说是极其重要的。每一栽培品种对不同生态条件都有最适宜、适宜、次适宜和不适宜之分。每一品种所用的砧木与栽培品种之间也有亲和力强、亲和力弱之分。不同的砧木对不同的生态条件、不同的土壤和嫁接的品种也存在适宜与不适宜的情况，所以，在建园栽苗前，应合理选择栽培品种和砧木。

柑橘生产中，用于栽培的柑橘类果树主要有芸香科的3个属，即枳属、金柑属和柑橘属。枳属主要是嫁接苗木时用作砧木和生产药用果实，生产上真正用于鲜食栽培的柑橘类果树主要是金柑属和柑橘属的部分品种（品系）。

第一节 砧木及选择

目前柑橘生产上所用的砧木主要有枳属的枳及枳的杂种（枳橙和枳柚）、柑橘属中的资阳香橙、红橘类（包括朱橘类、酸橘类等）、枸头橙、酸柚和粗柠檬等。每一种砧木都有独特的植物学特性，只有最佳的砧穗组合，才能实现高效栽培。

一、枳及枳的杂种

枳是枳属的唯一1个种，又名枸橘、枳壳、雀不站，是柑橘类果树中唯一的落叶果树，分布于我国湖北、山东、河南、福建、江西、安徽、江苏等省。

枳为灌木或小乔木，树高1～5米不等。叶为三出复叶。枝刺多而粗长。花小，一般先开花后发叶，而且一年多次开花结果。果圆球形或扁圆形，大小差异较大，单果重15～25克。果实油胞小而密，果面密被茸毛，果心充实，包着紧，难剥离。果肉含黏液，味酸，苦涩不堪食用。每果种子20～50粒。春果9～10月成熟（图4-1）。在国内有大叶大花枳和小叶小花枳等类型，以大叶大花枳类型为好。

枳通常主根不发达，侧根发达，须根茂盛。长势中等偏弱，由于须根多，栽植成活率高，用作砧木嫁接的苗木生长势慢，开花结果早、丰产，结出的果实品质优良。对于长势比较弱的栽培品种以枳作砧木后容易出现树势早衰现象，加之枳也很容易感染裂皮病、衰退病、碎叶病和黄脉病等，一旦感染后，树衰老更快，甚至死亡。枳适宜中性土或微酸性土，以肥沃、深厚之微酸性壤土生长为好。枳不耐盐碱，在盐碱地容易出现缺铁、缺锌等症状而严重影响树生长和结果。枳是所有砧木中最耐寒、耐旱、耐涝和耐瘠薄的砧木，也抗流胶病和根线虫，可作矮化砧，所嫁接的品种适宜于矮化密植。

枳通常可作金柑、甜橙、宽皮柑橘和柠檬的砧木，不适宜作低酸甜橙和柚等的砧木。用枳作砧木的树，几乎都会形成“大脚”现象（图 4-2）。

图 4-1　枳叶片、花、果

图 4-2　枳砧脐橙树

飞龙枳为枳的一个变种。飞龙枳与枳的不同之处在于飞龙枳的刺弯曲，生长更慢，树势比枳更弱，可用作盆景砧木。

枳的变种主要有枳橙和枳柚。枳橙和枳柚主根发达，生长势强，进入结果期晚，前期产量略低，品质相对较差，但寿命长。枳橙作砧木，天牛为害特别重。

二、资阳香橙

常绿小乔木，枝上有粗而长的刺，单身复叶，翼叶较大，花白色，果扁圆或近似梨形，单果重 25 ～ 30 克，每果种子多达 40 粒。4 ～ 5 月开花，10 ～ 11 月成熟。湖北、湖南、四川、浙江、江苏等地都有分布。多作砧木、育种材料，果实可入药（图 4-3）。

资阳香橙原产四川资阳，是目前最抗碱的砧木。其主根和侧根发达，须根茂盛，长势旺，苗期和幼树生长快，进入结果期早，产量高，品质好，寿命长，抗寒、抗旱、抗碱性强，即使在 pH 7.5 左右的土壤也不表现缺铁、缺锌黄化，是四川、重庆等碱性紫色石谷子土目前最适宜的砧木。但香橙根不抗根线虫，土壤积水也易腐烂。可作为宽皮柑橘类、甜橙类、柚类、柠檬类、金柑类，以及沃柑、不知火、春见等杂柑类砧木（图 4-4）。

图 4-3　资阳香橙枝、叶、果

图 4-4　资阳香橙砧脐橙

三、红橘类（包括朱橘类、酸橘类等）

用作砧木的红橘类，包括红橘、朱橘、酸橘等橘类。这类品种，均为常绿小乔木，单身复叶，枝大多有刺，且刺粗长。果皮较薄，易剥。果实海绵层极不发达，果实囊瓣易剥离。红橘类和朱橘类果实味甜，酸橘类果实味酸。果实种子多少不一（图 4-5）。4 ～ 5 月开花，11 ～ 12 月成熟。栽培管理粗放，生长势旺，丰产性极强，耐寒性强。在四川、福建、湖南、湖北、广东等地都有分布。

红橘类，主根极其发达，侧根和须根少，树体的直立性强，长势旺。用其作砧木，生长势旺，树体干性强，进入结果期晚，果实皮厚、酸度偏大、可溶性固形物（简称 TSS 或糖度）低，产量低，树体寿命长。抗裂皮病、脚腐病、耐涝、耐瘠薄、耐盐碱，耐碱性比枳强而弱于资阳香橙，是广东等产区的优良砧木之一，可作金柑、甜橙、宽皮柑橘、柚、柠檬、杂柑等的砧木（图 4-6）。

四、枸头橙

常绿小乔木。单身复叶，翼叶较大。枝大多有刺，且刺粗长。

4～5月开花，花单生或腋生。果球形或稍扁，成熟后橙黄色，表面粗糙，味酸而苦，种子多（图4-7）。主产区在浙江黄岩一带，四川等地也有分布。

图4-5　红橘枝、叶和果

图4-6　红橘砧脐橙

根系发达，耐旱、耐湿、耐盐碱、较耐寒，抗脚腐病而不抗衰退病，嫁接后树形大，树龄长，冬季落叶少，产量高，是沿海盐碱地嫁接柑橘类的优良砧木。但果实果皮和品质比不上资阳香橙和枳。可作甜橙、宽皮柑橘、金柑、柠檬和部分柚的砧木，以作甜橙和柚砧木为好。

图4-7　枸头橙枝叶果

五、酸柚

常绿乔木。单身复叶，叶片和翼叶都较大。嫩梢、新叶和幼果都被茸毛。花大果大。果肉酸、苦或麻，种子多而大。广东、广西、福建、台湾、湖南、湖北、江西、云南、四川等地都有分布。

酸柚主根深，须根少，耐碱性比枳强，但耐寒性不如枳砧，适于土层深厚、肥沃、排水良好的土地。酸柚生长势强，适宜作柚、葡萄柚和柠檬的砧木，与其他柑橘品种嫁接亲和力不太好。

六、粗柠檬

常绿小乔木，单身复叶，枝圆少刺或近无刺，嫩叶及花芽暗紫红色。果椭圆形或卵形，果皮厚而粗糙。果汁酸。种子小而多。一年多次开花结果，一般春天 4 ～ 5 月开花，9 ～ 11 月果实成熟。是柑橘类中最不耐寒的种类之一，适宜于冬季较暖、夏季不酷热、气温较平稳的地方栽培。扦插繁殖极易成活，生产上多用作嫁接柠檬的砧木。中国长江以南都有分布。图 4-8 为粗柠檬砧脐橙示例。

粗柠檬生长势旺，实生苗主根极其发达，侧根和须根不发达。与很多柑橘品种嫁接后亲和力不好，即使嫁接能成活，但由于生长势旺、不易结果，产量低。

图 4-8　粗柠檬砧脐橙

第二节　主要栽培品种

柑橘品种（品系）很多，在我国真正具有鲜食栽培价值的有金柑属和柑橘属。

1. 金柑属

金柑属为常绿灌木或小乔木，叶为单身复叶，枝纤细密生，大多刺小，有的无刺。叶小，叶面叶脉较明显，叶背叶脉不明显。叶片基本无翼叶。花期较迟，一年开花 3 ～ 4 次，春、夏、秋花都能结果，果实比枳还小。

主要包括 4 种和 2 变种。4 种即金弹、罗浮、罗纹和金豆，2 变种即为寿金柑和四季橘。具有生产食用栽培价值的主要是金弹和罗浮，罗纹生产上基本不栽培，金豆和 2 变种主要用于观赏。

金弹果实为圆球形或卵圆球形，果皮和果肉均甜。罗浮果实为长倒卵圆形，果皮甜而果肉酸。二者都可以鲜食，也可以泡酒药用。鲜食时是果皮和果肉一起食用。

2. 柑橘属

柑橘属有六大类，即大翼橙类、宜昌橙类、枸橼柠檬类、柚和葡萄柚类、橙类（甜橙类和酸橙类的总称）、宽皮柑橘类（柑类和橘类的总称）。生产上用作生产鲜食栽培的主要是宽皮柑橘类、橙类的甜橙类、枸橼柠檬类的柠檬、柚和葡萄柚类的部分品种（品系），以及杂柑类。

一、宽皮柑橘类

宽皮柑橘类适应性广，在我国能种植柑橘的区域内都能种植宽皮柑橘。宽皮柑橘栽培管理相对比较粗放，产量也高，而且宽皮柑橘是柑橘属中最耐寒的类型，即使经历低温冻害恢复也快，所以，宽皮柑橘是我国柑橘类果树中种植范围最广的种类，柑橘北缘地带

（陕西城固、上海崇明岛、甘肃武功等）种植的柑橘主要都是宽皮柑橘类。

宽皮柑橘为常绿灌木或小乔木，单身复叶，叶片较小，翼叶退化为线形，该类最显著的特征是果实都容易剥离。

宽皮柑橘分为柑类和橘类。柑类树除温州蜜柑枝叶披垂、树性开张外，其他种类冠较直立，叶和橘类同等大小，果实中等大小，果皮稍厚，皮较橘类剥离略难，卵圆形，胚绿色，代表品种（品系）有温州蜜柑（特早熟温州蜜柑：宫本、市文、谷本、大分早生、大浦等，早熟温州蜜柑：宫川、兴津、立间等，中晚熟温州蜜柑：尾张、南柑20号等）、蕉柑、贡柑、黄果柑等。橘类一般花小，果小而扁，皮薄，易剥离，种子小，一端尖，胚绿色，如椪柑、砂糖橘、马水橘、年橘、南丰蜜橘、红橘（福橘、大红袍、南橘、克里曼丁红橘等）、朱橘（朱红橘、满头红、三湖红橘等）。

二、甜橙类

甜橙果皮包着较紧，果实有白色海绵层。海绵层比宽皮柑橘厚而比柚类薄。果实果皮和果肉不易剥离，挂树和采后贮藏能力都比较好，运输也比较容易，是世界栽培最多的柑橘果树类型。根据甜橙特征特性的不同，可将甜橙分为普通甜橙类、脐橙类、血橙类和无酸（低酸）甜橙类。

① 普通甜橙包括普通中、早熟甜橙和夏橙类。

a. 普通中、早熟甜橙是我国普通甜橙中的主要栽培品种，成熟期从11月下旬至第二年2月下旬，主要品种有锦橙（铜水72-1、逢安100号、梨橙、北碚447锦橙、中育7号锦橙等）、先锋橙、桃叶香橙、哈姆林甜橙、特罗维塔甜橙、大红甜橙、兴国甜橙、雪柑、香水橙等，酸甜适度，风味各异。

b. 夏橙类是我国20世纪30～40年代引进的普通甜橙类的一个特殊品种，于头年春季开花，第二年3～7月成熟采收，具有独特的“花果同树”（第二年开的花与头年结的果同时挂在树上）、“果果同树”（第二年谢花后结的小果与头年结的成熟果）的独特景观。夏橙果皮略粗，果实虽酸甜适口，但汁少化渣差，而且，随春季气温的上升，成熟果实容易返青。主要品种有奥林达、蜜耐、路德红、卡特、福罗斯特等。

② 脐橙又名“抱子果”，因其果顶有孔如脐，内有明显小果囊瓣，出现大果包小果而得名抱子果。脐橙的脐有开脐和闭脐之分。开脐是因脐露于外明显可以见到脐而得名，闭脐是脐藏于果内而不易看见而得名。开脐容易裂果，也容易产生生理性的病害（生产上称为脐黄）造成落果，而闭脐裂果轻，脐黄少，脐黄落果率低。脐橙的花雄蕊退化，花粉败育，不易授粉结实，所以通常果实没有种子，但也有极少数果接受外来花粉产生种子的。脐橙果实肉质脆嫩，酸甜可口，主要用于鲜食。目前用于生产栽培的脐橙品种繁多，主要栽培的早熟品种有龙回红、纽荷尔、福本、清家、奈维林娜等，中熟品种有奉节72-1、福罗斯特、白柳、大三岛、华脐等，晚熟品种有红肉脐橙、晚棱脐橙、晚脐橙和鲍威尔脐橙等。

③ 血橙类因果面和果肉有类似血色的花青素存在而得名。血橙中的花青素是一种天然的养颜物质，成熟果实果肉也因富含花青素而具有玫瑰香味。西班牙、意大利和北美血橙较多，中国主要分布在四川、湖北、湖南、江西等地。血橙有深血和浅血之分。深血品种如摩洛血橙、塔罗科血橙、路比血橙（又名红玉血橙），浅血品种如桑吉耐洛、脐血橙等。血橙的成熟期在12月至第二年的7～8月（8号血橙）。

④ 低酸（无酸）甜橙类成熟果实的含酸量低，主要的栽培品种有冰糖橙、新会橙、柳橙、改良橙、埃及糖橙等。

三、柚及葡萄柚

① 柚为乔木，嫩枝、叶背、花梗、花萼及子房均有茸毛，叶片翼叶大，嫩叶通常暗紫红色，嫩枝扁且有棱（图4-9）。果实大，海绵层厚。子叶乳白色，单胚，通常以树冠内膛和下部的无叶光杆枝结果。柚果实有红肉类型和白肉类型，通常红肉类型以早熟为主，白肉类型以中晚熟为主。红肉类型虽以早熟为主，但也有晚熟品种。红肉类型晚熟品种如强德勒红心柚等，中早熟品种如红肉琯溪蜜柚、夔府红心柚、五布红心柚、丰都三元红心柚等。白肉类型早、中、晚品种都有，早熟品种如琯溪蜜柚，中熟品种如沙田柚、玉环柚、龙安柚等，晚熟品种如晚白柚等。

图4-9 柚花、枝

② 葡萄柚为小乔木，枝略披垂，无毛，是柚的杂交种。叶形与质地与柚叶类似，但一般较小，翼叶也较狭且短。总状花序，稀少或单花腋生，果实比柚小，果皮也较薄，果心充实，果肉淡黄白或粉红色，柔嫩，多汁，爽口，略有香气，味偏酸，个别品种兼有苦及麻舌味，种子少或无，多胚。有红肉、白肉和黄肉类型，红肉类型主要有火焰葡萄柚、星路比葡萄柚、汤普森葡萄柚等，白肉类型主要有邓肯、马叙等，黄肉类型有鸡尾葡萄柚等。

四、柠檬

小乔木，枝少刺或近乎无刺，嫩叶及花芽暗紫红色，果皮厚，通常粗糙，柠檬黄色，果实汁多肉脆，有浓郁的芳香气，果汁酸至甚酸，一年多次开花结果，春季4～5月开花，9～10月成熟（图4-10）。主要品种有尤力克、里斯本、北京柠檬、费米奈劳、维拉弗兰卡、无籽柠檬和塔西堤等。

五、杂柑

属芸香科柑橘属植物，是柑橘属种间天然或人工的杂交种（图4-11、图4-12）。用于生产栽培的杂柑主要是橘与橘的杂交种，橘与橙的杂交种（橘橙）和橘与柚的杂交种（橘柚）。这些杂交种之间差异较大，有的主要性状偏向橙类，有的主要性状偏向橘类和柚类，其对气候、砧木和栽培管理的要求均不一致。

图 4-10　柠檬结果树

图 4-11　龙回红脐橙结果树

图 4-12　爱媛 38 号

所以，引种时要特别注意了解每一品种适宜栽培的生态条件、砧木和栽培管理技术。目前生产上用于栽培的杂种品种主要有清见橘橙、不知火橘橙、大雅橘橙、明日见橘橙、甘平、默科特和 W·默科特橘橙、诺瓦橘柚、南香、秋辉等。

第三节　生态条件与品种和砧木的选择

不同柑橘品种和砧木对生态条件有不同的要求。一个好的柑橘品种和与之嫁接亲和力好的柑橘砧木，只有在最适宜的生态条件下才能通过轻简化栽培获得高产和优质。所以，应根据不同的生态条件选择不同的栽培品种和砧木，并确保其嫁接亲和力要好。

柑橘品种很多，新品种也在不断出现。每一个柑橘产地或每一个柑橘种植户均不可能种植一个唯一的品种。对于一个品种来说，在甲地是好品种，在乙地就不一定是好品种，因为每一个种植地的生态条件是不一样的。所以，在选择柑橘品种时，一定要根据当地的生态条件因地制宜地选择适宜当地栽植的优良品种。所谓好的优良品种，就是在当地生态条件下经过正常栽培管理能获得好的产量和品质，好品质是指种出的果实的可溶性固形物高（可溶性固形物≥ 12%）、汁多化渣、少核或无核、果实色泽好等。

第四节　市场与品种选择

柑橘品种的好坏优劣，一是由该品种的固有特性决定，二是由栽培管理来决定，三是由市场，也就是消费者来决定，这是所有之中最重要的，也就是市场决定品种的优劣。在柑橘品种中，能够用于生产栽培的品种很多，其中适合各柑橘产区栽培的优良品种也不少，但有的“优良品种”效益明显，有的“优良品种”却没有什么效益，这是因为品种优良与否主要取决于是否在适宜的季节，是否适合消费者的消费习惯。

对于一个好的柑橘优良品种来说，应从几个方面来考虑。第一，该品种果实内在品质优良，表现在成熟果实汁液适中、糖高酸低，固酸比适宜大众口味；第二，该品种适合季节消费，如冬天以易剥皮的果实为好，高温季节以汁多、酸甜爽口的果实为好，如在非低温的暖和季节，只要适合消费者口味就好；第三，果实外观有特色，以果面光滑、色泽较好者为佳；第四，果实比较耐贮运；第五，市场饱和量，再优良的品种，如果市场持有量多，市场价格低，效益得不到体现，品质次一些，但有特色的品种，在市场持有量少的情况下，也能获得好的效益。

第五节　果园建设特性与品种选择

目前栽种柑橘者，有的是以生产出果实进入市场销售为主，简称生产型柑橘园。有的则是以休闲观光采摘为主，简称观光型柑橘园。对于两种类型的柑橘园来说，所选择的品种存在一定的差异。生产型柑橘园选择的品种是根据消费市场来选择的，不同的种植面积、不同的消费市场决定栽种不同的柑橘品种。观光型柑橘园对于品种的选择不同于生产型柑橘园，第一，观光型柑橘园必须根据当地喜欢观光者的出行时间来决定品种的成熟时间；第二，观光型柑橘园所选择的品种必须优良，必须适合当地人消费的习惯；第三，观光型柑橘园所选择的品种，一定要注意果实以中等偏小为宜，太大的果实不宜于采摘时品尝，也不易于满足大多数人采摘和消费需求；第四，观光型柑橘园所选择的品种产量要高，管理相对比较粗放；第五，观光型柑橘园所选择的品种一定要外观漂亮，满足具有观赏性、适合拍照等特殊要求。

第六节　栽培要求与品种选择

不同品种的特性不一样，栽培管理技术也不一样。有的品种适应性广，在粗放管理下也能获得好的产量和品质，比如温州蜜柑、红橘等；有的品种则适应面窄，能种植的区域有限，而且栽培管理技术要求高，比如不知火橘橙、爱媛 38 号等。

不同产区的栽培管理技术水平不一样，所以，各产区在选择栽培品种时，一定要先了解该品种的品种特性，然后根据品种特性选择适合的栽培技术进行栽培管理，如果栽培管理水平跟不上，再好的品种也不会收到好的效益。

第五章 柑橘苗木栽植技术

苗木质量及苗木栽植质量，对柑橘树生长快慢、结果量多少和寿命的长短影响极大，也影响栽种后的栽培管理，这是实现高效栽培的一个重要环节。苗木质量和苗木栽种质量好，栽培管理容易，在正常管理情况下柑橘树生长速度快，树容易长高长大，枝多冠大，容易尽快形成丰产树冠，开始结果早，进入盛果期快，产量稳得住，品质较好，树寿命也长。同时，栽种质量好，嫁接口没被掩埋，柑橘树不会因根颈腐烂导致树坏死。

第一节 苗木选择

一、柑橘苗木繁殖方式

柑橘苗木繁殖方式主要有四种：第一种是实生繁殖法，即是由柑橘的种子直接播种后培育成的实生柑橘苗；第二种是扦插繁殖法，即是对部分容易生根的柑橘品种，采树上的枝条进行扦插，繁殖培育出柑橘扦插苗的繁殖法；第三种是压条繁殖法，即是在健壮树上对形状比较好的枝进行环剥，待环剥处长出新根，然后将“新苗”从新根处剪断形成一株完整柑橘苗的繁殖方法，按其压条部位有高压繁殖和低压繁殖两种繁殖方法；第四种是嫁接育苗法，即将亲和力好的砧木和发展品种嫁接在一起进行繁殖培育柑橘苗的育苗方法。

嫁接繁殖法是目前柑橘生产上最主要的育苗方法。

嫁接繁殖是把柑橘栽培品种的芽或带芽的枝嫁接到柑橘砧木的茎上，待所嫁接的芽萌发抽枝后长成新的完整的植株的繁殖方式。嫁接苗是砧木和栽培品种二者的结合，在砧木和栽培品种亲和力好的情况下，既能保持栽培品种的优良性状，又能充分利用砧木的有利特性，达到因地选择砧木，因气候条件选择与砧木嫁接亲和力好的栽培品种的目的。由于用于嫁接的枝或芽已在原树上经过童期，有的甚至还是花芽，嫁接后苗木生长快，树冠形成早，树体进入结果早，丰产稳产，还有利于增强栽培品种的抗寒、抗旱、抗涝、抗病虫害的能力。嫁接繁殖利用的是柑橘树枝上的芽，繁殖材料来源经济，可以快速增加苗木数量，对于苗木的快速繁殖有非常重大的意义。

二、柑橘嫁接苗类型

柑橘嫁接苗主要有两种类型，一种嫁接苗是将砧木苗直接栽种于土壤里进行嫁接育苗直至苗木出圃，这种苗因砧木直接栽在土壤里嫁接，取苗时根是裸露的，所以叫裸根苗，也叫露地苗。另一种嫁接苗是砧木种子经播种培育成砧木苗后，再将砧木苗移栽在装有特殊配制的营养土的袋或桶等容器里（简称营养袋或营养桶），待砧木苗长粗后进行嫁接育苗，这种苗由于嫁接后到出圃栽植时苗都在营养袋或营养桶里，而营养袋或营养桶里装的都是营养土，根一直都在土壤里没有暴露出来，所以称之为非裸根苗，通常称为营养苗或容器苗（图5-1～图5-4）。

裸根苗由于是栽种在土壤里，取苗时苗木根系裸露在外，取苗和栽植时都容易伤根，这类苗取苗和栽植都需要根据气候条件进行。但这类苗，如果育苗基地土壤整理比较好，地肥、土壤疏松透气，苗木根系相当发达，根系中主根、侧根和须根完整，苗木栽植成活后生长

图5-1 营养桶苗
图5-2 大营养袋苗
图5-3 营养袋苗
图5-4 柑橘露地裸根苗

快，树冠形成也快。如果在取苗时每一株苗带500克左右的泥土将根包裹，苗木更易成活，生长更快；容器苗整株苗都生长在装有营养土的袋或桶里，从育苗地到栽植地苗都生长在一个好的营养环境里，根生长好，根也不会受到损伤，这类苗栽植时受气候限制少，栽种成活率高。但由于营养苗长时间生长在一个相对小的袋或桶里，苗的根生长受容器的限制，苗木根系伸展空间小，侧根极少或根本就没有；用于装苗的袋或桶由于是黑色，在有光照的情况下又容易接受阳光让接近容器的土壤发热升温而伤根，所以通常靠近营养袋或桶壁的根会因高温发热死亡，同时，由于受袋或桶高度的限制，近地的根不能伸出袋或桶，主根生长会受袋或桶的制约。

三、嫁接苗选择

用于生产上栽种的柑橘苗，除极少数品种外，目前主要都是采用柑橘嫁接苗。柑橘嫁接苗不管是裸根苗还是容器苗，都有脱毒苗和常规苗之分。所谓脱毒苗，就是用于嫁接的栽培品种枝条是经过脱毒处理的，繁殖过程是在网室或具有隔离条件的环境里进行，是不易感病的，繁殖出的苗木不带任何病毒病；所谓常规苗，就是用于嫁接的栽培品种枝条没有经过脱毒处理，繁殖育苗过程也不是在一个不易感病的环境中进行，所繁殖培育的苗木不排除带病的可能，因此，在选择柑橘嫁接苗时，一定要注意以下几个方面：

第一，引种苗木前，一定要根据当地的气候、土壤、栽培技术等条件，确定好需要引进的柑橘苗木品种和与该品种嫁接亲和力好、适宜栽培地土壤和气候等的砧木，并根据苗木脱毒要求确定引进为脱毒苗还是常规苗，然后确定引种的苗圃地。但从高效栽培的要求出发，要求引进的苗木一定不能带有柑橘溃疡病和柑橘黄龙病，因为如果苗木有这两种国家规定的检疫性病害，在栽培管理过程中，苗木重则会死亡，轻的虽然不死，但具有传播性，一旦发生，需要喷很多次农药进行防控，不仅增加生产成本，也会影响果品的安全。当然，苗木最好也不带有裂皮病、衰退病、黄脉病等。

第二，引种柑橘苗木时，一定要到有一定规模的正规育苗基地考察、引种。引种时首先要注意品种纯正和苗木质量，要求提供苗木单位开具品种纯度证明书；其次，一定要注意柑橘的检疫性病虫害，所引种的柑橘苗木一定不能带有柑橘黄龙病、柑橘溃疡病、柑橘小实蝇等检疫性病虫害，要求育苗单位开具由育苗地植物检疫部门出具的植物检疫证书。苗木最好选择已经经过脱毒的柑橘品种接穗繁殖的脱毒嫁接苗，这种苗木除了不带国家规定的检疫性病虫害以外，还没有柑橘衰退病、裂皮病、碎叶病等，当然，柑橘的病虫害中，除了目前对柑橘黄龙病还没有有效的控制方法不能种植带黄龙病的苗木外，并不意味着柑橘苗木带有其他病等不能种植，只是苗木一旦带有这些病虫害，不仅会影响柑橘苗木的生长结果，更为严重的是在生产管理过程中会多次、大量地使用农药去防控这些病虫害，降低果品的安全。

第三，苗木选定后，仔细查看已选择的栽培品种苗木嫁接口处，一定要确定嫁接的品种和砧木亲和力好、嫁接口砧穗接触面大、愈合好、没有残蟒、嫁接膜彻底解除、不易折断等后再引种。

第四，选择柑橘嫁接苗时，必须要注意嫁接苗的粗度和根系。对于柑橘嫁接苗来说，苗木高度不是主要的，最重要的是苗木必须具有完整、发达、健康的根系和较粗的干。对于露地苗来说，苗木如果没有发达的须根，栽植时会影响苗木的成活率；如果没有完整的根系，成活后的生长要缓慢一些。苗木干的粗度，对苗木生长的影响更明显，苗木干越粗，苗越粗壮，栽种后生长越快；苗木干越细，苗木越纤弱，栽种后生长越慢。根据品种不同，一般要求出圃嫁接苗嫁接口上的粗度在 0.6 ～ 0.8 厘米以上，最好粗 1 厘米左右。对于容器苗来说，一是要看苗木的粗度是否达到要求。二是要看袋或桶所装营养土的质量。要求营养土有机质含量高而土壤疏松透气，但土又不能太松，将苗从容器里取出时土壤不会轻易脱落。一般来说，容器苗的营养土配制得越好，苗长得越好，根系越发达，而且苗取出栽植时营养土显得疏松而不脱落；反之，营养土配制得差，苗根系差，苗取出时，要么土太板结不易抹掉，要么土很松散而脱落。三是要了解砧木苗栽种在容器里的时间，以及嫁接时间。容器苗一般是先把砧木苗装在容器里然后再嫁接培育成苗，但也有的育苗者先把砧木苗栽种在地里，待嫁接后苗长到一定程度才将苗栽在袋或桶里，甚至有的在苗快要出圃时才把嫁接苗栽在容器里，比较起来，先把砧木苗栽在容器里后嫁接的苗根系更好，苗木栽种成活率高。

第五，苗木主根直，生长才健壮。主干完好，枝叶正常，枝叶没有柑橘潜叶蛾、砂皮病、烟煤病等危害，也没有明显的缺素症状，一株苗最好还有 2 ～ 3 个枝条较长的老熟分枝。

第二节　栽植时期

柑橘是常绿果树，一年四季都没有明显休眠期，只是由于受气温的影响，其生长速度不一样。一般来说，温度低于 12℃时柑橘根系就出现相对休眠，地下的根和地上的枝叶生长极缓慢。所以，我国柑橘除在气温低于 12℃以后至高于 12℃以前不适宜种植外，其他时间都可以种植。我国大部分产区都以春、秋栽种为主，如果是营养苗，只要条件允许，在整个生长季节都可以栽种。

春季（2～4月）栽植柑橘苗时，以在气温高于12℃且春梢萌动之前栽种完为好，因为春天枝叶发芽是在一定气温情况下，主要靠树体枝、叶和根系储藏的营养萌芽，所以萌芽前栽植，苗木能发出春芽，抽出春梢，如果栽种成活后施肥及时到位苗的生长速度快。春芽刚开始萌动时也可以栽种，不过时间越早越好。萌芽后再栽种，萌芽抽梢晚，质量差。春季是冬季有干旱和冻害的产区的苗木的主要栽种时期。

夏季（5～7月）栽植柑橘苗时，一定要在春梢老熟后进行。此时栽种，容易受高温干旱影响而降低成活率，已抽发或正要抽发的夏梢基本没法保留，如果在没有水源保证的情况下，苗木死亡率较高，成活后生长也不好，因此，在7月有高温的地区，最好避免在高温干旱时栽植。当然，如果是容器苗，只要有灌溉水源和树盘覆盖措施也可以栽种。

秋季（8～10月）栽植柑橘苗时，一定要在夏、秋梢老熟后进行。此时栽种，也要注意8～9月的高温干旱问题。在一些8～10月有高温干旱和降雨少的地方，可以延迟到第二年春栽种。

冬季（11月～第二年1月），在热带和南亚热带地区，只要苗木栽后10天左右温度都在12℃以上就可以栽植。在亚热带地区，由于温度较低，一般不适宜栽植柑橘苗木，当然，如果栽植后进行地膜加小拱棚覆盖则也可以进行。

第三节　栽植方法

柑橘苗栽种的质量对栽种后柑橘树生长结果影响极大，苗木栽种好，在栽培管理过程中出现的问题少，苗木生长快，管理方便；苗木栽种质量差，栽培管理过程中，因苗木栽种时埋了嫁接口、根没有分散等，会影响树的生长，给栽培管理带来很多遗留问题。柑橘苗的栽植分裸根苗栽植和容器苗栽植两种。

一、裸根苗栽植

视频 5-1　裸根苗栽植

裸根苗栽在地里，挖取苗木时会伤根，而且所挖苗木基本不带泥土，同时，由于苗木根系裸露在外，苗木在运输过程中很容易因为高温和干燥的空气，以及人为因素对根有一些损伤，因此，裸根苗在包装、运输和栽植方面应重点关注。裸根苗栽植见视频 5-1。

1. 苗木包装及运输

裸根苗如果是近距离栽种，最好在取苗时每株苗带一些泥土保根，每株苗带泥土 250 ～ 500 克即可，也可以取苗时 3 ～ 5 株苗连土取在一起，这样可以减少对苗的根系的损伤，提高苗的成活率，只是这样取苗，由于苗木带有泥土，搬运工作量稍大。如果是运输距离远，带土取苗不现实，但在取苗时，要尽量少伤根，取苗最好在阴天灌水后进行。取苗时苗不能暴晒于阳光下，也不能放在风口，以免高温暴晒导致苗干枯脱水，也避免风将苗吹干影响成活率。苗取好捆绑好后，必须蘸浓一点的泥浆，蘸泥浆时需要在泥浆里加入 1000 倍的咪鲜胺防治病菌。

装苗时，不能将苗压得太紧，以避免折断苗干的枝，也避免相互挤压发热烧苗。苗木运输过程中，不能让苗日晒雨淋，也不能让风吹，以免枝叶干枯脱落，或受水发热烧苗，同时，还要确保苗木在运输过程中压得过实不透气发热而烧苗。

2. 苗木处理

为了提高裸根苗成活率，栽植前要对苗木进行修剪、修根和重打泥浆。在栽植前剪除或者抹除还没有老熟的嫩梢、病枝、弱枝和多余的小枝，太长的健壮枝也要适当短截，去掉一部分叶片，减少水分蒸腾，同时，短截过长的主根和大根，一般根只留 20 ～ 30 厘米，有利于促发侧根生长，剪掉伤病根，保留健康根系，挖苗时弄伤的根要剪平伤口，可以促进新根生长。

对枝叶和根进行处理后，将黏性强的黄壤、红壤等土壤调成浓泥浆，同时在泥浆中加入 1000 倍咪鲜胺等杀菌剂和 1000 倍生根剂，将苗木的根系在泥浆中蘸满泥浆而不形成泥壳，这样有利于减少病菌，促进根系生长。等蘸满泥浆的根不向下滴泥浆时用稻草包裹后装在编织袋内装车运输。

3. 栽植穴准备

无论是坐标方格网栽植还是等高栽植，栽种时对定植穴都要复线，然后必须在栽种前准备好栽植穴。为了苗木较快生长，在改土的基础上，准备栽植穴时，可以将栽植穴挖深 40 ～ 60 厘米，在每一个栽植穴内埋入已经腐熟的干的鸡粪、牛粪等有机肥 20 ～ 30 千克，磷肥 1.5 ～ 2.5 千克（酸性土加钙镁磷，碱性土加过磷酸钙），将土壤弄细后和肥混匀用于回填，再在定植穴上填 20 厘米熟土后垒成一馒头形，透气性差的土壤垒成的土高出地面 5 ～ 10 厘米，透气性好的土壤垒土高出地面 10 ～ 20 厘米。

4. 苗木栽植

苗木栽植时，一手握住苗木的主干将苗放入栽植穴中，另一只手将苗木根系放在栽植穴中，注意放在定植穴时根不能接触到所埋有机肥。将根系均匀分布伸向四方，避免根系弯曲和打结，然后，在扶住苗木的同时向穴内填入干湿适度的肥沃细土，填土到 1/2 ～ 2/3 左右，用手抓住主干轻轻地上下提动几次，以便根系伸展，在根系的缝隙填入细土，让细土能与根密切接触以便尽快发根生长。最后，用细土刚好把全部根埋完后，将双手十指张开把泥土压实，切忌用脚踩实土壤，所填的土千万不能将嫁接口埋入土中，埋土以刚好埋到苗木的根为好。土回填后必须高出地面 5 ～ 10 厘米。苗木栽植好后，在苗周围筑直径 0.7 ～ 1.0 米的树盘，以便灌水。灌足定根水，待干后再覆一层松土，如发现苗木不正，应将其自然扶正，或立支柱扶正。

二、容器苗栽植

视频 5-2　容器苗栽植

容器苗栽植（视频 5-2）和裸根苗栽植方法不尽相同，容器苗一直生长在容器内，栽植前，先从容器中取出柑橘苗（图 5-5），然后必须抹掉与营养袋侧面和底部接触的营养土，使靠近容器壁的弯曲根系末端伸展开来，抹掉营养土外围的死根，露出新鲜的活根才可栽种（图5-6），否则，死根在外而活根在营养土内，由于柑橘的根都有趋水趋肥性，营养土内营养高，活根在营养土内不向外伸，不利于苗的生长和树冠扩大，往往会出现缓苗的现象，缓苗期长的可达1～2年。容器苗栽植与裸根苗栽植另一不同的地方是营养苗回填土时不需要提苗，因为营养苗带营养土，营养土已和根接触密切，提苗会把营养土提掉而影响成活。最后一个不同的地方是栽营养苗时，最好先在栽植穴灌1000倍咪鲜胺加上1000倍生根剂，然后再将苗放置在栽种穴内，舒展根系后回填土壤，回填土壤要求同裸根苗。

图5-5 去营养袋后的苗

图5-6 抹掉营养土准备栽的苗

第四节 栽植后的管理

柑橘苗栽种是为了让柑橘苗能长好、减少因栽种的原因而造成主干受损等，栽种后的管理对柑橘树来说更为重要。

一、保持土壤湿润

柑橘苗木栽植后，不管下雨还是天晴，都必须尽快灌透定根水，让水将泥土溶解形成泥浆，以利于苗木的根系尽可能蘸上泥浆而不至于干枯而死，如果栽苗后不立即灌透定根水，柑橘苗会因脱水而出现萎蔫，即使有的不萎蔫，但也会因没灌透水而萌芽抽梢晚，严重时几个月都不萌芽抽梢，尤其是裸根苗。第一次定根水灌透后，在苗木未发芽以前，应经常保持苗木根部湿润，但也不宜过湿，一般阴天7～10天灌水一次，晴天视其温度和光照，3～5天灌水一次。灌水时一定要注意灌水时的温度，最好阴天或上午10点以前，下午地温散退后的18～19点进行。正高温时或高温刚过时禁止给苗灌水，以免因高的气温和地温让所灌的水形成热的水蒸气而伤根伤干。

二、树盘覆盖

在高温季节，为了避免因温度过高水分蒸发，或因风力大导致土壤干得太快，常常在树盘覆盖杂草等减少水分散失，以保持土壤湿润，提高苗木成活率，让苗尽快发根生长。一般覆盖厚度为10厘米左右，覆盖物可以是稻草、玉米秆、田间杂草等。覆盖时不能将主干覆盖，覆盖物必须距主干5～10厘米。覆盖范围要以直径0.8～1.0米为宜。

三、苗木培土扶正

苗木栽植灌水后，苗木根容易裸露出来，苗木容易发生歪斜，导致根因暴露死亡，不利于以后树的生长，所以，苗木栽植灌水后，应培土覆盖苗木裸露出来的根，对歪斜的苗木应进行扶正。扶正时，如果通过挤压泥土能让苗木不歪斜，就不需要立支杆；如果挤压泥土不能直接将苗木扶正，就必须立支杆将苗木扶正。立支杆时，用于绑护主干的绳呈“8”字形绑护，不能打死节，以免苗生长后解绳不及时形成缢痕而苗易折断，或将苗直接折断。

四、检查成活率

苗栽种后的成活率有高有低。苗木栽种后，发现干苗、死苗要及时移除，及时补栽。同时，如果发现栽植后的苗木质量太差，也可重新换栽。

五、防治病虫害

栽植后的苗木，首先要考虑由于栽植时损伤了树体，使树可能变弱，抵抗能力差，容易感染炭疽病等，所以，苗木栽植后的病害主要以防治炭疽病为主。如果苗比较健壮，则以预防炭疽病为主，喷600～800倍代森锰锌（大生）即可；如果栽植后的苗木比较弱，则喷1000倍咪鲜胺进行控制。

苗木栽植后的虫害与幼苗期的虫害相同，主要有红黄蜘蛛、潜叶蛾、蚜虫等，其防治方法也同幼苗。

六、施肥

苗木栽植后至发芽前，只要保持土壤湿润即可，切不能施任何肥，当然可以浇施0.1%的生根剂和1000倍的咪鲜胺。苗开始萌动发芽后才能开始施肥。施肥应薄肥勤施。开始浇稀薄液肥，最好是腐熟的稀人畜粪的水肥、饼肥液，也可浇施0.3%～0.5%的尿素、复合肥或磷酸二氢钾等化肥，每月浇施1～3次。

第五节 假植和大苗移栽

假植和大苗移栽是柑橘园建设中经常遇到的事，这两种方法都是建园的过渡方法。假植和大苗移栽后的管理与小苗栽种基本一致。

一、假植

由于苗木质量差，不适于栽植，需要经过假植培养出大苗后再进行栽植。或者由于果园改土来不及，而苗木如果久植于苗圃内则会因为密度过大导致苗木生长空间不够，苗木的下部因见不了阳光而叶片脱落形成光杆苗，严重的会导致苗木枯死，所以也需要进行假植。同时，在购苗时通常会多购苗木总数的1%～5%进行假植，主要是因为果园苗木栽植后，在栽培管理过程中会由于栽培管理不当、土壤积水、病虫为害等原因造成苗木死亡或其他原因造成苗木缺株需要补缺苗木。

假植是为了把不好的苗木培育成壮苗，把小苗培育成大苗，所以，假植地一般要求排水良好，土壤比较疏松肥沃，管理方便，取苗时苗能带土。

假植时间和苗木栽植的时间基本相同，其栽苗方法也与苗木栽植基本一致，只是苗木栽植的株行距不一样。假植的株行距一般根据苗木在土壤的假植时间决定。一般苗木假植时间不超过一年，株行距以（40 ～ 50）厘米 ×（40 ～ 50）厘米为宜；如果假植时间要两年的，株行距以（0.8 ～ 1.0）米 ×（0.8 ～ 1.0）米为宜。

二、大苗移栽

大苗移栽和小苗栽植区别极大。小苗栽植容易成活，而大苗移栽时由于伤根较多，尤其是在取苗时主根和大的侧根都受损，须根也伤根较多，加之大苗的枝叶也较多，所以，在大苗移栽前应做好相应的准备工作。

1. 断根修剪

由于大苗的根多而深，为了保证大苗移栽成活，必须减少移栽后树体营养消耗和水分蒸发，挖树前必须对树进行断根和修剪。

断根在移栽前 1 年进行为好，至少要保证在移栽时树的新根已形成。柑橘根系在每次枝梢老熟后都有一次不同程度的生长高峰，因此，应在每次枝梢老熟后至下一次枝梢萌发前进行断根。断根应根据移栽树树冠大小和树体生长的地形地势来确定断根的位置。断根直径以 0.4 ～ 0.6 米为宜，深度以 0.4 ～ 0.6 米为宜，但不切断主根，断根后的树盘呈“圆帽”形。断根后，必须把挖断的较大的根剪平整以利于伤口尽快愈合，然后在挖根部喷 1000 倍咪鲜胺，待干后根据树的大小将发酵腐熟的、干的牛粪、鸡粪等有机肥与土混匀后回填。回填结束后，浇透水一次，同时开好排水沟排水。

地上部分的修剪与断根同时进行。修剪以回缩为主，适当辅以短截和疏剪。根据树体现状，考虑以后树体的树冠结构确定回缩修剪程度，剪除枯枝和病虫枝，剪除树上果实，疏除大部分结果枝，尽量保留小枝，在保留树体骨架外，对多余的大枝可以适当疏除，对直径大于 1 厘米以上的剪、锯伤口修理平整后涂接蜡、油漆、涂料、石灰浆等，防止桩头散失水分干枯，或感染病菌霉烂，以免枝干干裂坏死或霉烂。回缩修剪时切忌撕裂剪口或锯口。

2. 准备栽植穴

按照移栽大苗计划和所取土团的大小确定栽植穴的直径和穴的深度。栽植穴挖好后，先在穴内回填腐熟有机肥、玉米秆、表土和油饼等，确保所填入有机肥在树根以下，保证大苗栽好苗的根也不直接接触所埋有机肥，同时，所埋的有机肥必须和土混匀。

3. 起树和搬运

移栽大龄苗一定要带土移栽。苗根部土球的直径按主干直径的 5 ～ 10 倍挖掘，一般土团的直径在 40 ～ 60 厘米。从环状沟外沿开始挖，挖至距断根 10 ～ 20 厘米处即可，然后呈锥形向下挖，挖至主根后将主干截断。土球挖好后，立即用草绳包扎或装入编织袋内包扎，确保运输和栽植过程中土球不松散。同时，主干也要用草绳缠绕包扎，以免损伤树干皮层。树挖好后立即上车，及时运到移栽地栽植。

4. 栽植

根据栽种地的位置，按树的枝分布方向将树移入栽植穴中，填土时用细土先填埋所有根，然后灌水让土沉降的同时与根接触，灌水后继续填细土至土高出地面 15 ～ 20 厘米，确保嫁接口露在地上。填好土后踩实，在保证根不受损或少受损的情况下，使树根土球与填土之间密实无间隙。土填好后，再浇透定根水，可用 1000 倍生根粉加 1000 倍咪鲜胺灌根部，使穴土湿透，防菌促根。苗栽好后，低温时用地膜覆盖栽植穴，高温时用杂草或植物秸秆覆盖栽植穴，以减少水分蒸发，提高土温。

5. 栽后管理

首先搞好肥水管理。大苗移栽，根系破坏严重，水分往往跟不上。因此，水分管理至关重要。不等根部表土发白就要灌水，经常保持湿润。地上部分在晴好天气要喷水，以确保叶片湿度。每隔一周喷水一次，喷水时可用 0.2% 磷酸二氢钾 +0.2% 尿素水进行叶面施肥，同时注意防治病虫，要特别注意防治爆皮虫。

图 5-7 为移栽后的大苗示例。

图 5-7 移栽后的大苗

第六章 土壤管理与杂草控制

土壤管理与杂草的有效控制是柑橘园的一项重要工作。土壤管理通常与杂草控制是同时进行的，在进行土壤中耕、施肥等工作的同时都会进行杂草控制。杂草不论是人工铲除，还是机械割除、旋耕机旋，都是以土壤管理为前提。

第一节　土壤管理

21 世纪初，食品安全引起人们的高度重视，化学肥料、化学除草剂等化学产品的危害引起了人们的反思。同时，加之水土流失及污染严重，劳动力缺乏，果实品质变差，人们开始探索柑橘园环境友好型生态栽培模式。在施肥方面，注重化学肥料与有机肥的结合，并开始了以叶片和土壤营养诊断为基础的平衡施肥法，除有机肥、磷钾肥深施外，氮肥都实行浅沟或松土撒施。对于土壤的耕作，从传统的翻耕、精细耕作向少耕、清耕、免耕过渡，逐渐发展为以生草栽培为主的环境友好型的生态、环保、安全、低流失、高品质的有机果园种植。

1. 间作

柑橘树为多年生果树，一般要在栽植后 3 年左右才能结果，果园在未结果前土地产出为零，同时，柑橘树树体高大，根系较深，近地面的水分和营养几乎不被柑橘树吸收利用，为此，为了充分利用土壤资源，特别是在幼龄果园，需要实行果园间作或套种以提高果园的前期收入。间作可在果园内形成多种作物的复合群体，提高土地的覆盖率，覆盖土地的作物能增加对阳光的截取与吸收，减少光能的浪费，熟化与改良土壤，也可提高柑橘园土地利用率。果园间作大豆、西瓜等间作物，一年的收入可以收回当年果园管理的生产成本。柑橘园合理地间作豆科与禾本科等作物，还有利于补充土壤氮元素的消耗，可与柑橘生产互补，也有利于果园生态的保持和减少水土的流失（图 6-1、图 6-2）。

图 6-1 柑橘园间作花生

图 6-2 柑橘园间作大豆

间作时不同作物之间也常存在着对阳光、水分、养分等的激烈竞争，因此，密植园不能进行间作。间作时一要切记间作物必须与柑橘树保持一定的距离，一般一年生柑橘园间作物应距离柑橘树主干 1.5 米以上，二年生柑橘园间作物应距离柑橘树主干 1 米以上，三年生柑橘园间作物应距离柑橘树主干 0.5 米以上，以免间作物离柑橘太近而与柑橘争营养，也避免间作物耕作和收获时挖土伤根，从而影响柑橘树的通风透光；二要切记不能在柑橘园内间作影响柑橘树通风透光的高秆作物和易攀爬上树的藤蔓作物；三要切记不能间作与柑橘树有共同病虫害的植物，以免相互传染和为虫害提供栖身之所；四要切记不能种植深根性的作物。

适宜柑橘园间作的作物有豆类、花生、红薯和蔬菜等。

2. 生草栽培

生草栽培是在柑橘园内除柑橘树盘外，在行间种植禾本科、豆科等草种的土壤管理方法。生草栽培可以保持和改良土壤理化性状，增加土壤有机质和有效养分的含量，防止水分和养分的流失。根据江才伦等研究，生草栽培的地表径流量比清耕减少 55.56%，地表径流中的泥沙含量分别比中耕、清耕和覆盖减少 48.76%、38.00% 和 11.43%，年泥沙流失量分别比覆盖、清耕和中耕减少 10.84%、46.40% 和 58.99%。生草栽培的柑橘园，高温时，10 厘米和 30 厘米土壤温度分别比清耕柑橘园土壤温度低 2.67℃和 1.44℃，分别比中耕园低 7.65℃和 3.32℃；低温时，10 厘米和 30 厘米土壤温度分别比清耕柑橘园土壤温度高 1.96℃和 1.36℃，分别比中耕园高 2.14℃和 1.61℃，温度变化速度比清耕园和中耕园慢，变化幅度也比清耕园和中耕园小。

（1）自然生草　自然生草栽培是利用果园内自然野生的杂草，人工拔除树盘内及果园中的恶性杂草、高秆杂草和藤蔓杂草后选留适于当地自然条件的杂草让其自然生长，待杂草长到影响柑橘树的通风透光后，刈割压埋于土壤，也可在高温季节来临前，用除草剂将其杀死后让其自然覆盖于土壤上（图 6-3 ～图 6-5）。不仅有利于改善土壤环境，培肥土壤地力，改善柑橘园生态环境，保护柑橘园中天敌种群，而且，也有利于柑橘园的水土保持、高温季节抗旱、低温季节提高土壤温度，更有利于节省劳动力。柑橘园自然生草常见种类很多，如虱子草、虎尾草、狗尾草、车前、蒲公英、荠菜、马齿苋、红花草和野苜蓿等。

图 6-3　行间自然生草

图 6-4　自然生草后刈割控制杂草高度

图 6-5 用除草剂杀死自然生草后自然覆盖

（2）人工种草 近半个世纪来，欧洲等一些果业生产先进国家，在果园有计划地人工种草，利用生草调控土壤含水量，解决土壤有机质短缺的难题，而且简化了柑橘栽培方面的诸多措施，加速了柑橘果业由单一性生产向综合性开发或向生态农业转换的步伐，既使特色观光农业和种养殖业获得了良好的发展契机，又使无公害绿色柑橘果品生产成为现实。人工种草是人为地选择适宜的草种（禾本科或豆科等），在柑橘园行间、株间进行人工种植，根据柑橘树和草种的生长情况适时补充肥水，当杂草生长旺盛有可能与柑橘争夺肥水时，将其杀死自然覆盖或刈割，割下来的草，或散撒于果园，或覆盖于树盘，或用作饲料造肥还园。

人工种草时应注意以下几方面：①草种类应为多年生的低矮草种，生物量大，以须根为主，没有粗大的根或主根在土壤中分布不深；②没有与柑橘共生的病虫害，最好能栖息柑橘害虫天敌；③地面覆盖时间长而旺盛生长时间短；④耐阴、耐践踏，适应性广；⑤具有固氮等功能。适宜柑橘园人工种植的草种有三叶草、紫云英、黄豆、毛野豌豆、山绿豆、山扁豆、小冠花、草木樨、鹅冠草、酢浆草、黑麦草和野燕麦等（图 6-6）。

人工种草前期的劳动力投入比较多，后期劳动力投入少，对土壤的破坏极小。

图 6-6 人工种植三叶草

3. 覆盖

柑橘园覆盖，即在柑橘园土壤表面覆盖一层覆盖物，对土壤和近地面进行调控，进而有效地抑制土壤水分蒸发，减少地表径流，保持土壤水分，增加土壤有机质含量，改善土壤理化性状。一般在夏秋干旱季节和冬天低温季节进行。覆盖可分为树盘覆盖和全园覆盖。就地面覆盖物而言，可分为秸秆覆盖、薄膜覆盖、沙石覆盖、防草布覆盖等。在柑橘园中，常用的是秸秆覆盖（或杂草覆盖）和防草布覆盖（图 6-7、图 6-8）。

图 6-7 果园树盘覆盖杂草

图 6-8 果园覆盖无纺布

秸秆覆盖是将农作物的秸秆、有机肥料、植物残茬、树枝叶以及杂草等有机物，覆盖于柑橘园土壤上。秸秆覆盖，不仅能抑制土壤水分蒸发，减少地表径流，蓄水保墒，还能保温降温，保护土壤表层，改善土壤物理性状，培肥地力，抑制杂草和病虫害，提高水分利用率，促进柑橘生长，最终获得高产稳产。秸秆覆盖一定要因地制宜，就地取材。秸秆覆盖的厚度一般为10～20厘米，覆盖时，覆盖物一定要和主干相距10厘米以上。覆盖材料为麦秸时，覆盖量为4500～6000千克/公顷；覆盖材料为玉米秆时，覆盖量为6000～7500千克/公顷。据江才伦等研究，覆盖比清耕地地表径流量减少75.00%，比生草栽培地表径流量减少24.46%，地表径流中含沙量比中耕减少37.33%，比清耕减少26.57%，年泥沙流失量比清耕减少35.16%，比中耕减少48.15%；日最高温时，10厘米土层日均温比日均气温低4.30℃，比清耕低2.52℃，30厘米和60厘米土层日均温分别比清耕低2.00℃和1.23℃；日最低温时，10厘米土层日均温比日均气温高5.40℃，比清耕高1.80℃，30厘米和60厘米处土层日均温分别比清耕高1.98℃和1.92℃。据陈奇思研究，秸秆覆盖的土壤，有机质含量比露地提高3.9%～10.4%，土壤0～20厘米土层速效性钾增加385.4%，土壤全氮和碱解氮分别增加18.8%和17.5%，土壤全磷增加6.2%。

塑料薄膜覆盖即把薄膜严密地覆盖在地面上。不同季节覆盖的薄膜的颜色不同，夏秋季一般覆盖白色薄膜以降低土壤温度，冬春低温季节覆盖黑色薄膜以提高土壤温度。覆盖薄膜后，地表热量收支发生明显变化，土壤白天蓄热多，夜间失热少，地温明显比地面高。山西省农业科学院棉花研究所于1982年4月15～20日测定，浅紫色膜、无色透明膜、深紫色膜和乳白色膜10厘米土层分别比露地提高3.3～4.6℃、3.3～4.5℃、2.9～3.4℃和1.3～1.8℃，而且，地膜的增温效果与地膜的厚度呈负相关，目前已由早期的0.014毫米减薄至0.008毫米。

防草布覆盖和塑料薄膜覆盖基本相同，只是防草布由于透气透水，即使在夏季覆盖也不会因为黑色而吸热升温伤根，所以，防草布覆盖一年四季都可以进行。

4. 其他

除上述方法之外，土壤的耕作方法还有很多，如中耕、清耕、培土、免耕等（图 6-9 ～图 6-12）。

图 6-9　果园免耕

图 6-10　果园清耕

图 6-11　果园中耕

图 6-12　果园培土

中耕是在柑橘园的株间、行间用锄头等各种耕作器具，对土壤表土进行耕作。中耕深度一般在 20 厘米以内。中耕能疏松表土、增加土壤通气性、提高地温、促进好气微生物活动和养分有效化，也能除去杂草、促使根系伸展、调节土壤水分状况。近年，柑橘园的中耕，主要是用于沟施氮肥。通常是先对土壤进行浅耕，然后将氮肥撒施于浅耕土壤内，能有效地减少氮肥的流失，增加氮肥的施用功效。但中耕过于频繁，也不利于土壤的水土保持，同时，在高温季节中耕，土壤升温较快；而在低温季节中耕，土壤降温也较快。

结合中耕向浅层土壤聚集泥土，或向植株基部壅土，或培高成垄的措施，称为培土。在苗木栽植前培土，能增加土壤厚度，有利于以后柑橘树的生长；在高温季节培土，能降低土温，增加柑橘树的抗旱能力；低温时培土，能提高地温，有效地防止柑橘树的低温危害。

果园内不种植作物，经常进行耕作，利用人工除草的方法使土壤保持疏松和无草状态，称为清耕法，又称清耕休闲法。一般耕作深度10厘米左右（近树干30厘米左右不耕作）。生长期间，根据杂草滋生情况和降水情况进行多次耕作，达到灭草、保墒、改善土壤透气状况等目的，有效促进土壤微生物的活动，促进有机物的分解，加速土壤有机物质的转化，增加土壤速效养分的含量，增加土壤矿质养分的释放。但长期采用清耕法，会导致土壤有机质含量降低，加重水土和养分流失，导致土壤理化性状迅速恶化，地表温度变化剧烈。

免耕法是对土壤不进行耕作，利用除草剂防除杂草，又叫最少耕作法。这种方法具有保持土壤自然结构、节省劳力、降低成本等优点，但地表面容易形成一层不向深层发展的硬壳，气候干旱时土壤容易变成龟裂块，在湿润条件下长一层青苔。随着免耕时间的延长，虽然土壤容重增加，非毛细管孔隙减少，但由于不进行耕作，土壤中可以形成比较连续而持久的孔隙网，所以通气性较耕作土壤好。另外免耕时土壤动物孔道不被破坏，水分渗透性好，土壤保水力也较强。免耕法由于长期不进行土壤耕作，不能进行土壤有机质和矿质养分的补充，不利于果园的土壤改良和土壤肥力的提高，所以只适用于土层深厚、土质较好、降雨量充沛地区的果园采用，否则容易引起土壤肥力和果园生产能力降低。另外，长期使用除草剂也会对果园土壤形成污染，不符合果树生产向绿色环保的发展方向。

第二节　杂草控制

农田杂草丛生，致使柑橘产量和品质下降，肥效降低。通常杂草根系浅，多生长在土壤20～30厘米土层，吸收养分的能力往往大于柑橘，与柑橘的根进行着激烈的营养竞争，此外，杂草不仅影响柑橘树的通风透光，还是各种病虫害的中间寄生和越冬寄主，也不方便柑橘园的管理。杂草控制和土壤管理大多时候是同时进行的，但在幼树期或杂草比较多的情况下，柑橘园的杂草则需要单独进行控制。

柑橘园杂草的控制方法很多，就目前大面积柑橘园生产管理而言，对于杂草的控制，主要有人工除草、机械除草、化学除草、覆盖控草和生草栽培五种方式。

一、人工除草

人工除草即通过人力用手或锄头、镰刀等简单的传统农具将柑橘园的杂草除去的方法。人工除草是劳动密集型的工作，也是劳动强度比较大的工作，需要大量的人工与时间，但却能保证作物免受使用除草剂和机械除草对柑橘树带来的一些潜在危害。在幼树期，小苗与杂草混在一起不易分，使用机械除草和化学药剂除草时，不能将草和树有效地分离而进行杀灭，最好的办法是进行人工除草。人工除草针对性强，干净彻底，技术简单，不但可以防除杂草，而且在不伤害柑橘树的情况下给柑橘树提供了良好生长条件。在柑橘树生长的整个过程中，根据需要可进行多次中耕除草。除草时要抓住有利时机除早、除小、除彻底、不得留下小草，即要求把杂草消灭在萌芽时期。

人工除草是传统的杂草控制方法，清耕和中耕都是人工除草的一种土壤管理方式，通常除草范围为树盘和树冠滴水线附近，或除掉影响树体通风透光的杂草，目标明确，操作方便，效率虽没有机械除草高，但是锄过一次就能起到一次的效果，除草效果好，不但可以除掉行间杂草，而且可以除掉株间的杂草，但方法比较落后，劳动强度大，费工费时，工作效率低，在劳动力缺乏的今天，在规范的大型果园会由于找不到劳动力而无法进行人工除草，所以一般只适用于小型柑橘园。

二、化学除草

化学除草就是利用化学药剂的内吸、触杀作用，有选择地杀死田间杂草，其所利用的化学药剂通称为除草剂。除草剂能抑制和破坏杂草发芽种子细胞蛋白质酶，从而使蛋白质合成受阻，同时抑制杂草的光合作用，杂草吸收药液后一般不能正常生长，逐渐枯死。

除草剂种类很多，按其作用方式分为选择性除草剂和灭生性除草剂。选择性除草剂可以杀死不同类型的杂草而对苗木无害，如高效氟吡甲禾灵（盖草能）、氟乐灵、扑草净等；灭生性除草剂对所有植物都有毒性，不管苗木和杂草，只要接触绿色部分都会受害或被杀死，如草甘膦、草铵膦等。根据除草剂在植物体内的移动情况分为触杀型除草剂、内吸传导型除草剂，及内吸传导、触杀综合型除草剂。触杀型除草剂与杂草接触时，只杀死与药剂接触的部分，在植物体内不传导，如除草醚、百草枯等；内吸传导型除草剂被根系或叶片、芽鞘或茎部吸收后，传导到植物体内，使植物死亡，如草甘膦、扑草净等；内吸传导、触杀综合型除草剂具有内吸传导、触杀双重功能，如杀草胺等。

在目前柑橘果园中，不得使用除草醚、百草枯和甲磺隆等国家已经明令禁止使用的除草剂，在苗期或树盘使用具有选择性杀草能力的扑草净、精喹禾灵等，在果园行间或沟、坎等地方，可以低浓度使用草甘膦、草铵膦等除草剂。

化学除草时除草剂的残留毒性会造成一定的化学污染、环境污染等，对柑橘树和土壤的根都存在一定的危害，不利于柑橘的可持续发展，但其操作容易、见效快、省工省时、成本低，仍是目前我国柑橘园除草的主要方法。但是作物和杂草是没有区别的，都是植物，只是属于植物的种类不同，除草剂在除杂草的同时，也对柑橘树的枝、叶，尤其是根存在一定的影响，因此，在选择除草剂时，特别要注意除草剂的种类、使用剂量和使用时间，在考虑效果的同时，一定要注意树体安全、果实安全，以及土壤有毒物质的残留和对土壤的破坏。

对于一般的生产柑橘园，一年喷除草剂 3 次左右，春、夏、秋各一次。除草剂应喷早，最好在杂草长到一定程度，种子还没有形成前进行喷药杀死杂草。

三、机械除草

机械除草即人工利用旋耕机械，将杂草控制在不影响柑橘树生长的一定高度或将杂草旋埋于土壤内一种控草方式。

目前我国在机械除草方面还比较落后，主要采用割草机和旋耕机两种机械进行除草控草。割草机只能把杂草的地上部分清除掉，而杂草的根仍然生长在土壤中，加上杂草的生命力比较旺盛，过不了多长时间又会长出新的草芽，如果长期使用割草机，对于茎秆比较粗的杂草，其基部没有被割掉部分很容易变粗壮而不利于田间操作，所以，利用割草机割草应在杂草还比较细嫩时进行（图 6-13、图 6-14）。

图 6-13 割草机割草

图 6-14 割草机割草效果

旋耕机控草通常和中耕施肥同时进行，其旋耕深度一般在 20 ～ 30 厘米，但柑橘树的树盘不能进行旋耕，所以，利用旋耕机控草还必须与割草机割草或人工除草相结合（图 6-15）。

图 6-15 旋耕机除草

四、覆盖控草

柑橘覆盖控草就是在柑橘园土壤上覆盖杂草、绿肥、树叶、稻草、麦秆、玉米秸秆等，以及黑色塑料薄膜、透气性黑色防草布（无纺布）等来减少或控制杂草的生长。杂草等覆盖控草需要的材料数目较大，来源存在问题，而且控草效果不是很理想，但很安全；黑色塑料薄膜控草效果很好，成本低，但在高温时必须揭开塑料薄膜，否则黑色塑料薄膜会吸收太阳光提高土温而引起作物烧根，而且，树盘被黑色塑料薄膜覆盖后，施肥不方便，透水透气能力也差，影响柑橘树的生长结果和果实品质；透气性黑色防草布控草因其黑色能有效地控制杂草生长，控草效果很好（图 6-16），同时，黑色防草布具有透气性，高温时也不会吸太阳光而提高土温造成根系受伤，但成本偏高，必须和水肥一体化结合才方便施肥灌水。

柑橘园覆盖控草分为全园覆盖和树盘覆盖。全园覆盖是距树干 10 厘米范围内的地面不覆盖，其余地面全部覆盖；树盘覆盖的范围在距树干 10 厘米至滴水线外 30 厘米左右，保留树干 10 厘米范围不覆盖是为了防止树干病虫害。

图 6-16 柑橘园覆盖透气性黑色防草布

五、生草栽培

柑橘园土壤的管理，从传统的精耕细作到清耕、少耕、免耕，经历了漫长的过程。土壤翻耕，可疏松并熟化土层，增加土壤通气性，促进好气微生物活动和养分有效化，消灭杂草和减轻病虫害，有利于根系伸展，调节土壤水分状况，加速有机质分解，增加土壤肥力等。但土壤的连续翻耕，会破坏土壤结构，高温季节土温易受气温影响而提高使植株受旱，低温季节土温易受气温影响而降低使植株受冻，耕后降雨，会加速水土流失，同时，土壤的翻耕，极易伤害柑橘根系，增加柑橘园劳动力的投入。鉴于此，清耕、少耕、免耕在柑橘园中逐渐施行，至20世纪90年代，我国开始将生草栽培作为绿色果品生产技术体系在全国推广。

生草栽培就是在果园株行间选留原生杂草，或种植非原生草类、绿肥作物等，并加以管理，使草类与果树协调共生的一种果树栽培方式，也是仿生栽培的一种形式，是一项先进、实用、高效的土壤管理方法，在欧美、日本等国已实施多年，应用十分普遍。

柑橘园生草栽培，首先，有利于降低土壤容重，增加土壤持水能力，保持水土，缩小果园土壤的年温差和日温差，增加果园空间相对湿度，降低果树蒸腾，形成了有利于柑橘生长发育的微域小气候环境；其次，植物残体、半腐解层在微生物的作用下，形成有机质及有效态矿质元素，不断补充土壤营养，增加土壤有机质积累，激活土壤微生物活动，使土壤氮、磷、钾移动性增加，改善果园土壤环境；再次，增加植被多样化，为天敌提供丰富的食物和良好的栖息场所，克服天敌与害虫在发生时间上的脱节现象，使昆虫种类的多样性、富集性及自控作用得到提高，天敌发生量大，种群稳定，果园土壤及果园空间富含寄生菌，制约着害虫的蔓延，形成果园相对较为持久的生态系统，有利于柑橘病虫害的综合治理；最后，促进果树生长发育，提高果实产量和品质等。

但是，在某种程度上，生草与柑橘树存在水分和养分的竞争，不利于柑橘根系向深层发展，同时，高秆杂草、藤本杂草影响柑橘树通风透光等，为此，近年提出了季节性生草栽培的土壤管理方式，即在雨水比较充足的生长季节，让柑橘园内的适宜杂草进行生长，在高温来临前，将柑橘园内的杂草杀死后自然覆盖于土壤上，果实成熟期浅耕、割除杂草，促进果实成熟和改善品质。

季节性生草栽培，是果园土壤管理制度一次重大变革，也是柑橘园土壤管理行之有效的管理方式。世界果品生产发达国家新西兰、日本、意大利、法国等果园土壤管理大多采用生草栽培模式，至今已全面普及，产生了巨大的经济效益、社会效益和生态效益。我国也建立了许多典型示范样板，取得了一定成效，但这一栽培模式并没有得到推广和普及，实践中清耕果园面积仍占果园总面积的90%以上，生草栽培在我国尚处于试验与小面积应用阶段。尽管如此，在劳动力越来越紧缺的情况下，季节性生草栽培必将成为柑橘园土壤管理的最佳选择。

开展季节性生草栽培，应注意：①保持柑橘树盘干净，自然杂草或是人工种植的草，只能在柑橘树行间或树冠滴水线30厘米外，减少草与柑橘争水、争肥；②铲除果园内的深根、高秆、藤蔓和其他恶性杂草，选留自然生长的浅根、矮生、与柑橘无共生性病虫害的良性杂草；③在杂草旺盛生长季节割草，控制杂草高度，在高温干旱到来之前，割草覆盖，果实成熟期应浅耕、割除杂草，有利于促进果实成熟和改善品质；④人工种草应因地制宜选择适宜当地气候和土壤的草种，使之既能抑制恶性杂草的生长，又不与柑橘生长争水、争肥，可选择黑麦草、三叶草、紫花苜蓿、百喜草、薄荷和留兰香等。

第七章 柑橘营养与施肥

柑橘是常绿果树，一年四季基本没有明显的休眠期，生长时间长，一年内消耗的营养比较多。柑橘树体萌芽、抽枝需要消耗营养，大量开花需要消耗营养，长时间大量挂果需要消耗大量的营养。同时，由于我国种植柑橘的土壤千差万别，不同土壤类型需要的营养也存在极大的差异，为实现高产优质，柑橘的营养与施肥非常重要。

第一节 柑橘需要的营养种类

柑橘树体内的碳（C）、氢（H）、氧（O）、氮（N）、磷（P）、钾（K）、钙（Ca）、镁（Mg）、硫（S）、铁（Fe）、锰（Mn）、锌（Zn）、铜（Cu）、硼（B）、钼（Mo）和氯（Cl）16种营养元素，每一种元素在柑橘树体内都担负着一定的生理作用，每一种营养元素的功能都不能被其他元素所替代，缺了任何一种，柑橘树都不能正常生长发育。这16种营养元素中，除碳、氢、氧、氯、硫5种元素外，其他11种营养元素由土壤供给或靠施肥得到不断补充，因此，都可能因不足而导致缺素症，影响柑橘生长和结果。

根据柑橘对这些营养元素需要量的多少，将后 13 种元素中的氮、磷、钾称为大量元素或柑橘生长发育的三要素；钙、镁、硫需要量较少，称为次量元素，也称为中量元素；后 7 种元素称为微量元素。柑橘营养元素的丰缺，以柑橘园土壤和叶片营养诊断为依据，少则表现缺素症状，多则表现过剩症状。

柑橘营养诊断是对柑橘园土壤和叶片进行取样分析判断柑橘园土壤营养和叶片营养状况。一般土壤营养诊断是取柑橘园土壤 0 ～ 20 厘米、20 ～ 40 厘米和 40 ～ 60 厘米的土壤进行分析，也有直接取土壤 0 ～ 40 厘米，或 20 ～ 60 厘米处土壤进行分析，土样一般要求土壤重 500 克左右，阴干或风干后用于分析。

叶片分析是采 100 ～ 120 张柑橘叶片进行营养分析诊断，所采的叶片要求：①叶片为具有 7 个月左右叶龄的一年生、树冠中上部、生长健康的春梢营养枝叶片；②用于叶片营养诊断的春梢叶片采自于选定枝梢自上向下的第 2 或第 3 片叶；③用于营养诊断的叶片必须是采自于一株树的东、西、南、北及中上部不同部位的叶片；④用于营养诊断的叶片不能只采自于一株树，必须采自于能代表指定柑橘营养水平的树，一批叶片样品采样的树越多越有代表性，即使树量少，至少一批叶片样的采样数也不能低于 3 株柑橘树；⑤用于采叶片样的树不能在近期施过肥或喷过药；⑥采样的时间一般在每年柑橘树生长约 7 个月后，如果采样太早，则叶片生长积累营养的时间不够，如果采得太晚，则柑橘叶片的营养开始往树干及根部转移。

叶片采样后立即用弱酸水溶液清洗后在 105℃左右的温度下杀酶，然后再进行烘干打碎制成待分析的叶片样。

土壤营养诊断和叶片营养诊断对柑橘生产都具有一定的指导意义。土壤营养诊断在柑橘建园改土时特别重要，但土壤具有营养，柑橘的根不一定都能进行有效地吸收利用，所以，生产上在栽培管理过程中，叶片的营养诊断比土壤营养诊断更具有参考价值。

由于柑橘种植地都是分布在我国广阔的农村，这些地区不可能处处都建有柑橘营养诊断的实验室，所以，我国目前柑橘生产还大多是根据柑橘生产员的生产经验进行生产栽培管理。但在我们根据经验不能对柑橘树缺乏的元素或造成柑橘中毒的营养元素进行确定时，柑橘营养诊断就显得特别重要。

同时，由于柑橘营养诊断是采取具有一定生长时间的叶片进行的营养分析，所以，在叶片具有的营养，只能代表在采取叶片时柑橘叶片的营养水平，并不能反映柑橘在枝梢生长、果实发育膨大等每个时间节点柑橘树体营养的情况。所以，柑橘营养诊断只能为柑橘园来年春天的营养施肥做技术参考，在生产管理过程中，对柑橘萌芽抽梢、开花坐果、果实膨大等每一时间段具体的营养丰缺还必须结合经验进行柑橘的生产栽培管理。

第二节 柑橘所需营养的来源

柑橘所需要的16种营养元素中，碳、氢和氧被用于光合作用，合成有机物（主要是碳水化合物）而积累、贮藏于柑橘树体内。碳、氢、氧存在于大气和水中，不存在缺乏的问题，不需要额外补充；氯在自然中也广泛存在，雨水和灌溉水中的氯已足够满足柑橘生长结果的需要，并容易被柑橘吸收，也不需要额外补充，何况柑橘是半忌氯作物，氯高容易中毒；空气中二氧化硫（SO_2）含量已达到较高水平，雨水中常含硫，灌溉水、部分肥料和农药中也含硫，柑橘生产上很少缺硫，硫也不需要额外补充；除此之外氮、磷、钾、钙、镁、铁、锌、锰、硼、铜和钼11种营养元素，有的来源于土壤，有的来源于人为施肥。

柑橘需要的氮、磷、钾，以及钙、镁、硼、铜和钼很容易通过施化肥、有机肥、螯合态肥来满足，但柑橘需要的铁、锌和锰很难通过施肥来进行补充。

不同的土壤，所含的营养物质不一样，但经过长期的研究试验，每一种营养元素都有其适宜、过量和不足的范围。所以，在柑橘生产上，为了确保柑橘树的正常生长结果，实现高产优质，就必须通过营养诊断来确定土壤中的各种营养物质的丰缺情况来指导柑橘生产。

第三节　不同营养元素的作用

除碳、氢、氧外，柑橘树需要大量元素氮（N）、磷（P）和钾（K），中量元素钙（Ca）、镁（Mg）和硫（S），微量元素铁（Fe）、锰（Mn）、锌（Zn）、铜（Cu）、硼（B）、钼（Mo）和氯（Cl），每一种元素在柑橘树体内都承担着一定的生理作用，它的功能不能被其他元素所替代，并且，缺了任何一种，柑橘就不能正常生长发育了。但在生产上，主要涉及的还是除碳、氢、氧外的另13种元素。

1. 氮

氮是构成蛋白质、核酸和磷脂等的主要成分。蛋白质中的氮含量占16%～18%。蛋白质是构成细胞原生质的基础物质，而原生质是植物新陈代谢的中心。氮也是植物叶绿素、维生素、核酸、酶和辅酶系统、激素、生物碱以及许多重要代谢有机物的组成成分，与光合作用有密切关系，是植物生命的物质基础，对生命活动起调节作用，在物质和能量代谢中也起着重要作用。

根据研究，在结果甜橙树中，叶片含氮量最高，占40%左右；果实中的含氮量和枝干中的含氮量相近，各占20%～25%，根的含氮量最少，约占10%。对于幼龄柑橘树而言，叶片中的含氮量更高，可占全树氮总量的60%左右。氮对柑橘的生长和产量影响非常大。就柑橘生产管理而言，氮的主要作用就是促进橘树枝、叶和果实生长。在幼树期、萌芽抽梢、现蕾开花期和果实膨大阶段都需要大量氮。氮在柑橘体内的移动性大，老叶中的氮化物分解后可运到幼嫩组织中去重复利用，所以，缺氮是从老叶开始表现。

柑橘根周年都可吸收氮，温度适宜时吸收量大，土温较低时吸收量减少，土温高时吸收量多。柑橘树根从土壤中吸收的氮以硝态氮（NO_3^-）和铵态氮（NH_4^+）为主。在根内，硝态氮通过硝酸还原为亚硝态氮，再进一步还原转化为铵态氮。在正常情况下，铵态氮不能在根中积累，必须立即从地上部分输送到根与碳水化合物结合形成氨基酸而被植物利用。

硝态氮在土壤中易流失，但不会引起烂根，还能降低土壤酸度；铵态氮能被土壤吸附，不易流失，但渍水或阴雨季会降低柑橘根的耐水性引起烂根，也会升高土壤酸度，酸度比较高的果园，施铵态氮对柑橘生长有损害。

2. 磷

磷是柑橘树生长发育必需的三大营养元素之一，是核酸和各种磷脂的成分，对细胞核的形成、分裂、分生组织发育、根系伸长有重要作用，能促进细胞分裂，加速幼芽和根系生长，促进柑橘的生长发育，促进柑橘花芽分化和缩短花芽分化时间，促进柑橘提早开花，提前成熟，促进呼吸作用及柑橘对水分和养分的吸收；能促进碳水化合物、蛋白质及脂肪的代谢、合成和运转；能增强柑橘的抗逆性，提高抗寒、抗旱能力、抗病和耐酸碱能力，提高柑橘对水分的利用率；对氮代谢有重要作用等。

磷在土壤中不易流失，但易被土壤中的钙、铁、铝固定成为不溶态化合物而不能被根吸收利用，因此，调节果园土壤酸度就能提高土壤中磷的利用率。

幼树期树体内含磷量远高于树龄大的树。磷在树体内的移动性很大，再利用能力强，所以缺磷先在老叶上表现。柑橘树体内磷的含量一般为树体干重的0.1%～0.5%，其中有机态磷占全磷的85%，无机态磷仅占全磷的15%。对磷肥的吸收从夏初开始，至夏末达到吸收高峰。柑橘根对磷的吸收主要是正磷酸根离子，也能吸收利用少量偏磷酸根和磷酸根，但在土壤和树体中，易水解生成正磷酸根。柑橘根也能吸收利用有机态的含磷化合物，所以，生产上不能忽视有机肥料中有机磷对柑橘的直接营养作用。

3. 钾

钾是酶的活化剂，具有促进叶绿素合成、改善叶绿素结构、促进叶片对二氧化碳的同化作用，能增强光合作用，也能促进酶的活性和蛋白质的合成，促进糖类高贮藏器官运输，能增强柑橘的抗逆功能，提高柑橘对干旱、低温、盐害等不良环境的忍受能力，对柑橘稳产高产有明显作用。充足的钾也能提高柑橘品质，促进果实着色，提高果实中糖、维生素含量，改善糖酸比，提升味道，延长果品的贮存期，但钾使用量过大会增加果实酸含量，冬季果实转色慢，果肉化渣差。

钾在柑橘树体内移动性强，可以被重复吸收利用，所以，缺钾也是从老叶开始表现。

柑橘钾的含量高于磷，与氮相近。柑橘对钾的吸收从春季开始，夏季达到高峰，10 月开始下降。钾在树体内容易移动，随着生长，钾不断由老组织向新生幼嫩组织转移，至秋季，叶片中的钾 60% 移动到果实。

4. 钙

进入植物组织的钙对胞间层的形成和稳定具有重要意义。钙能稳定细胞膜结构、保持细胞的完整性、维持细胞膜的功能，使组织的器官或个体具有一定的机械强度；钙能中和植物体内代谢过程产生的过多的有毒有机酸，调节细胞的 pH，以利于柑橘的正常代谢；钙能降低呼吸作用，增加果实硬度，提高果实贮藏性；钙也是一些重要酶类的激活剂，能加强有机物的运输，增强光合效率

土壤中钙含量丰富，但有效态的含量较低。柑橘对钙的吸收从春天开始，到果实膨大期达到高峰。钙在树体内不易移动，其转运主要是受蒸腾作用影响，通过离子交换和水分运动在木质部中进行。

5. 镁

镁是合成叶绿素的重要元素，是叶绿素 a 和叶绿素 b 合成卟啉环的中心原子，在叶绿素体中 10% 镁包含在叶绿素里。镁是多种酶的活化剂，能加速酶促反应，促进糖类的转化和代谢，对碳水化合物的代谢、体内的呼吸作用均有重要作用，植物体中一系列酶促反应都需要镁或依赖于镁进行调节。镁也是丙酮酸激酶、腺苷激酶等的组成成分，还是糖代谢的活化剂，能促进蛋白质、维生素 A 和维生素 C 的形成，协同提高各种营养元素的吸收利用，提高果实品质。

镁可以在树体内转移，缺镁时先于老叶叶尖表现。二价镁

(Mg^{2+})是吸收的主要形态。

6. 铁

铁不是叶绿素的组成成分，是植物体内光合作用不可缺少的元素，缺铁时就不能形成叶绿体，不能较好地进行光合作用，影响碳水化合物的形成。铁参与植物体内细胞的呼吸作用，缺铁时，植物的呼吸作用受阻，植物吸收养分的能力降低。

植物吸收铁主要是二价铁（Fe^{2+}）和螯合态铁。在植物体内，铁大部分以有机态形式存在，移动性很小，不能被再利用。一般比较集中于叶绿体中，缺铁叶片会黄化。

7. 锌

锌参与生长素（吲哚乙酸）的合成，是多种酶的组成成分，能促进植物的光合作用，促进生长器官发育和提高抗逆性，其主要分布于植物的幼嫩部分，越往树上部锌含量越高，其分布基本与生长素平行。

植物吸收二价锌（Zn^{2+}）和螯合态锌，锌在植物体内以离子态及蛋白质复合体两种形式存在，在树体内可移动，可由老叶向嫩叶移动。

8. 硼

硼不是植物体的结构成分，能和糖或糖醇络合形成硼醇化合物参与各种代谢活动。硼能促进光合作用，促进光合产物的合成与运转，促进生殖器官的正常发育，提高柑橘的坐果率和果实的结实率；硼能促进分生组织细胞的分化过程，影响细胞的分裂和伸长；硼也能提高柑橘的抗旱、抗寒能力。

植物吸收 $B(OH)_3$ 形态的硼，并运输到植物的各个部位。硼首先在老组织中积累，在植物体内不移动，很难被再吸收利用。

9. 铜

铜是植物体内很多氧化酶的组成成分，参与蛋白质和碳水化合物的合成，促进光合作用，是某些酶的活化剂，参与氮代谢和硝化还原过程。植物主要吸收二价铜（Cu^{2+}）和螯合态铜，多集中于幼嫩组织。

10. 锰

锰是植物体的结构成分，是很多酶的活化剂和部分酶的组成成分，直接参与光合作用，能促进种子萌发和幼苗生长，加速花粉萌发和花粉管伸长，提高结实率，对幼树具有提早结果的作用。

锰在植物体内一般有两种存在形态：一种是二价锰（Mn^{2+}），另一种是结合态锰。锰在植物体内移动性差，一般很难再利用。

第四节　常用不同肥料种类的含量及用法

1. 氮

氮在土壤中移动较快，很容易从土表向土壤下渗透，根据研究，氮在湿润的土壤中，1 小时可以移动 1 米以上，所以氮通常撒施即可。撒施时要求土壤疏松、无（少）草、土表无结皮，薄肥勤施，避免干施，最好在小雨时，或大雨后土湿又不形成地面径流时撒施。撒施于树冠滴水线附近，施用深度 0 ～ 15 厘米，施后 7 ～ 10 天即可发生作用。

常用的氮肥有尿素和碳酸氢铵、硝酸铵钙等。尿素含氮量 46% 左右，有吸湿性，易溶于水，是一种中性肥料，施入土后在微生物作用下转为铵态氮供根吸收，尿素在转化的过程中生成碳酸铵易挥发而造成损失；碳酸氢铵（简称碳铵），含氮 17% 左右，易潮和结块，也易分解为氨气和二氧化碳而造成损失，高浓度的碳酸氢铵可以用作除草剂。硝酸铵钙含氮量 14% 左右，不仅含氮，还含钙，一些容易裂果的品种施硝酸铵钙后会降低裂果率。

2. 磷

磷在土壤中难移动，利用率低、速度慢，容易在土壤中被吸附固定，撒施后会在土表富集形成藻（青苔）而造成磷的损失，因此，磷宜适度深施。根据研究，磷在土壤中移动大约5厘米，所以，施磷时必须开沟施，一般沟深30厘米左右，与有机肥混施效果明显，必须施在根系附近才有效。常用的磷肥有过磷酸钙、钙镁磷肥和磷矿粉等。

过磷酸钙含磷量一般12%～20%，还含有硫和微量元素，适宜于中性土壤，不能与碱性肥料混用；钙镁磷肥含磷（P_2O_5）12%～20%左右，含钙（CaO）25%～45%，含镁（MgO）10%～15%，碱性肥料，适宜于pH 5.5～6.5的土壤；磷矿粉因产地不同，其含量约10%～30%，为难溶性迟效磷肥，适宜于酸性土壤。

3. 钾

钾在土壤中的移动性介于磷和氮之间，一般在土壤中的移动距离为10～15厘米，而且，钾在重黏土中易被吸附固定，难移动，利用率不高。因此，钾宜适度深施，壤土施在根系密布区上方约15～25厘米，黏土施在根系密布区约30～40厘米。土壤干旱时，柑橘根系吸收钾的能力下降，因此，钾肥避免干旱时施，在7～8月伏旱期施钾肥壮果，要注意灌溉，防止土壤干旱。

常用的钾肥有硫酸钾、硝酸钾、磷酸二氢钾和氯化钾等。

硫酸钾含氧化钾（K_2O）40%～50%，白色至淡黄色粉末，化学中性、生理酸性肥料，易溶于水，在酸性土中施用时应配合石灰使用，以免土壤酸化板结；氯化钾含氧化钾50%左右，易溶于水，是化学中性、生理酸性肥料，在土壤中钾离子被吸收或被土壤胶体吸附后，氯离子与土壤胶体中的氢离子生成盐酸，加强土壤酸性，增加土壤中铝和铁的溶解度毒害根系，同时，由于柑橘是半忌氯植物，所以，在酸性土壤中一定要慎用氯化钾；硝酸钾是一种既含氮又含钾的生理中性肥料，在土壤中钾和氮都能得到很好吸收，适用于各种土壤，其用于根外追肥，浓度15%也不会造成肥害，但浓度过高时，硝酸钾会结晶。根据试验，硝酸的有效的根外追肥浓度在2%以下，以0.5%～1%为宜。磷酸二氢钾既含钾又含磷，通常用于根外追施，不但增补磷钾，还可以尽快促进枝梢老熟。

4. 其他

生产上除氮、磷、钾三种施用较多的肥料外，钙、镁、锌、铁、硼等也是生产需要的肥料，是中量元素或微量元素肥，通常是几种元素或多种元素的螯合态，但后几种肥料都比较单一。

钙肥用得多的主要是石灰，适宜于酸性土壤，撒施即可，其次是硝酸铵钙和叶面喷施的氨基酸钙；柑橘需要的硼肥较少，一般叶面喷施 0.05% ～ 0.1% 的硼砂即可解决柑橘树缺硼的问题；柑橘树一般幼树不易缺镁，只有在大量结果后会产生缺镁的现象，可以通过开沟施氧化镁、钙镁磷和硫酸镁等肥料解决；用于柑橘上的安全铁肥和锌肥，以土壤螯合态的铁肥和锌肥为好，也可开沟土施硫酸锌，或叶面喷施代森锰锌、代森联等，土施时最好和有机肥一起进行，同时，要灌水后用土覆盖。

第五节　根外追肥

柑橘生长发育所需要的营养，主要来源于土壤含有的营养和通过人工施用各种肥料于土壤补充的营养。在柑橘的各个生长阶段，由于种种原因，造成树体缺乏某些营养，在通过土壤施来不及补充的情况下，根外追肥（叶面施肥）是促进柑橘树生长和提高柑橘产量的一种关键性技术，不仅能及时补充柑橘树体营养、促进柑橘树正常生长，而且能提高柑橘的总体机能，保证其产量和品质。

根外追肥见效快、针对性强、节省肥料，在某些情况下能解决土壤施肥所不能解决的问题，在使叶片迅速地吸收各种养分、保果壮果、调节树势、改善果实品质、矫治缺素症状、提高树体越冬抗寒性等方面具有很大的作用。但在根外追肥时，应针对具体情况，选择合适的追肥时间、肥料种类及浓度，以及是否能和其他肥料及农药混用等（表 7-1）。

表 7-1　常用肥料根外追肥浓度表

肥料种类	浓度 /%	肥料种类	浓度 /%
尿素	0.2 ～ 0.5	硼	0.05 ～ 0.1
磷酸二氢钾	0.2 ～ 0.5	硫酸镁	0.1 ～ 0.2
硝酸钾	0.5 ～ 1.0	硫酸锌	0.1 ～ 0.2
硝酸钙	0.2 ～ 0.3	代森锰锌	0.1 ～ 0.2
硫酸铜	0.1 ～ 0.2	丙森锌	0.1 ～ 0.2

第六节　幼树施肥

幼树通常指栽植后 1 ～ 3 年尚未结果的树，或树冠比较小的树。幼树施肥的目的主要是让树早发芽、多抽健壮枝，以尽快让树长高，树冠尽快扩大形成丰产树冠，为早结丰产做准备。因此，幼树施肥以氮促进生长为主，结合磷、钾肥让枝尽快老熟，重点抽好春梢、早夏梢、晚夏梢、早秋梢、秋梢，以及尽可能地通过肥水调控和人工摘心、拉枝等整形方式，让树枝在树冠内合理分布，充分利用空间，形成饱满的树冠结构。

土壤施肥以速效氮肥为主，通常撒施尿素，而且是薄肥勤施，少量多次。栽种成活后的第一年，每次每株树撒施 15 ～ 25 克，随着树体的长大、枝梢的增多，施肥量每次每株慢慢增加至 25 ～ 50 克；栽种后第二年，每次每株 50 ～ 100 克；栽种后第三年，每次每株 100 ～ 150 克。尿素通常在萌芽前 7 ～ 10 天施一次，枝梢老熟时施一次，萌芽至老熟之间每 15 天左右施一次为好。枝梢展叶后，保留枝梢 30 厘米摘心，并结合喷药对嫩梢喷施 2 ～ 3 次 0.3% 磷酸二氢钾 +0.2% 尿素，让枝梢长粗壮，并加速枝梢老熟以抽发下一次枝。

一般在栽植后 2 ～ 8 月每月施氮肥 2 次左右，8 月过后停止施氮肥，以防抽生晚秋梢，可在 10 月施一次钾肥，每株 25 ～ 50 克即可。对丰产树冠已形成、来年将进入结果期的幼树，应适度控制氮肥用量，在 7 ～ 9 月土壤施一次硫酸钾和磷肥（钙镁磷或过磷酸钙等），硫酸钾每次每株 50 ～ 100 克，磷肥每次每株 250 ～ 500 克，同时结合喷药防虫，在 7 ～ 9 月喷一次 0.1% 的硼砂，为来年提高产量、生产优质果做准备。

第七节　结果树施肥

结果树通常指栽植后开始结果至盛产的树，一般是指栽植 3 ～ 5 年后的柑橘树。幼树在试花结果后，往往树生长较为旺盛，花量由少变多，结果量越来越多，营养不良会导致第一次严重的生理落果，大量夏梢的抽发导致第二次严重的生理落果。栽培管理上应在结出优质果的同时继续扩大或保持树冠，实现丰产稳产。

这一时期施肥既要满足结果树开花结果对营养的需求，又要满足树体扩大树冠对营养的需求。施肥春季以撒施氮为主，促发健壮的春梢；夏季是果实膨大和品质形成期，是氮、磷、钾吸收高峰期，这个时期施肥应氮、磷、钾结合，施肥结合土壤深施有机肥同时进行，可以减少人工的使用；挂果越冬树秋季根据品种和季节特点酌情施入磷、钾肥，在确保所结果实品质的情况下，也有利于促发好的早秋梢作为来年结果母枝。

2 月春梢萌芽前 7 ～ 10 天左右，撒施一次速效氮肥和钾肥。施肥量根据树体大小，每次每株撒施尿素 100 ～ 150 克，在春梢抽发和老熟过程中，根据树体营养状况，如果树体抽枝差或营养明显不足，可再一次或多次同量补施氮肥。树体生长结果正常的情况下，能够不施尽量不施，必须施时少量多次施。6 ～ 7 月第二次生理落果稳定后，开沟施入有机肥，同时结合开沟施入磷肥和钾肥，辅之以氮肥，根据品种、结果情况和树体大小，每次每株树施有机肥 10 ～ 20 千克、磷肥 1.5 ～ 2.5 千克、氮肥 100 ～ 150 克，同时，可根据土壤情况，每株树施 10 ～ 15 克硼砂。如爱媛等树势易衰弱的早熟品种，在采果后立即施一次水溶性有机肥，或平衡复合肥。对于需要挂树越冬至第二年采收的晚熟柑橘品种来说，因为果实需要挂树越冬，果实在挂树越冬期间需要消耗较多的营养，所以，晚熟柑橘品种越冬前 10 月，还应重施一次肥。该次肥通常以复合肥为主，根据树体营养和挂果量多少，每次每株施高氮、低磷和高钾的复合肥 0.5 ～ 1.5 千克，也可以按氮、磷、钾一定比例施入挂果越冬的树，同时，结合喷药喷 0.3% 磷酸二氢钾 +0.2% 尿素。

柑橘结果树的施肥并不是一成不变的，应根据柑橘树营养、挂果多少等，适当调节施肥次数、施肥量和施肥时间等。如花量多、树势弱，应补施氮肥和钾肥；花量少、营养生长旺盛，则应控制氮肥的施用。

第八章

柑橘缺素与矫治

第一节　缺　氮

一、症状

① 新梢抽发少、弱、不整齐，生长不正常；枝条细、短，因枝梢顶部芽萌发抽生弱枝而呈丛生状，丛生小枝常易枯死。

② 新梢叶片小而薄、易脆，淡绿色、黄绿色或淡黄色，但叶色均匀。萌芽前缺氮而萌芽后在生长期补足氮的叶片，叶色虽然呈正常的绿色，但枝较正常枝短，叶片也较正常叶片小。

③ 老叶古铜色或黄色，急性缺氮老叶叶脉褪绿成类似韧部伤害、积水伤根等的“黄脉”，甚至全树叶片均匀黄化，提前脱落；新叶先主脉黄化，然后逐渐整个叶片黄化，严重时脱落。

④ 长期缺氮的柑橘树，树体生长缓慢，枝弱而树冠紧凑、密集，树冠矮小。

⑤ 花芽分化质量差，花少，坐果率低。

⑥ 果实小，果皮光滑，包着紧，含酸量低，成熟期稍提前。

⑦ 严重缺氮时树势衰退，树冠光秃。

图 8-1、图 8-2 分别为缺氮柑橘树及其新梢、叶片状况。柑橘树急性缺氮如图8-3所示，但施用过多，也会造成缩二脲中毒，如图8-4所示。

图 8-1　缺氮的柑橘树

图 8-2　缺氮柑橘树新梢、叶片

图 8-3　柑橘急性缺氮

图 8-4　喷施尿素柑橘叶片叶尖缩二脲中毒

二、缺氮原因

① 土壤瘠薄缺氮，加之土壤氮素施用量不足，柑橘树根系难以从土壤中吸收充足的氮素。

② 柑橘树挂果量过多，树体氮素贮藏量不能满足果实对氮素的消耗量，且没有得到及时的氮素补充。

③ 透性好、保水保肥力差的沙质土壤，氮素容易随雨水流失。

④ 地下水位高、土壤硝化作用不良的柑橘果园，可供给的硝态氮少。

⑤ 柑橘根系处于积水环境而造成缺氧，导致根系不能正常活动而影响根系对氮的吸收。

⑥ 由于病虫危害，或施用含氯量超标的肥料等，造成柑橘根系中毒损伤或死亡而不能正常吸收土壤中的氮素。

⑦ 大量施用未腐熟有机肥料，土壤中的微生物在分解过程中消耗土壤中原有的氮素发生暂时性缺氮。

⑧ 过量使用钾肥和磷肥，影响氮素的吸收利用，会诱发缺氮。

三、矫治

① 加强土壤管理，多施腐熟有机肥，培肥瘠薄土壤，增加土壤中的氮素。

② 根据柑橘树体生长发育需肥规律和挂果量，适时适量合理施用有机肥或氮素化肥。在每次新梢萌芽前和开花前 7 ～ 10 天、果实膨大期，及时施入充足的有机肥或氮素化肥。施肥量根据施肥水平，每 50 千克果实施入纯氮 0.5 ～ 1 千克。挂果量大的树，适当增加氮素化肥的施用量。

③ 沙质重、透气性好、保水保肥力差的土壤，多施腐熟有机肥，减少土壤中氮素的流失。在这类土壤中，氮肥宜采用浅沟撒施，做到少量多次，减少氮肥的流失，提高氮肥利用率。

④ 避免过多施用磷、钾肥。

⑤ 地下水位高的土，应起垄进行高畦栽培。排水不畅或积水的柑橘园，及时开深 0.6 ～ 1.2 米的沟进行排水，以保证柑橘根系的正常生长。

⑥ 树干受损伤、根系近腐烂的柑橘树，能靠接的立即通过靠接换砧等措施进行矫治。靠接换砧最好在春季萌芽前进行，嫁接与栽植同时进行，操作时先挖好栽植穴，削好砧木削面，确定好砧木长度后，先嫁接后栽植。靠接好的砧木越短越好。

⑦ 新梢展叶后、新梢生长期和幼果期缺氮，可用 0.3% ～ 0.5% 尿素或 0.5% ～ 1.0% 可溶性复合化肥、0.8% ～ 1.0% 硝酸钾（又称钾宝）等进行根外喷肥，尿素和硝酸钾可以结合病虫害防治同时进行。新叶缺氮黄化时，每 7 ～ 10 天喷一次，连续 2 ～ 3 次可以得到矫治。但喷的次数不能太多，以免叶尖形成尿素中毒。

第二节 缺 磷

一、症状

① 缺磷主要发生在花芽和果实形成期。

② 幼树生长缓慢，春梢抽发少，枝条细弱、稀疏，并有部分枯梢现象。

③ 叶小而窄，密生，失去光泽呈暗绿色，越冬老叶淡绿色至暗绿色或古铜色，无光泽，间或有褐色不定形枯斑，严重的变褐枯死，开花时老叶突然大量脱落，落叶多数是叶尖先发黄，先端或边缘有焦斑。当下部老叶趋向青铜色、叶柄呈紫红色时，表明树体已严重缺磷，树体生长极度衰弱，往往形成“小老树”（图 8-5、图 8-6）。

图 8-5 甜橙古铜色缺磷老叶

图 8-6 缺磷树老叶大量脱落

④ 花蕾少，坐果率低，采前落果多，产量低。

⑤ 果实变小迟熟，畸形果多，果面粗糙，果皮变厚，未成熟即松软。

⑥ 果实后期空心、中心柱裂开，囊瓣分离，品质变劣，果汁少、酸味浓、含糖量低。

二、缺磷原因

① 过酸的红壤和红黄壤等土壤中磷含量低，磷被活性铁等固定，缺乏有效磷。

② 土壤含钙量高、紫色土或施用石灰过多的土壤碱性强，磷被钙固定为磷酸钙，缺乏有效磷。

③ 砧木、气候、生物活动等因素也可诱导土壤缺磷。甜橙砧比粗柠檬砧的磷吸收能力更强，土壤干旱时磷不易被吸收。

④ 氮肥施用过多或镁肥不足，影响柑橘根系对磷的吸收利用。

三、矫治

① 磷易被土壤固定，不宜实行撒施，所以，缺磷土壤在 3 ～ 10 月挖穴集中深施过磷酸钙、钙镁磷、磷矿粉和骨粉等磷肥，0.5 ～ 1.0 千克 / 株。磷在土壤中的移动性差，必须与根接触才能被根吸收，因此，施磷肥时必须将磷肥施至柑橘根系密布处，并且最好与有机肥混合堆沤后深施。

② pH 低于 6.5 的酸性土壤，施不易流失的迟效磷肥，中性或碱性土壤施过磷酸钙或钙镁磷等速效肥。冬季或 6 ～ 7 月，红壤和红黄壤地区的成年柑橘园每株树施 1.5 ～ 2.5 千克钙镁磷或磷矿粉、骨粉等，紫色土等碱性土壤成年柑橘树每株施 1.5 ～ 2.5 千克过磷酸钙，最好与有机肥混合施用。

③ 高温干旱季节，进行地面覆盖，保持土壤水分，使磷易被吸收。

④ 新梢展叶后，树冠喷布 0.3% ～ 0.6% 磷酸二氢钾，或 0.5% ～ 1.0% 过磷酸钙浸提液，但在高温高湿地区，8 月过后最好叶面不再喷施磷肥，以防藻类大量产生，影响叶片的光合作用，降低产量。

第三节　缺　钾

一、症状

① 树体全株生长衰弱，新梢数量减少，新梢短小细弱，小枝条上的叶片数量减少并变小，细弱小枝枯死。

② 叶片变小，部分叶片绿色消退呈古铜色或不一致的黄色，一般是老叶的叶尖及叶缘部位首先开始变黄，并随缺钾程度的加重，黄化区域向下部扩展，叶片萎蔫卷缩，变为畸形，严重缺钾时叶片扭曲、卷曲而呈杯状，向阳叶片易日灼，老叶失水枯萎，谢花后大量落叶（图 8-7）。

③ 缺钾树花量少，坐果率低，果实小，易裂果，落果严重，产量低，果皮薄而光滑，皱皮果增多，着色提前，含酸量和耐贮性下降，汁多味稍甜，化渣好。

④ 抗旱、抗病和抗寒等抗逆能力降低。一些品种还会在枝干上出现流胶（图 8-8）。

图 8-7　缺钾老叶尖端黄化

图 8-8　缺钾枝干出现流胶

二、缺钾原因

① 有机质少的土壤中，可交换钾含量低或土壤中总钾含量低导

致缺钾。红壤、黄壤因含钾量低且容易固定施用的钾肥而容易缺钾。轻沙质和酸性土壤中钾易被流失而发生缺钾症。

② 沙质土壤中过多施用石灰，降低钾的可给性，诱发缺钾症。过多施用氮、磷、钙、镁肥，影响钾的吸收利用，均易诱发缺钾症。轻度缺钾的土壤中施用氮肥，刺激柑橘生长，增加钾的需要量，更易表现缺钾症。

③ 土壤干旱缺水、土壤积水等，降低钾的有效性，影响柑橘对钾的吸收。

④ 不同的柑橘砧木，吸收土壤中钾的能力不同。

三、矫治

① 有机质少的土壤、红壤、红黄壤、轻沙质和酸性土壤，最好在建园时深翻压施绿肥，或增施其他有机肥料，改良土壤，提高土壤钾含量和交换能力，提高肥力。

② 已栽植柑橘园，采用化学肥料与有机肥配合使用进行矫治。有机质应与土壤混匀，化学钾肥通常使用硫酸钾，成年柑橘树每年每株施入硫酸钾 250 ～ 500 克。宁少不多，避免施用过多而引起其他元素的缺乏症。

③ 新梢展叶后的生长期内，叶面喷施 0.3% ～ 0.5% 磷酸二氢钾或 0.5% ～ 1.0% 硝酸钾矫治效果好。硫酸钾土施效果好，但根外喷施在高温时易伤害叶片及果实，应谨慎。

④ 干旱季节覆盖稻草、杂草、作物秸秆减少土壤水分蒸发，有条件的地方及时进行土壤灌溉，防止土壤过于干旱。

⑤ 少施或不施氨态氮肥，以免影响钾的吸收。

第四节　缺　铁

一、症状

① 枝梢纤弱，树冠内扫帚枝多，树形开张。全树出现许多无叶

光秃枝，并相继出现大量枯枝。幼枝上叶片易脱落，下部较大枝上枝叶正常。

② 缺铁新梢叶片先发黄，老叶仍保持绿色（图 8-9）。

图 8-9　老叶绿色、新梢叶片缺铁

③ 新梢嫩叶褪绿，叶片变薄但不变小，叶脉保持绿色，呈明显绿色网纹状，叶肉淡绿色至黄白色，以小枝顶端嫩叶更为明显。严重缺铁时除主脉近叶柄处为绿色外，全叶变为黄色至黄白色，失去光泽，叶缘变褐色和破裂，并可使全株叶片均变为橙黄色至白色，提早脱落（图 8-10、图 8-11）。

图 8-10　柑橘缺铁黄化叶片

图 8-11　柑橘严重缺铁的白化叶

④ 落花落果多，坐果率低，果实变小，产量低。

⑤ 果实小而光滑，汁少肉硬，酸高糖低，风味差（图 8-12）。

图 8-12 夏橙树缺铁果实

二、缺铁原因

① 土壤 pH 在 7.5 以上的碱性土壤、盐碱性土壤或含钙质多的土壤中，大量可溶性的二价铁被转化为不溶性的三价铁盐而沉淀，可溶性铁的含量降低，很容易发生缺铁症或严重缺铁症。pH 在 7.0 以下不积水的红壤和红黄壤一般不会缺铁。

② 不同砧木的柑橘树对铁的表现不一样。枳砧最不抗碱，一些枳的杂种也不抗碱。土壤 pH 7 以上的碱性土壤，枳和枳的杂种作砧木的柑橘树容易出现缺铁症状；土壤 pH 7.5 以上的碱性土壤，枳和枳的杂种作砧木的柑橘树出现严重缺铁症。用枸头橙、红橘、酸橘、酸橙、资阳香橙、柚等作砧木的柑橘树，一般不表现缺铁症状。

③ 低温干旱季节，地下水分蒸发，表土含盐量增加，可溶性铁含量降低，不利于柑橘树根系对铁的吸收和运输，缺铁程度会加重。

④ 土壤长期过湿、缺氧，会出现缺铁症状或加重缺铁症状。灌水过多，土壤中的可溶性铁易流失，易造成缺铁症。

⑤ 高磷、低钾，或土壤中铜、钙、锌等元素含量过高或吸收过多，影响铁的可溶性而不能被吸收，或吸收后在树体内移动困难而失去活性，常会诱发缺铁症。

⑥ 土壤中缺铁常伴随缺锌、缺锰和缺镁等多种缺素症状。

三、矫治

① 碱性土施用有机肥、腐熟鸡粪、猪牛栏粪肥、绿肥、渣肥等，

并通过耕翻与土壤相混，提高土壤中铁的有效性，利于柑橘树根系对土壤中铁的吸收，可以有效矫治土壤缺铁。

② 碱性土壤施肥时，尽量施用硫酸钾等酸性肥料，也可每亩施75 ～ 100 千克硫黄或柠檬酸（平均每株树 1.5 ～ 2.0 千克）等，降低土壤 pH 值。

③ 土壤施用螯合铁制剂，对矫治缺铁有良好效果。春梢生长期，在树冠滴水线附近挖 10 ～ 15 厘米浅施肥沟，将 EDDHA 螯合铁制剂溶解后浇施到施肥沟中，盖上土壤以免氧化。施肥量幼树每次 5 ～ 10 克 / 株，成年树每次 15 ～ 30 克 / 株。

④ 树冠喷施 0.2% 柠檬酸铁、0.1% 硫酸亚铁混合液，或在阴天喷 0.05% 螯合铁制剂，对矫治缺铁症也有一定效果。

⑤ 强碱性土壤缺铁柑橘园，如果用枳或枳杂种作柑橘树的砧木，最好的办法是用资阳香橙、酸橙、酸橘、红橘、枸头橙等耐碱砧木进行靠接换砧。靠接换砧视柑橘树体大小，一株树一般靠接 2 ～ 3 株砧木苗即可。

⑥ 地下水位过高的柑橘园，起垄形成高畦，或开沟排水，以免果园土壤过湿而造成土壤缺氧，进而造成柑橘根系无氧呼吸而中毒。雨季开沟排水，做好排灌工作。干旱适当灌水，灌水后再松土。

第五节 缺 锌

一、症状

① 锌一般多分布在茎尖和幼嫩的叶片中，植物缺锌时，老叶中的锌可向较幼嫩的叶片转移，只是转移率较低。因此，柑橘缺锌时，新生叶片比老叶症状明显，其缺锌症状主要出现在新梢的上、中部叶片。

② 新生枝梢细弱，节间缩短，枝叶呈丛生状，小枝枯死（图8-13）。

图 8-13 缺锌新生枝细弱而短，枝叶丛生，小枝枯死

③ 新生叶片明显缩短变小，着生更直立。叶片呈不规则的失绿斑点，称为“斑驳”叶（图 8-14）。叶脉间的叶肉先褪绿为淡黄色，叶片的主脉、侧脉及其附近叶肉仍为绿色，严重时仅主、侧脉为绿色，其他部分黄色或奶油色。有些叶片褪绿区域出现绿色的小点。叶片斑驳现象在树冠的向阳面比荫蔽枝更严重。

④ 缺锌产量下降。缺锌轻时，产量略微下降；缺锌严重时，产量大幅度下降。

⑤ 果实变小僵硬，不耐贮藏（图 8-15）。果皮橙黄发淡，油胞易下陷。果肉木质化，汁少味淡而苦，酸和维生素 C 含量减少。

图 8-14 甜橙缺锌斑驳黄化叶片

图 8-15 缺锌果实变小

二、缺锌原因

① 过酸的红壤、红黄壤土壤中，有效锌含量低，又易被流失而发生缺锌。酸性沙质土壤中，锌更易流失而发生缺锌。pH ≥ 6 以上的弱酸性至碱性的紫色土和盐碱性土壤中，锌虽然含量较高，但常被固定为难溶解状态，不易被柑橘根系吸收而发生缺锌。因此，我国大部分柑橘产区都可能出现不同程度的缺锌症状。

② 土壤有机质含量低的柑橘园，锌盐不易转化为有效锌，发生缺锌症。种植时间过久的老柑橘园，土壤中所含锌被柑橘吸收殆尽，易发生缺锌。

③ 春夏季雨水多，因有效性锌被流失而发生缺锌。秋季干旱降低锌的有效性，也易发生缺锌症。

④ 营养元素不平衡会导致缺锌。氮肥施用过多，影响锌的吸收；pH 5.5 以上的土壤过量施用磷肥，易形成难溶解的磷酸锌，诱发缺锌症；土壤中缺乏镁、铜、钙等元素，会导致根系腐烂，影响对锌的吸收，也会发生缺锌症；土壤中磷、氮、钙、铜等营养元素过量，会影响柑橘对锌的吸收，导致缺锌。

三、矫治

① 土壤施腐熟鸡粪、牛粪、生物有机肥、绿肥、饼肥等有机肥可有效矫治柑橘缺锌症。

② 酸性土土施硫酸锌效果较好，但要控制用量，防止发生药害。成年柑橘树每株用量 100 ～ 150 克，最好和有机肥混拌而施。中性或碱性土壤土施硫酸锌无效。

③ 根据柑橘生长发育的营养要求，合理、平衡施肥，避免过多施用氮肥、磷肥和石灰，增施有机肥料。若因缺铜、镁诱发缺锌，单施锌盐的效果不大，同时施含镁、铜、锌的盐类，才能获得良好效果。

④ 春梢叶片展叶后或每次梢转绿后，喷 0.1% ～ 0.3% 硫酸锌或 0.1% ～ 0.3% 硫酸锌 +0.2% ～ 0.3% 尿素的混合液 2 ～ 3 次，间隔 7 ～ 10 天，能有效防治缺锌。注意尽量不要在萌芽期喷，以免造成药害。成年高产树最好每年春季喷施一次硫酸锌，以防发生缺

锌症。

⑤ 地下水位高的低洼柑橘果园，应开深沟排水，秋旱天气及时灌水。

第六节 缺 钙

一、症状

① 钙在柑橘体内难于移动，所以，新梢叶片上缺钙症状明显，而老叶上症状不明显。

② 植株长势矮小，长势弱。新梢短而弱，枝叶稀疏，易枯死（图8-16）。

③ 根系少、生长衰弱，呈棕色，最后腐烂。

④ 新梢叶片窄而小，叶片上部叶缘处首先呈黄色或黄白色，主、侧脉间及叶缘附近黄化，主、侧脉及其附近叶肉仍为绿色。严重缺钙时新叶先端和叶缘变黄，黄色区域沿叶缘向下扩大，叶面大块黄化，并产生枯斑，不久叶片黄化脱落，树冠上部出现落叶枯枝（图8-17）。

图8-16 缺钙柑橘树新梢短而弱

图8-17 缺钙新梢叶片先端变黄

⑤ 在秋冬低温来临时容易出现叶脉褪绿、叶片黄化脱落，枝叶稀疏。

⑥ 花多，落蕾落花多，坐果率低，生理落果严重，果实小，畸形，产量低。

⑦ 果皮皱缩或软，果实味酸，汁胞皱缩或胶质化，可溶性固形物含量低。

二、缺钙原因

① 土壤中含钙量低。pH 4.5 以下的酸性或强酸性土壤容易缺钙或严重缺钙，pH 4.5 以上的酸性土壤为低钙症状或没有明显缺钙症。在温暖多雨地区，果园大量施用酸性化肥，由于淋溶作用，代换性盐基钙离子被淋溶流失而缺钙。

② 氨态氮肥施用过多，或土壤中的钾、镁、锌、硼含量多，均会影响柑橘根系对钙的吸收利用，诱发缺钙。

③ 土壤干旱，钙难以吸收利用，造成暂时性的缺钙。

三、矫治

① 土壤施钙肥。酸性土壤施用石灰，调节土壤 pH 至 6.5 左右，降低土壤酸度，增加代换钙的含量。施用量根据土壤酸度而定，一般刚发生缺钙的柑橘园，每亩施石灰 35 ～ 50 千克，严重缺钙的成年柑橘园，每株树施 1.0 ～ 2.5 千克石灰。方法是先在果园株间或行间撒石灰，然后耕翻至柑橘根系密布区域，与土壤混匀后再浇水。钙镁磷、过磷酸钙、磷矿粉等，含有丰富的钙，能有效矫治柑橘的缺钙症状，这类肥应施在柑橘根系密布区才能被柑橘根系有效吸收利用。

② 合理施肥。钙含量低的酸性土壤，除施石灰外，还应多施有机肥料，少施氮和钾等酸性化肥。石灰不要与有机肥混施，以免降低效果。沙性土壤应换肥沃黏性土壤，或施有机肥改良土壤。

③ 叶面喷施钙肥。新叶展开期或生长期，叶面喷布 0.3% ～ 0.5% 硝酸钙或 0.5% ～ 1.0% 的石灰水浸提液，可以矫治轻度缺钙症。由于柑橘需钙量很大，如果已经有明显的缺钙症状，需要连续喷布 3 ～ 5 次才会有明显效果。

④ 搞好水土保持，减少钙随水土流失而流失。坡地酸性土壤柑

橘园，宜修水平梯地，台地外高内低，同时，台面进行生草栽培，雨季进行地面覆盖。

第七节 缺 镁

一、症状

① 柑橘缺镁症状多发生在老叶上，春、夏、秋梢老叶片都能见到缺镁症状，晚夏或秋季果实成熟时较为常见，结果多的树、结果多的枝，以及靠近果实的叶片缺镁症状更明显。

② 典型的缺镁叶片，老叶沿主脉出现不规则黄斑，黄斑扩大，在主脉两侧连成带状，最后只剩下叶尖和叶基部绿色，叶基部的绿色区通常呈“∧”字形，绿色的“∧”字尖朝向叶柄。缺镁严重时，老叶主脉和侧脉会出现像缺硼一样的肿大、木栓化或破裂，叶片变成古铜色。老叶在晚秋和冬季提早脱落，小枝枯死，易受冻害。

③ 严重缺镁柑橘树，果实变小，产量降低，对隔年的果实影响严重，但对果实的肉质没有明显影响。

图 8-18 ～图 8-21 为不同品种柑橘树的缺镁症状表现。

图 8-18 红皮山橘不同枝梢缺镁叶片

图 8-19 文旦柚结果树缺镁症状

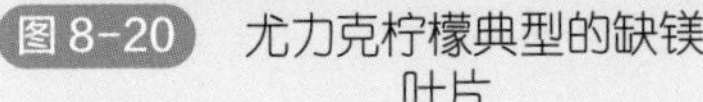

图 8-20 尤力克柠檬典型的缺镁叶片

图 8-21 纽荷尔脐橙缺镁老叶叶脉肿大和破裂

二、缺镁原因

① 土壤缺镁。红壤、红黄壤中含镁低而缺镁；严重酸化土壤和轻沙质土因镁易流失而缺镁；紫色土等强碱性土壤中镁变为不可给的矿物态，不能被柑橘根系吸收利用而发生缺镁。

② 土壤中钙和钾含量太高。钾和钙对镁有拮抗作用，钾和钙的过量施用会影响柑橘根系对镁的吸收而引发缺镁。

③ 过多施用，或土壤中磷、锌、硼、锰肥含量过多，影响镁的吸收利用，易诱发缺镁。氨态氮肥也会影响镁的吸收。

④ 品种和砧木的影响。通常多核品种比少核或无核品种易缺镁；柚类品种最容易缺镁，甜橙其次，早熟温州蜜柑也易发生缺镁。脐橙中纽荷尔脐橙最容易缺镁。柚砧比枳砧、枳砧比酸橙砧易发生缺镁症。

三、矫治

① 土壤施肥，改良土壤。红壤、黄壤等 pH 6 以下的酸性土壤，每株树施用 0.5 ～ 1.0 千克钙镁磷、氧化镁、氢氧化镁等，最好与猪粪、鸡粪等有机肥沤制成堆肥，在春季施入土中。紫色土等碱性土壤不宜施用钙镁磷、氧化镁等碱性镁肥，可施用硫酸镁和硝酸镁等肥料。钾、钙有效浓度很高的土壤，对镁有极明显拮抗作用，也抑制根系对镁的吸收能力，须增加施用量。施肥时，须在树冠滴水线附近挖

10 ～ 15 厘米的环形沟浅施。

② 合理施肥。增施有机肥料，避免大量偏施速效性钾肥；钾含量高的土壤停止施用钾肥和复合肥，只单施氮肥，可促进镁的吸收利用。酸性土壤可适当施用石灰，降低土壤酸度。

③ 叶面施肥。新梢叶片展开后的 4 ～ 5 月，可用 0.2% 硝酸镁 +0.2% 硫酸锌混合液，或 0.3% 硫酸镁 +0.2% 尿素混合液喷施于叶面，单独喷施硫酸镁的效果不好。叶面喷施比土壤施用效果快，但持效期短。

第八节 缺 锰

一、症状

① 柑橘缺锰症多发生在 pH ＞ 6.0 的土壤。由于它与初期缺锌症状相似，同时，缺铁症状常隐匿了缺锰症，并且缺锰症常伴随这两种缺素症同时发生，所以缺锰症状不易被识别和发现。只是缺锰不像缺铁或缺锌那样明显，叶片也比缺铁或缺锌更绿些。

② 新、老叶都能表现缺锰症状，但叶片并不变小。

③ 典型缺锰症叶片，新叶淡绿色的底色上呈现极细的绿色网状脉纹。轻度缺锰新叶沿主脉和侧脉显出暗绿色的不规则条纹，叶脉间为淡绿色斑块，叶片在成熟过程中症状会自行缓解，恢复正常。严重或继续缺锰时，脉间斑块由淡绿色变为白绿色，主、侧脉附近为浅绿色或黄绿色，主脉和主侧脉附近的浅绿或黄绿色色带进一步狭窄，最后仅主脉及部分侧脉保持绿色，叶片变薄（图 8-22）。

④ 缺锰在树冠背阴处叶更为常见，叶片寿命缩短，叶片提早脱落，在冬季出现大量落叶。

⑤ 柑橘缺锰，部分小枝枯死。

⑥ 果实稍变小，产量降低，果皮有时变软，严重缺锰时果色变淡，品质下降（图 8-23）。

⑦ 枳砧温州蜜柑上较易发生缺锰症。

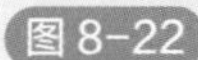
图 8-22 缺锰叶片的脉间黄绿色斑块

图 8-23 缺锰柑橘果实变小

二、缺锰原因

① 土壤中含锰少，代换性和有效态锰含量低，碱性土壤中锰易成为不溶解状态，含氧低的冷湿土壤中锰易变为无效态等，柑橘根系不能吸收或不被吸收而发生缺锰症。

② 红壤等酸性土壤中的锰容易被雨水淋失，土壤含锰低，但锰的有效性高，一般不会缺锰。有机质多的酸性土壤中，代换性或有效态锰含量虽高，但锰易流失，易发生缺锰症。

③ 过多施用氮肥或土壤中铜、锌、硼过多，影响锰的吸收利用，诱发缺锰症。

三、矫治

① 土壤施用硫酸锰或硫黄粉。酸性土壤春季每株树与有机肥混施 0.05 ～ 0.15 千克硫酸锰；碱性土壤每株树施 0.5 ～ 1.5 千克硫黄粉，以降低土壤酸碱度和提高有效态锰含量。

② 喷施硫酸锰。在 5 ～ 6 月柑橘生长旺盛季节，叶面喷施 0.1% ～ 0.2% 硫酸锰 +0.5% ～ 0.6% 生石灰混合液 1 次，7 ～ 10 天后再喷 1 次，防治效果很好。

③ 开沟排水。排水不良的柑橘园，应进行开沟排水。地下水位高的柑橘园，应开深 1.0 ～ 1.2 米以上的沟排水，最好是在建园时高畦栽培，降低地下水位。

第九节　缺　硼

一、症状

① 新梢叶片生长不正常，嫩叶叶面有水浸状斑驳或细小黄斑，叶片扭曲，出现不同程度的畸形。随着叶片长大，黄斑扩大成黄白色半透明或透明状。

② 成熟叶片和老叶主脉和侧脉变黄，严重时叶片主脉、侧脉肿大、破裂、木栓化。老叶变厚、革质化、无光泽（图 8-24）。

③ 新梢发育不全和枯死，严重时全树黄叶脱落和枯梢，小枝顶枯，侧枝提早枯死，节间和树干开裂，裂缝流胶，以后抽出的新芽丛生（图 8-25）。

图 8-24　缺硼叶片革质化、叶脉肿大破裂

图 8-25　新梢发育不全和枯死

④ 果实小，畸形，大量脱落，产量低。

⑤ 果实皮厚而硬，有时形成僵果或生长缓慢，严重时果皮生乳白色微突起小斑，出现下陷的干枯黑斑，海绵层有褐色胶囊，胶囊为灰色或褐色，有时中心柱和果肉有胶囊（图 8-26）。

⑥ 果实汁少渣多、含糖量低，风味差，不堪食用。种子发育不良。

图 8-26 缺硼柚果实海绵层出现褐色胶囊

二、缺硼原因

① 瘠薄的红壤、红黄壤等酸性土，有机质含量少，硼处于难溶解状态，有效硼含量低，且易被雨水淋失，柑橘容易缺硼；沙质土壤中含硼量也很少，有效硼易流失，又易因缺水干旱造成有效硼含量过低，易发生缺硼症；紫色土等碱性土壤或过量施用石灰的土壤，虽然硼含量较丰富，但硼易被钙固定而难于溶解，不能被柑橘根系吸收利用，易出现缺硼症。

② 有机肥施用少，氮素化肥施用量大，硼得不到补给，且影响硼的吸收。过多施用氮肥在加速柑橘生长的同时，增加对硼的需求量，易引起硼的供应失调。钾肥施用过多，影响硼的吸收利用。

③ 多雨季节和河川两岸被水淹过的冲积地带的柑橘园，有效硼易流失。干旱季节土壤干裂，根系对有效硼难以吸收和不利于硼在植株体内转运，特别是在雨季过后接着干旱，常会突然发生缺硼症。

④ 酸橙砧的柑橘比其他砧木的柑橘更易缺硼。

三、矫治

① 改良土壤。增施绿肥、厩肥等有机肥料，提高土壤肥力。沙质土壤客换肥沃的黏性土壤。冲积地逐年增加客土加厚土层。瘠薄地深翻提高土壤保水保肥能力。

② 加强肥水管理。避免过多施用氮肥、钾肥和钙肥，酸性土壤也不宜过多施用石灰。

③ 雨季注意开沟排水，旱季及时灌水。

④ 地面施肥。轻度缺硼柑橘园，春季萌芽时，在疏松土壤上每株树地面撒施 5 ～ 15 克硼砂，或每亩用 0.3 ～ 0.5 千克硼砂加水制成 0.2% ～ 0.3% 溶液浇施根部。

⑤ 叶面喷施。春季初花期或花落 2/3 时、果实成长中期叶面喷布 1 ～ 2 次 0.1% ～ 0.2% 的硼酸或硼砂。硼砂难溶于水，先用 60 ～ 70℃的少量热水溶化后再加冷水稀释。高温干旱天气宜在阴天或早晚温度较低时喷用。

四、硼中毒

柑橘对硼的需求量极少，一般为35～100毫克/千克，如果超量，就会出现硼中毒。一般来说，对于缺硼的树，最好采用桶外喷施。如果是土壤施，必须要根据品种特性进行，有的品种对硼需要量大一些，如 W·默科特，10 年生树土施 50 克也不会中毒；有的品种对硼需要量小一些，如柠檬，5 年生树土施 50 克就会中毒。

硼中毒后首先是嫩叶从叶尖开始出现斑驳黄化，黄化发生到一定程度出现倒“V”字形黄化，形同缺镁，但严重时叶尖会枯死，叶片不带叶柄脱落。同时，硼中毒后根会坏死，引起树大量黄化落叶，甚至枯死。

图 8-27 ～图 8-30 为柠檬硼中毒不同时期症状表现。

图 8-27　柠檬硼中毒初期叶片

图 8-28　柠檬硼中毒中期叶片

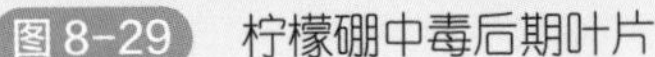
图8-29 柠檬硼中毒后期叶片

图8-30 柠檬硼中毒树

硼中毒后，多灌水，灌水时加入1000倍咪鲜胺和1000倍生根粉，同时在树盘撒石灰。但碱性土则不适宜撒用石灰。

第十节 缺 钼

一、症状

① 柑橘缺钼病又称黄斑病，叶片上出现淡橙黄色的圆形或椭圆形黄斑，树冠、叶片和果实病斑向阳面更普遍。

② 春季在老枝下部或中部叶片的叶脉间出现水渍状斑点，从叶尖开始变黄，逐渐扩大形成圆形和长圆形块状黄斑，叶背流胶形成棕褐色胶斑，胶斑可随即变黑，叶面弯曲形成杯状，新叶向正面卷成筒状。

③ 严重缺钼时犹如缺氮，叶片变薄，斑点变黄褐色，坏死，常破裂呈穿孔，有时叶尖和叶缘枯死，大量黄化脱落和裂果。

④ 果实一般不表现病斑，在极度缺钼时，果皮可能出现带黄晕圈的不规则病斑。

二、缺钼原因

强酸性土壤中，钼与铁、铝结合成钼酸铁和钼酸铝等而被固定，形成了难溶的化合物，不能被柑橘根系吸收利用，因此，缺钼一般只发生在红壤、红黄壤等酸性土壤中。土壤中磷不足或硫酸过多，钼不易被吸收，也易发生缺钼症。

三、矫治

① 强酸性土壤可增施石灰，降低土壤酸度，提高钼的有效性。增施有机肥也可矫治缺钼。

② 施钼肥。柑橘发生缺钼时，可喷施 0.05% ～ 0.1%钼酸铵或钼酸钠液，但应避免在发芽后不久的新叶期喷施，以免发生药害。也可每亩用 20 ～ 30 克钼酸铵与过磷酸钙混施于根部。

第十一节　缺　铜

一、症状

① 柑橘缺铜症又称死顶病。幼嫩枝叶先表现明显症状。幼枝长而软弱，上部扭曲下垂或呈“S”状，以后顶端枯死。严重缺铜时，从病枝一处能长出许多柔嫩细枝，形成丛枝，长至数厘米则从顶端向下枯死。

② 缺铜的初期嫩叶变大而呈深绿色，叶形不规则，部分腋芽刚萌发即死亡。叶面凹凸不平，主脉弯曲呈弓形，以后老叶大而呈深绿色，略畸形（图 8-31）。

③ 新梢节间木质部凸起，凸起的皮层内充满泡状胶囊，泡状胶囊中胶状物渗出树皮后在枝条上出现透明胶滴，初为淡黄色，渐变为红色、褐色，最后为黑色（图 8-32）。在这种枝条上萌发的新梢纤弱短小，枝条上有更多的含胶凸起，节间缩短，叶片小，有时扭曲，嫩叶淡黄色或绿黄色。

④ 严重缺铜时病树不结果，或结得果小，幼果常纵裂或横裂而脱落，产量显著降低。

⑤ 果实显著畸形，果皮粗而厚，淡黄色，果皮和中轴以及嫩枝有流胶现象（图 8-32）。酸和维生素含量下降。

⑥ 根群大量死亡，有的出现流胶。

图 8-31 缺铜叶片大而不规则、主脉弯曲

图 8-32 缺铜枝上的胶囊凸起和流胶

二、缺铜原因

① 淋溶强烈的酸性沙质土、石灰性土等，土壤中铜含量低。

② 泥炭土、部分有机质含量高的土壤，因铜与有机质结合成难溶的化合物，或铜易被流失，不能被柑橘吸收利用而发生缺铜。

③ 过多施用氮肥和磷肥，或土壤中含有过多的镁、锌、锰，影响铜的吸收利用，易诱发缺铜。石灰施用过多，使铜变为不溶性，不能被柑橘根系吸收利用，也易诱发缺铜。

④ 严重缺锌会导致缺铜。

三、矫治

① 叶面喷施。严重缺铜时，应在春芽萌动前树冠喷施 0.2% ～ 0.4% 硫酸铜液，防治效果好且显著，可以迅速恢复树势。轻度缺铜时，可结合防治其他病害，喷施波尔多液或含铜杀菌剂，对矫治柑橘缺铜有较好效果。

② 合理施肥。增施有机肥料，改良土质，避免过量施用氮、磷、镁、锌肥和石灰。

③ 土壤施肥。在树冠滴水线附近开 10 ～ 15 厘米的浅沟浇施 1% 的硫酸铜水溶液。

第九章 柑橘需水规律与水分调控

第一节　水分对柑橘生长结果的重要性

水分是柑橘生长的重要因素，是柑橘生存的主要生理生态因子。柑橘的光合作用、呼吸作用和柑橘对营养物质的吸收及营养物质的运输等，都必须有水的直接参与才能正常进行。水是柑橘的重要组成部分，其根、枝、叶和果实中水分含量占50% ～ 85%甚至更多，生长旺盛的嫩枝等幼嫩组织中占90%以上，在进行光合作用时，每生产1份干物质需耗水300 ～ 500份。柑橘生长喜湿润的气候环境，其生长的理想空气相对湿度为75%左右，年降水量以1000 ～ 1500毫米为宜，在年降雨量200 ～ 600毫米的地区，柑橘要获得丰产稳产，需要灌溉相当于800 ～ 900毫米降雨量的水。

在相同的栽培技术和生态条件下，柑橘产量的高低与供水呈正相关，也就是在一定范围内，柑橘的产量随供水量的增加而提高。柑橘在年周期中的需水量很大，在各个不同的生长发育阶段对水分的要求不一样，因此，在柑橘的整个生育过程中，水分要符合柑橘生长发育的需要，水分过多过少都不利于柑橘树的生长发育。

第二节　柑橘需水量影响因素

影响柑橘需水量的因素很多，归纳起来主要有内因和外因。内因主要是树龄大小、树体的生长势、结果量、枝梢老熟程度等，外因主要是柑橘树的土壤类型和土壤含水量、气温、日照、水汽压、风速等。

柑橘树的树龄不一样，其需水量不一样。一般来说，树龄越大，树的需水量也越大；树龄越小，树需水量也越小。树龄越小的树，虽然一次性需水量小，但其生长发育旺盛，需要灌水的次数较多；树龄较大的树，一次性需水量大，而且，由于果量大，消耗多，需要灌水的次数也多。

柑橘果实在生长发育过程中需要的水分多。树龄基本相同的树，结果量越大，树体需要的营养和水分也越多。如果挂果量大的树，在干旱季节灌水不及时或灌水量不够，树体很容易出现萎蔫，枝叶枯萎，果实生长缓慢，严重的果实会脱落而造成减产。

树的生长势不同，其需水量也不同，生长势越旺的树，需水量越大；生长势越弱的树，需水量相对较少。成熟枝的抗旱能力比嫩枝的抗旱能力强，树体嫩枝嫩梢越多，抗旱能力越差，需要的灌水量越大，灌水次数越多。

果园的土壤类型和土壤含水量对柑橘树的需水量影响也很大。透气性好的沙壤土、沙土以及部分红壤等，干旱季节保水能力差，田间持水量低，需要灌水的次数多，需要的灌水量也大；透气性差的黄壤等，由于黏性重，土壤保水能力强，田间持水量通常较高，需要灌水次数少，灌水量相对较少。

气温、日照和风速也是对柑橘需水量影响极大的因素。气温高、日照强、风速快时，土壤水分和柑橘树体叶片的水分因蒸腾散失多，需要灌溉水的次数和灌溉量随之增大；反之，蒸腾作用弱，柑橘树需要灌水的次数少，一次灌水量少。

第三节　柑橘各个时期对水分的要求

柑橘随着气温和季节的变化，从春季萌芽抽梢、现蕾、开花坐果、果实生长膨大至成熟，各个生长期对水分的需求是不一样的，其各个时期对水分的要求如下：

一、柑橘不同生长期对水分的要求

1. 萌芽抽梢期

春季萌芽抽梢期既是春季柑橘芽萌发抽梢时期，又是柑橘花芽再次分化时期。此时气温不高，土壤温度开始回升，柑橘对水的需求量不大，春季连续的阴雨和较高的土壤含水量，土壤温度回升慢，不利于柑橘根系的活动，花芽的再次分化质量也较差。土壤适度的干旱或适度控制土壤田间含水量，有利于土壤温度的回升，也有利于柑橘花芽的再次分化。但如果土壤田间含水量太低，土壤过于干燥，则不利于柑橘根系的活动，不利于萌芽抽梢，同时，也不利于柑橘花芽分化，即使进行花芽分化，花芽分化的质量也较差，所以，萌芽抽梢及花芽分化期土壤应以湿润为好，以保持土壤田间持水量的60%～65%为宜，干旱时要及时灌水，降雨季节注意开沟排水。

2. 开花坐果期

柑橘开花坐果期，对水分要求很严，是柑橘需水临界期。花期土壤和空气的适度干旱，有利于开花快、坐果稳。但如果花期缺水，会造成开花质量差，开花不整齐，花期延长，落花落果严重；如果花期长期土壤田间持水量过大，土壤过湿，或长期阴雨，空气湿度过大，会促发大量新梢抽发，花期受到影响，花期慢，开花时间长，果梢矛盾突出，会加剧第一次生理落花落果，降低坐果率。此期的土壤湿度保持在田间持水量的65%～75%，空气相对湿度在70%～75%为宜。

3. 果实膨大期

柑橘果实膨大期也是夏梢、秋梢抽发期。此时值夏、秋季节，气温较高，是生殖生长和营养生长的高峰期，生理耗水量大，是柑橘年周期中需水量最大的阶段。水分充足，则果实生长快，夏、秋梢抽发快而好。如果此时干旱缺水，则果实生长缓慢，果小产量低，甚至造成柑橘树萎蔫，叶落果掉；相反，如果此时土壤含水量高，雨水较多，土壤根系因水分多氧气差而生长受到影响，果实生长慢，退酸慢，含水量高，风味淡，品质差，也不耐贮藏。值得注意的是，如果此时干旱后又突然遇强降雨，柑橘会因果肉急剧膨胀而果皮生长速度慢导致果实裂果和脱落。因此，此期的土壤湿度保持在田间持水量的75%～80%为宜。

4. 成熟期

柑橘成熟过程，果实逐渐褪去绿色而上色，酸度开始降低，积累的糖分进行转化。随着果实成熟度的增加，酸度降低到一个比较低的值，果实上色比例增大，糖分转化和积累多。如果此时土壤含水量过高，则会降低果实可溶性固形物含量，并易造成裂果；如果土壤田间含水量过低，满足不了柑橘生长要求，果实的品质也会降低，又影响秋梢抽发时间和抽发质量。因此，此时田间持水量保持在65%～70%为好。

二、柑橘昼夜对水分的要求

柑橘昼夜需水量呈现规律性变化，都是白天需水量较大，夜间需水量小。白天由于太阳辐射，空气温度和土壤温度增高，柑橘树的蒸腾作用和土壤的蒸发力强，空气相对湿度较小，柑橘树蒸腾消耗的水分以及土壤蒸发散失的水分多，土壤田间持水量下降较快；而在夜间，由于没有太阳照射，空气湿度比白天大，空气温度下降，土壤也因气温的降低和风的流动而温度降低，使得柑橘树的蒸腾和土壤的蒸发能力减弱，柑橘树消耗的水量和地面蒸发的水量较白天少，土壤的田间持水量也因气温降低和空气相对湿度大而增加。不过，在温度较高的夏季，如果空气温度在39℃以上，柑橘树光合作用弱或不再进行光合作用，蒸腾和呼吸作用加强，会出现柑橘树由于蒸腾消耗的水量大于土壤中根系的吸水速度，进而出现柑橘树临时性的供水失调、叶片萎蔫，严重者造成叶死枝枯。

三、柑橘树不同器官对水分的要求

柑橘树需要的水分，主要来自土壤的供给，通过根系吸收土壤中的水分，以地上部分的蒸腾拉力作为动力，通过木质部向地上部输送。生长活动越旺盛的组织或器官，获得的供水量越大，而且，水分也得以优先保证。通常柑橘树获得供水量大小的顺序是：果实＞花＞幼叶嫩枝＞未成熟的枝叶＞一年生枝＞多年生枝＞主枝＞主干。所以，高温干燥时，首先出现萎蔫的是果实和幼叶嫩枝，是因为这些组织中含水量大，呼吸作用强，消耗的大量水分得不到有效而及时的补充。

第四节　柑橘水分调控

我国柑橘分布广、产区多，不同产区的降雨量和地下水位差异极大。柑橘树要正常生长结果，在条件许可的情况下应对水分进行有效的调控。其调控方式主要是干旱抗旱、积水排涝和生长发育期灌溉等。

一、抗旱

夏秋干旱季节，当空气温度大于39℃，土壤田间持水量低于40%～45%时，柑橘树开始出现卷叶、枯枝，严重时会造成柑橘树枯死。因此，为了防止干旱造成柑橘树的损伤、死亡，应采取相应的防旱措施。

1. 生草栽培及覆盖

在柑橘树的生产栽培管理过程中，对柑橘园土壤管理方式和杂草的控制应采取自然生草栽培和地面覆盖等合理的耕作方式。自然生草栽培在生长季节让草生长，高温来临前杀死杂草自然覆盖于土壤上以减少水分蒸发，保持水分降温抗旱；地面覆盖是将杂草、玉米秆等覆盖物覆盖于树干外10厘米至滴水线外30厘米处，厚约10～20厘米，覆盖结束后，在覆盖物上再盖一层薄薄细土，这样既能减少土壤水分蒸发，又能在下雨和灌溉时便于水分慢慢向下渗透，也可以减少因突然降雨造成大量落果。覆盖物在采果后可以翻入土中做基肥（图9-1）。

图9-1 果园覆盖及竹节背沟

2. 控制嫩梢

嫩梢在干旱季节水分蒸发快，在干旱来临前，尽量让枝梢老熟，对未熟的枝梢，可以多次叶面喷施0.3%～0.5%磷酸二氢钾以促进嫩梢老熟，或在干旱开始时，人工抹除刚抽发的以及未老熟的嫩梢，有利于降低柑橘树的蒸腾作用，减少树体水分的消耗。

3. 果园蓄水

果园蓄水一是为了方便果园管理过程中喷药用水需要，二是果园蓄水也是为了满足干旱灌溉用水。果园蓄水的方式主要有3种：一是在果园规划建设时修建蓄水池蓄水，干旱时手持软管灌溉或进行滴灌（或微喷灌溉）；二是果园背沟修建竹节沟蓄水（图9-1），在干旱时自然释放出来进行灌溉；三是在果园的行间或株间压埋废弃菌包等容易吸水的材料（图9-2），降雨时将水积攒，在干旱时自然释放出来满足土壤根系需要。

图 9-2　果园埋菌包

二、灌溉

灌溉是解决干旱行之有效的办法。柑橘园灌溉通常采用 4 种灌溉方式，即沟灌、穴灌、树盘灌和节水灌溉（滴灌和微喷灌）。无论是哪种灌溉方式，灌水时间要根据干旱程度而定，一般灌水 2 ～ 5 小时。灌水时必须一次灌透，但又不能过量，甚至积水。适宜的灌水量，应在一次灌溉中使柑橘树主要根系分布层的湿度达到土壤持水量的 60% ～ 80% 为宜。在夏秋连旱时，最好每隔 3 ～ 5 天灌溉一次，但在果实采收前一周左右，应停止灌水，以免土壤湿度太大影响果实的耐贮性。

现代节水灌溉是按作物生长发育所需水分和养分，利用专门设备或自然水加压，再通过低压管系统末级毛管上的孔口或灌水器，在充分利用降水和土壤水的前提下，将有压水流变成细小的水流或水滴，直接送到柑橘根区附近，均匀、适量地施于柑橘根层所在部分土壤，最大限度地满足柑橘需水，以获取生产的最佳经济效益、社会效益和生态效益，实现节水、高产、优质和高效的灌水方法。与地面灌溉相比，现代灌溉技术一般可节水 30% ～ 50%。现代节水灌溉具有局部湿润土壤、灌水量小、灌水质量最好、灌水周期短、适应性强和可结合灌水施肥、增加产量、减少劳动力等特点。包括滴灌、微喷灌、渗灌。

1. 滴灌

滴灌即滴水灌溉，是一种机械化、自动化灌水新技术，是将水通过加压、过滤后，必要时利用施肥罐将可溶性化肥溶解后连同一起，通过低压管道系统输送至滴头，利用支管上直径约 10 毫米的毛管上的滴头，或滴灌带等直径大小不等、每小时滴量不同的出水孔，使水分和养分根据树体情况均匀而缓慢地滴入柑橘根区土壤的一种灌水方式。滴灌水是借助毛细管作用，在柑橘根部附近形成饱和区，并向周围扩散。

完整的滴灌系统由水源、滴灌首部枢纽、输水配水管道网和滴头四大部分组成。要保证安装滴灌系统的正常运行，首先得有充足的水源，水源是滴灌的前提条件，应有能满足果园灌溉要求的水库、溪水或修建的蓄水池；首部枢纽由加压水泵及动力机、调节阀、过滤器、化肥罐、水表和测压表等组成，其作用是将水源抽水加压、施加化肥液，经过过滤后按时按量输送进管道；输水配水管网包括干管、支毛管，以及各级管路一个整体所需要的管件和必要的控制、调节设备，如闸阀、减压闸、流量调节器、进气闸等，其作用是将压力水和化肥液输送并均匀地分配到滴头；滴头是滴灌系统的关键部分，其作用是将毛管中的压力水流减压后，以稳定、均匀的小流量滴入柑橘树根区土壤。根据柑橘的生长特性，每滴头出水量为每小时 2 ～ 4 升，最好是压力补偿滴头，小树每株树 2 个滴头即可，大树每株树 3 ～ 4 个滴头，滴头固定于树冠滴水线附近。这是目前柑橘生产上利用的主要灌溉方式（图 9-3）。

2. 微喷灌

微喷灌又称雾滴喷灌，是介于喷灌和滴灌之间的一种灌溉方法，又称微型喷洒灌溉，是近年来国内外在总结喷灌与滴灌的基础上，新近研制和发展起来的一种现代化、精细高效的节水灌溉技术（图 9-4）。其利用塑料管道输水，通过很小的喷头（微喷头）将水喷在土壤或柑橘树体表面进行局部灌溉，降低树体表面温度，减少枝叶水分蒸发。微喷灌系统由水源、首部枢纽、输配水管网和微喷头组成。微喷头喷嘴直径 0.8 ～ 2 毫米，将具有一定压力（一般 200 ～ 300 千帕）

的水以细小的水雾喷洒在柑橘叶面或根部附近的土壤表面。有固定式和旋转式两种，前者喷射范围小，后者喷射范围大，水滴大，安装间距也大。微喷灌所需工作压力低，一般在 0.7 ～ 3 千克 / 厘米 ^{2} 范围内就可以运行良好，流量一般为 10 ～ 200 升 / 时，射程在 5 米以内，具有灌水均匀、用水量小、适应性强、不受地形限制、省地、省工等优点，但单位面积投资较大，成本较高，需水量大，操作麻烦。

图 9-3 果园滴灌

图 9-4 微喷灌

3. 渗灌

渗灌是微灌的一种形式，又名地下灌溉，是利用地下管道将灌溉水输入埋设于田间一定深度的渗水管或小孔内，借助土壤毛管作用而湿润土壤，将水分扩散到管道周围供作物吸收利用的一种灌溉方式。渗灌地形落差大，水头较大，有利于冲洗管道，使渗灌不致堵塞。

一个完整的渗灌工程，通常包括水源工程、首部枢纽、输配水管网和灌水孔四部分。各组成部分与地上滴灌系统相同，所不同的是，在末级管道（毛管）上部安装特制的滴头，除水源和首部枢纽外，输水管网和淡水器等全部埋于地下。但渗灌易于堵塞，浅层水利用差，难以检查，而且盐分容易累积。

渗灌要考虑管道间距和管道埋设深度。管道间距主要取决于土壤和供水水量的大小，设计时应该使相邻两条管道的湿润地方重合一部分，以保证土壤湿润均匀。土壤颗粒细，管道的间距可增大，一般沙质土壤中的管道间距为50～100厘米，沙壤土的管道间距为90～180厘米，黏土的管道间距为1.2～2.4米。管道埋设深度取决于土壤性质、耕作情况及作物种类等。根系深、土壤黏重，管道埋设应深，反之则浅，以35～40厘米为宜。

柑橘园内的渗灌，可以实行穴渗灌，包括果园穴灌、塑料袋穴渗灌和秸秆穴渗灌等三种形式。果园穴灌即在树冠外围不同方向挖直径和深度均为30～40厘米的穴4～8个，干旱时将穴内灌满水，灌后将土回填于穴内。塑料袋穴渗灌是用直径3厘米、长10～15厘米的塑料管，一端插入容量为30～35千克的塑料袋中约1.5～2厘米，并用细铁丝固定，另一端削成马蹄形，留出直径约1.5～2毫米的小孔，将出水量控制在2千克/时左右，然后在树冠滴水线附近挖3～5个深20厘米、倾25°的浅坑，把塑料袋放入坑中进行灌溉。秸秆穴渗灌即在树冠滴水线附近挖3～5个深20厘米、倾25°的浅坑，在坑内填满秸秆后注满水进行灌溉。

三、排涝

柑橘喜欢湿润，但却不耐涝，其根系的生长需要一个透气性较好的土壤环境。土壤积水或土壤过湿，不利于柑橘生长。长期积水的柑橘园，会引起柑橘烂根或使植株感染脚腐病，导致生长不良，严重时死树。低、平排水不畅而积水不能及时排出的柑橘园，或地下水位比较高、柑橘根系接触到地下水位的低洼地柑橘园、河滩地柑橘园，均可能形成柑橘涝害。红壤和黄壤等比较黏重的土壤，多雨时常会形成栽植植株下陷，穴内积水，造成柑橘树涝害。因此，要注意果园排水，发现积水，要及时开沟排水防涝。防涝关键在于搞好排灌系统，常采用明沟排水，即在柑橘园四周开深、宽各1～1.2米，比降1‰以上的主排水沟；园内可根据情况每隔2～4行开一条排水沟与主排水沟相通，沟的深度应低于根系的主要分布层，深度在0.8米以上；行间排水沟最好与行间路结合，做成暗沟便道，便于柑橘园管理；排水沟应保持1‰的比降，以利于排水通畅。丘陵山地柑橘园可利用梯地的背沟排水。在容易积水的低洼地建园，最好进行深沟起垄栽培，沟内地下水位不要超过1米。

第十章 柑橘简化整形修剪

对于柑橘园来说，精细修剪有利于产量和品质的提高，也有利于增加果实的外观色泽，实现柑橘树年年丰产。但是，精细修剪技术要领复杂，技术要求高，很多果农不容易掌握，导致推广难，加之精细修剪耗时较多，劳动强度大，需要的劳动力多，所以，精细修剪一般适用于小型柑橘园。对于面积较大的柑橘园来说，要做到精细修剪很难，在大面积的柑橘园中，一般采用简化修剪方法。简化修剪是大部分人都容易掌握的柑橘修剪技术，对于柑橘产业的持续健康发展有着非常重要的意义。

第一节　柑橘主要植物学特性

柑橘有独特的植物学和生物学特性，要充分利用其植物学和生物学特性进行整形修剪。

① 柑橘具有早熟性。柑橘的芽在一年的每一个季节，甚至在有一些光照充足的地方，每一个月芽都会萌发并抽发一次枝梢，而且能

老熟，也就是说，柑橘一年能多次抽发枝梢。至于抽梢次数的多少，则与气候条件和管理水平有关。

根据枝梢抽发的时间分，春季抽发的枝梢叫春梢，夏季抽发的枝梢叫夏梢，秋季抽发的梢叫秋梢，冬季抽发的枝梢叫冬梢。夏梢可分为早夏梢和晚夏梢，同理，秋梢可以分为早秋抽和晚秋梢。春季气温偏低，光照差一些，抽发的枝梢较细、短、弱；夏秋季气温较高，光照充足，抽发的枝梢粗、长、强壮，叶片也比较宽大。管理得好的柑橘园，柑橘树一年可以抽发 4 ～ 10 次枝梢，树冠成型快，结果早；管理比较差的柑橘园，柑橘树一年约抽发 3 次梢，树冠成型慢，结果晚，产量低。

② 柑橘的芽是复芽。柑橘枝上的芽，表面看是一个芽，实际是由一个主芽和很多个副芽组成的复芽。一般主芽优先萌发，但在一定条件下，枝上的芽，除主芽萌发外，副芽也会萌芽抽梢。

③ 柑橘的枝具有自剪的特性。柑橘的芽萌发抽梢后，当枝长到一定时期，枝顶端自行形成离层整齐断裂。通常在自剪以前以长长为主，自剪后以长粗为主。

④ 柑橘芽、枝等具有顶端优势，同时也有隐芽。通常处于柑橘枝梢顶端的 1 ～ 3 个芽优先萌发，往下的萌发力依次减弱，近基部的芽一般不萌发而形成隐芽，当剪掉顶部的芽后，基部的隐芽也会萌发，而且，修剪程度越重，抽发的枝梢越强壮。

⑤ 柑橘的芽和枝的异质性。由于芽的质量不同，萌发抽生的枝梢强弱也不一样，有的强，有的弱。通常是离剪口越近的芽，萌发力和成枝力越强，离得越远，萌发力和成枝力越弱。

⑥ 枝叶与开花结果需要平衡。柑橘树有足够的叶片制造营养才有结果的可能。当叶片制造的碳水化合物和树体内的氮素营养达到一定水平才能进行花芽分化，进而开花结果。叶片在没有转绿以前会消耗营养，一旦转绿后不仅制造营养，还是储藏营养的仓库，因此，枝叶越多，叶片制造的碳水化合物也越多，开花结果早，果实品质高，树生长越快。 对于大树来说，枝叶太多影响通风透光，会影响产量和品质，所以枝叶多的前提是一定要通风透光。柑橘品种不同，结果母枝不同。果实大小与结果母枝呈正比。结果母枝越粗，果实越大；结果母枝细弱，果实偏小。

第二节　整形修剪方法

柑橘整形修剪方法很多，但在大面积柑橘生产中，主要的整形修剪方法有短剪、疏剪、回缩、摘心、抹芽、拉枝、扭枝等。

短剪就是把一年生枝剪去一部分使枝变短的方法。根据剪掉部分的长短（程度），把短剪分为重度短剪、中度短剪和轻度短剪。重度短剪即把枝剪掉 2/3 以上，中度短剪把枝剪掉 1/2 左右，轻度短剪是把枝剪掉 1/3 以下。短剪程度越重，促进作用越强，抽发的新梢越强旺；短剪程度越轻，促进作用越弱，抽发的新梢越弱。短剪的目的一是促发枝梢，二是控制枝梢的长度，三是剪除病虫枝。

疏剪就是把不需要的枝从基部剪去的方法。一般来说，疏剪主要是剪除树冠内或枝干上过密的枝、弱枝、不需要的徒长枝和病虫枝等。

回缩实际上是短剪的一种特殊方式，就是指剪掉二年生或多年生枝条的一部分。回缩的作用因回缩的部位不同而不同，一是起复壮作用，二是起抑制作用。小枝用剪，大枝用锯。回缩修剪由于大大缩短了地上部枝梢与地下部根系在养分、水分等运输及交换上的距离，减少了营养消耗损失，促进所留枝条的生长和潜伏芽萌发形成新枝。一般回缩部位比原枝头高，新留枝头生长方向比较直立，主要起复壮作用；反之，则为抑制作用。回缩也有轻度回缩、中度回缩和重度回缩之分。

摘心即是在柑橘枝梢长到一定长度后摘去枝梢顶端的方法。摘心主要是为了控制枝梢长度，让枝梢尽快长粗老熟，为下一次萌芽抽梢做准备，同时，也可通过摘心促发更多的枝梢（图 10-1、图 10-2）。

抹芽是在柑橘发芽后抹去那些无用的芽和多余的芽，减少树体营养消耗，以便集中营养供给留下来的芽，使其得到充足的营养，更好地萌芽抽枝，更好地生长发育。

拉枝是由于柑橘树在生长过程中的枝长得比较乱，没能在树冠内合理分布，在枝长成以后，将树冠内比较好的、在树冠内也有空间的枝拉到能合理占有树冠空间的方法。拉枝的主要目的：一是让枝合理占据空间以形成饱满的树冠结构，二是让枝的中部或基部萌芽抽枝，增加抽枝数量（图 10-3、图 10-4）。

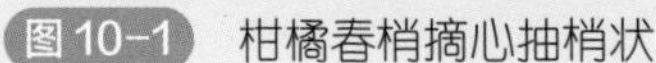

图 10-1 柑橘春梢摘心抽梢状

图 10-2 柑橘复芽抽枝

图 10-3 柑橘拉枝

图 10-4 柑橘拉枝后隐芽萌发抽梢

扭枝是一种特殊的修剪方式，由于柑橘枝梢长势比较旺，一般不容易结果，短剪后又容易抽出强旺枝梢而使树过密或徒长。生产上通过人为扭枝，将枝的木质部扭伤而不折断，以减缓枝梢生长势，促进花芽分化，使其向开花结果方向发展。

第三节 适宜不同柑橘品种的树形

柑橘常见的树形有自然圆头形、自然开心形、塔形、矮干多主枝型等。

1. 自然圆头形

自然圆头形是根据柑橘的自然生长习性培育的一种树形。中心主干不明显，修剪极轻，树冠形成快而饱满，早结丰产。丰产后树冠内部常因光照不足枯死形成“空膛树”，进而造成柑橘树冠内空外密，结果部位外移，树冠高大而产量低，因此，在丰产后要“开天窗”修剪，即剪去树冠中部大枝，回缩外围密枝，以改善树冠内部光照，增加内膛结果，但会影响产量。

2. 开心形

在幼树生长期，人为拉枝、控枝，不留中心主干，将主干枝拉成近水平伸张，控制树体高度，保证树体立体挂果、产量高，从而提高产量。

3. 矮干多主枝型

矮干多主枝型为近年大面积生产上应用的主要类型，整体体现为树矮结果多，而且还能实现年年丰产。在整形时，首先树的主干要矮，分叉部位低，主枝、副主枝较多，且主枝、副主枝在空间各个方向相对均匀分布，枝直立或斜生呈放射状生长，主枝、副主枝上分布侧枝或结果枝组，主枝、副主枝和侧枝的长势主从性明显，树形紧凑直立，空间利用高，树冠通风透光性好，可以实现早结果、丰产、优质。注意在培养树形时主枝不宜太密，以免树冠荫蔽。

4. 塔形

该树形中心主干明显，在中心主干上分层排布 3 ～ 4 个主枝，各主枝上再留 3 ～ 4 个副主枝，形成下大上小的塔形，适用于柚、柠檬等生长势强旺的柑橘品种。塔形树体高大、丰满，骨架多而牢固，适于稀植栽培，通风透光好，后期可保持较高的产量，但因树冠高大不便管理，投产较晚，前期产量低，目前，生产上应用不多。

第四节　整形修剪原则

柑橘整形修剪的主要目的是培养丰产稳产树冠、实现树体内外立体结果、实现产量和品质最优化、降低生产成本、方便管理和提高果实防旱抗冻能力。整形修剪的总原则是合理分布、通风透光、树冠饱满、丰产稳产、质优美观。

整形修剪必须结合施肥和病虫害的防治进行。没有良好的树体营养和行之有效的病虫害综合防治措施，再好的整形修剪技术也得不到好的效果。

1. 根据栽植密度进行树体整形修剪

柑橘苗栽植的密度是对生态条件、栽培管理技术和栽培管理成本等进行综合考虑后确定的，一旦栽植密度确定，果园的树形和修剪方式等也应与之配套。栽植密度越大，田间树越密，要求树的定干低，树的干多干性弱，结果枝组多，树高和树冠都必须进行有效的控制，以矮干多主枝型为主；反之，栽植密度小，田间树的数量少，定干可以偏高，树高、树冠大，以自然开心形和自然圆头形为主。

2. 根据柑橘的生物学特性进行整形修剪

柑橘具有特定的生物学特性，在柑橘的整形修剪过程中，根据柑橘枝梢的早熟性促发多次抽梢，可以让树尽快形成丰产树冠；根据柑橘复芽特性，可以抹芽控梢，也可进行留桩除萌；根据柑橘枝梢自剪的特性，及时摘心，控制枝梢长度，尽快让其长粗老熟，缩短一次枝梢生长时间，以促进多抽枝梢；根据柑橘芽的顶端优势，可以通过拉枝，让枝下部未抽梢的部位处于顶端以促发抽梢，从而降低原顶端芽、枝的位置，以减缓其生长，有利于树冠饱满和开花结果；通过刺激、刻芽、喷涂细胞分裂素等方法促发隐芽萌发抽梢，以进行树体的更新复壮；根据柑橘营养生长和生殖生长相互平衡并制约的特性，通过整形修剪，调控营养生长与开花结果的平衡，实现年年丰产稳产。

3. 根据柑橘树龄、长势和结果量不同进行整形修剪

柑橘的树龄不同，树的长势不同，结果量不同，对整形修剪的要求也不同。幼树注重整形和结果枝组的培育，结果树注重枝梢的更新复壮；长势旺的树注重长势的控制，长势弱的树注重树的更新复壮；结果多的树需要在控制结果枝的同时培养好的营养枝在来年结果，结

果少的树需要控制营养枝确保结果枝结好果的同时为来年丰产做准备。

4. 根据不同的生态条件进行整形修剪

不同产区具有不同的生态条件和气候条件，在光照和雨水充足的生态条件下，柑橘树的萌芽抽枝能力比寡日照和降雨少的地方萌芽抽枝能力强得多，在云南、广西等部分地区，在挂果多的情况下也能萌芽抽出好枝。

第五节　幼树简化整形修剪

柑橘幼树的管理主要是为了保证树尽快长高、树冠尽快扩大形成丰产树冠。小型柑橘园可以进行精细整形修剪，对于大型柑橘园，或大面积柑橘生产来说，很难做到精细修剪，一般采用轻剪化的整形修剪。所以，在整形修剪上就要充分利用柑橘早熟性、复芽、顶芽优势等特性，通过摘心、短截延长枝和抹芽控梢等，促进幼树一次多萌芽抽枝。一年多次抽发新梢能让枝梢在各个方向均匀分布，以快速扩大形成丰产树冠。

在整形修剪时，除摘心、短截延长枝和抹芽控梢外，还可对树冠内的直立枝进行拉枝或用小竹枝撑开，使主枝均匀分布，以便着生更多枝梢，除此之外，尽量保留树冠内部及中下部的枝叶，一是积累更多营养，二是让中下部的枝尽早结果，所以，只对树冠内的过密枝做适当疏剪，剪去无用的徒长枝、病虫害枝，以及晚秋抽生的老熟度不够的晚秋梢即可。在幼树期一定要对枝梢的长度进行适度控制，以免由于枝梢太长而造成枝梢外移形成空膛树。对于大多数柑橘品种来说，一般枝梢长度控制在 20 ～ 30 厘米即可。

除沃柑等一些新杂柑品种基本所有枝梢都可以结果外，通常幼树是树冠内膛、下部的弱枝结果，所以在幼树期，不要轻易剪掉树冠内的枝，只要通风透光条件合适，尽量保留枝叶。

图 10-5 ～图 10-7 为不同品种柑橘结果表现。

图10-5 红肉脐橙初结果树

图10-6 血橙结果幼树

图10-7 琯溪蜜柚初结果树

第六节 结果树简化修剪

随着树冠的扩大、营养的平衡，幼树开始进入开花结果期。结果后的柑橘树，由营养生长向生殖生长转变，营养生长差而生殖生长旺，抽枝能力变弱，树势也慢慢变弱，但依然会萌芽抽枝，枝梢数量不断增加，树冠不断扩大，如果不进行合理的修剪，就很容易造成树冠枝梢外移导致树体郁闭，而树冠内部的枝梢常因外围枝梢影响了通风透光而枯死，形成空膛树，丧失结果能力，也很容易滋生病虫害。

视频 10-1 开窗修剪

结果树的修剪，主要有精细修剪、开窗修剪（视频 10-1）和大枝修剪（视频 10-2）。精细修剪效果最好，一般在小型果园能实施。简化修剪主要是开窗修剪和大枝修剪，结合对营养枝短剪来调整和恢复树形树势。

视频 10-2 大枝修剪

整形修剪一年四季都可以进行，10 ～ 12 月被称为休眠期修剪，所有树都可以进行；春季修剪和夏秋修剪，统称为生长期修剪。

整形修剪基本要点是：①修剪前后保持树体长势中等偏上，要保持树势旺，如爱媛、金秋砂糖橘、明日见、春见、大雅等；②修剪一年四季都可进行，春季长枝，夏季保果控枝，秋季壮果促梢，冬季控梢保果越冬；③一定要清楚每一个品种的结果枝和结果母枝；④通常以回缩回剪为主；⑤强树弱枝结果，弱树强枝结果，强树剪（疏剪）旺枝，弱树剪（短剪）弱枝；⑥所有枝叶都是营养仓库，尽量通过剪最少的枝解决问题；⑦尽量保留内膛枝，尽量不要留光的长主枝和干；⑧将树高控制在 3 米以内，最好不超过 2.5 米，并以短枝结果；⑨必须考虑结果枝与营养枝的比例；⑩早、中熟品种采果后剪，晚熟品种花期复剪和采果后剪。

1. 开窗修剪

开窗修剪即剪除树冠中部 1 ～ 2 个大枝，从树冠中部开出一个“窗口”，既能让阳光从窗口照射到树冠内部，使内膛枝有良好光照进行光合作用、枝干上的隐芽在见光的情况下萌芽抽枝充实树冠，又能通风，减少病虫害滋生，还能减少剪除的中心枝干对营养的消耗，使树体营养得以合理分配，让中心枝干周围的枝开花结果，内膛枝也能更好地开花结果（图 10-8）。

一般来说，开窗修剪不在于一定要剪除多少枝干，开的“窗口”不能太大，以剪除最少的枝就能达到树冠内部较好的通风透光为最好，避免剪口太大引起剪口附近抽出大量的徒长枝又重新扰乱树冠，影响树冠内部的通风透光（图 10-9）。

在剪除中心枝干的同时，需要对树冠中严重影响通风透光的少数枝进行疏、短，但切忌剪枝太多，树冠剪得太透。在修剪过程中不留桩，以免在桩头上抽发徒长枝；剪口要平，以利于伤口尽快愈合；对大枝干的剪口要涂胶保护，以免在干旱时剪口干裂死亡。

2. 大枝修剪

对于有些结果后的柑橘树，原本就没有中心枝干，但树冠内的主枝、副主枝较多，枝干在果实的重压下，生长方向发生改变，造成原本通风透光的树冠遮挡相对严重，对于这类树，需要进行大枝修剪改变树冠的通风透光，调节树体的营养分配。

图 10-8 开天窗修剪

图 10-9 开窗太大大量抽发徒长枝

虽然说是大枝修剪，但不是将大枝尽量剪掉，而是在树冠的东、西、南、北各个方向综合起来以剪最少的枝解决问题。修剪时，先看看树冠各个方向至少剪除哪些枝能解决树冠通风透光的问题，然后再确定修剪枝的位置及数量。注意，这种修剪方法不要剪枝太多，切忌将树剪得太空，而且，每一大枝剪口处都不能留下太大的剪口，以免各个剪口抽出大量徒长枝。

图 10-10 为哈姆林甜橙大枝修剪结果状。

图 10-10 哈姆林甜橙大枝修剪结果状

第七节　衰老树修剪

柑橘树生长结果后，由于管理不善，树体开始衰老，地上部分树冠内枝梢少而弱，地下部分根系衰老枯死，结果能力下降，甚至不结果。

对于这类树，必须进行更新复壮。更新复壮一是通过肥水管理，二是通过对地下部分的根更新和对地上部分的树冠进行回缩修剪。根的更新和树冠的回缩修剪，都是以肥水管理为前提进行的，没有好的肥水管理，就不可能进行更新复壮。肥水管理必须在树冠修剪前做好，让树冠的枝干积累好营养后再进行修剪。

根的更新复壮是通过深耕进行的，这也是土壤管理的内容，而地上部分的复壮，是通过修剪实现的。

对于地上部分的修剪，主要是采用回缩的修剪方法。回缩最好在低温过后、春季气温稳定、树液开始流动、枝梢还没有萌芽前进行，因为此时气温适宜柑橘生长但又不会因高温造成剪口干裂，同时，此时树体本身有积累营养，加之树根部的营养也开始向树上部分输送，修剪后伤口愈合快，萌芽抽枝快，且生长势好。对于衰弱树回缩的程度，应根据树体衰弱的情况看，树体越弱，回缩的程度越重。无论回缩程度轻或是重，都必须把剪口留在枝健壮处，或是留在芽较好处，回缩时，还必须尽可能保留树冠内的小枝。大枝用锯锯，小枝用枝剪剪，但不论是大的锯口还是小的剪口，都必须在锯平或剪平后涂上乳白胶、石灰水、铜油等保护伤口，同时，在高温来临前，对暴露的枝干必须进行涂白防止阳光暴晒而导致树体干裂枯死。

第十一章 柑橘花果调控

柑橘树从幼树期经过营养生长，大量的枝叶形成了树冠，树冠枝上的叶片经过光合作用积累了大量碳水化合物等光合产物，当光合产物积累到一定量，树体内的 C/N 达到一定程度后，柑橘的芽开始从营养生长向花芽方向分化形成花芽，树由营养生长为主向生殖生长转化，逐渐开花结果。随着树龄和树冠叶片量的增加，树体内的光合产物积累增加，花芽量越来越大，树体的生殖生长（开花结果）超过营养生长。一旦进入开花结果期，在没有控制的情况下，部分品种树体会因大量开花结果消耗过多的树体营养，以致树体营养生长与生殖生长不平衡，通常生殖生长超过营养生长而营养生长不良，造成大量落花落果、产量下降，或者即使挂果量大，但在结果后很容易因营养的大量消耗而造成树体衰败，产出的果实也因营养不良变得果小品质差。为了获得柑橘树的年年丰产，必须对柑橘的营养生长和生殖生长进行有效调控。

第一节　根据砧木、品种的生长结果习性进行花果调控

柑橘砧木和品种不同，开花结果的习性不同，营养生长与生殖生长所采取的调控方法不同。

长势强旺的砧木与栽培品种嫁接后，进入结果期偏晚，但由于砧木生长势强，树体大量开花结果后衰败慢，树的寿命较长，如枳橙砧、红橘砧、香橙砧等；长势弱的砧木与栽培品种嫁接后进入结果期早，但由于砧木的生长势弱，树体大量开花结果后容易衰败，树的寿命短，如枳砧等。所以，在栽培管理中，对用生长势比较强旺的砧木嫁接栽培品种后，花量少或不易开花结果的树，可以采取在9～10月花芽分化期对树冠喷2～3次多效唑进行促花，同时进行肥水调控，控制氮肥用量，增加磷、钾和硼用量，促进开花结果；对用生长势弱的砧木嫁接栽培品种的树，由于树势较弱，容易开花结果，而且通常花量大，消耗营养多，在栽培过程中应增加氮肥用量，结合磷、钾和硼肥的施用，增强树势，同时，在花量大的情况下，可通过修剪花枝，或人工疏果来减少挂果量，进而减少树体营养消耗，保持健壮的树体，实现年年丰产。

不同柑橘品种的结果习性和结果能力不一样。坐果率高，树体容易因挂果过多、产量过高而衰败，如杂柑中的沃柑、爱媛38、不知火、春见等，修剪时应多疏掉弱枝，保留健壮枝，在花量或果量多时，短剪部分花枝或结果枝，并进行疏花疏果，如爱媛38和春见等坐果太强的品种，果多时需要疏果1/3～1/2，保持一定的叶果比和健壮的结果母枝，果实采收后及时通过短剪、回缩更新结果枝组、更新复壮树冠。坐果率高但树体生长势强，即使在高产后仍然能保持强健树势的品种，如葡萄柚、默科特、夏橙等，若树强则疏剪掉强旺枝，如树弱则疏剪掉部分花、果；挂果少、营养枝过多时则疏剪掉部分强旺的营养枝，疏果先疏除畸形果、小果和特大果。坐果率低树势又强的品种，如树势强旺的塔罗科血橙、鲍威尔脐橙等，应疏强枝留中等枝或弱枝结果，如柚类通常由树冠内的无叶光杆枝或弱枝结果的品种类型，在修剪时切记不要把树冠内的无叶光杆枝剪掉。初结果的幼树一般都以内膛枝和下部枝结果，所以，初结果树的内膛枝和下部弱枝必须保留结果。

第二节　根据树体营养进行花果调控

对于柑橘来说，通常是强树弱枝开花结果，弱树强枝开花结果，中等偏强的树年年丰产。也就是说营养生长越旺，越不易开花结果；营养生长越弱，越易开花结果；营养平衡的树，产量高且稳定。所以，在生产上，强树和弱树都不易坐稳果，弱树需要通过施肥增加营养稳果，强树需要控制营养来稳果，在修剪时，强树剪强枝，弱树剪弱枝。强树和弱树都需要在进行肥水调控的同时用激素进行保花保果。花量大而营养差的树要进行花前修剪，剪除部分质量差的花，或坐果后进行疏果。

第三节　疏花疏果与保花保果

一、疏花疏果

柑橘树体花果过多，会消耗大量养分，从而抑制新梢生长，导致树体衰弱，降低产量，形成大小年结果。在生产中，疏花有利于减少养分无效消耗，提高坐果率；疏果也有利于减少养分消耗，减轻树体负荷，促进果实发育和树体生长。

1. 疏花疏蕾

疏花和疏蕾对幼树来说有利于树的抽枝生长，对结果树来说，则有利于提高坐果率。1～2年树，要摘掉全部花蕾，或在秋末9～10月树冠喷10mg/kg的赤霉素以减少第二年的花量。盛果树或衰老树一般花量大，剪除花量大的弱花枝、少叶或无叶花枝，以提高坐果率。在疏花过程中，应掌握去弱留强、弱树重疏、初结果树轻疏、弱花枝重疏和有叶单花枝不疏的原则。如疏花不及时，或花期遇阴雨天不便疏花，可采取摇花保果的办法。

2. 疏果

本着依树势定产量的原则，树势健壮、枝繁叶茂的树可以多留果，树势衰弱、枝叶少的树可以少留或不留果。疏果通常在第二次生理落果后，树体上的果基本稳定时（6月中旬至7月上旬）进行人工摘除，一般先摘除病虫果和畸形果，然后再摘除小果和特大果，最后摘除过密荫蔽果。疏果一次难以疏到位，通常要疏 2 ～ 3 次。

二、保花保果

1. 柑橘落花落果的原因

造成柑橘落花落果的原因很多，归纳起来主要有以下几个方面：

（1）花的质量差　柑橘在花芽分化过程中，由于树体营养差，花芽分化期气候不适宜，第二年花芽再次分化时也因天气原因造成分化出的花芽质量差，花器发育不正常，开花后不能正常授粉受精。

（2）营养不足　由于树体本身营养水平差，如果花蕾多、花量大，花蕾和开花需要消耗大量营养，造成花蕾脱落，第一、二次生理落果严重，坐果率低。

（3）树体激素失调　柑橘坐果期间需要一定的激素水平才能正常坐果，但由于赤霉素含量低，细胞分裂素失调，造成落花果严重、坐果率低。

（4）病虫为害　在花蕾期、开花期、生理落果期和果实生长期，如遇柑橘花蕾蛆、红黄蜘蛛、蓟马、炭疽病、疮痂病等病虫为害，会引起落花落果。

（5）气候条件　在花蕾生长发育、开花坐果过程中，异常高温、异常低温、连续阴雨天气，以及空气湿度过大等，都会引起落花落果。

（6）夏梢大量抽发　在第二次生理落果期，夏梢大量抽发，会因梢果争夺营养而产生落果。

2. 保花保果措施

针对柑橘落花落果的原因，必须采取相应的措施进行保花保果，确保高产稳产。

（1）加强管理，增强树体营养　为了提高柑橘花芽分化的质量，在花芽分化期（通常在 9 ～ 10 月）前就必须加强柑橘树的田间管理，科学合理地进行平衡施肥，确保柑橘树朝有利于柑橘花芽分化的方向发展，确保柑橘树营养生长与生殖生长的平衡，确保树体生长健壮，通过施肥和修剪，让树体的枝梢积累足够的营养，能开好花、坐好果，实现高产稳产。同时，在第一次生理落果和第二次生理落果期，除通过土壤施肥来保证树体营养外，还可以根据树体营养状况，根外追施含氮和钾的速效肥，如 0.5% ～ 1.0% 的硝酸钾等，快速补充树体的氮、钾营养，以减少第一、二次生理落果。

（2）利用激素保果　柑橘果实在发育过程中，会由于激素失调出现落花落蕾、第二次生理落果和第二次生理落果，尤其是第一、二次生理落果严重的脐橙品种，可以根据树体的营养状况，在花谢 2/3 时和第二次生理落果刚开始时再喷激素保果。同时，在花期如遇连续阴雨天、异常高温等特殊情况，也最好用激素进行保花保果，确保产量。

目前使用的主要保果激素是赤霉素（简称 GA，生产上称 920）和细胞分裂素（如人工合成的 6- 苄基腺嘌呤，简称 BA）。生长素类如 2, 4- 滴对柑橘幼果的保果效果表现不稳定，尽管有时也能临时阻止幼果脱落，但最终坐果率并不理想，不过，防止采前脱果，2, 4- 滴是目前最有效的一种激素。6- 苄基腺嘌呤（BA）是一种很有效的柑橘第一次生理落果防止剂，其防止第一次生理落果（带果柄脱落）的效果比同期使用赤霉素（GA）效果好，但对防止第二次生理落果（不带果柄脱落）没有效果。赤霉素对防止第一次生理落果和第二次生理落果都有很好的效果。GA 的使用浓度为 50 ～ 200 毫克 / 升，BA 的使用浓度为 50 ～ 400 毫克 / 升，但生产上通常将两种激素混合使用效果更好。

（3）防治柑橘病虫害　针对柑橘花期和生理落果期容易出现的红黄蜘蛛、柑橘花蕾蛆、蓟马、叶甲、炭疽病、疮痂病等病虫害，采取相应的技术措施对其进行有效防治，确保柑橘树无病虫为害、生长健壮。注意在防治花期和生理落果期病虫害时，用药应在开花前，如果有多种病虫害时，最好采用一药多治的方法，以减少人工。开花坐果期应尽量避免使用矿物油、炔螨特、三唑锡等对嫩枝、花和幼果有伤害的药剂。生长素类的 2, 4- 滴也应慎用。

（4）依据树势控制夏梢　树势越强旺，挂果率越低，抽发的夏梢越多，落果率会越高，所以，第一次生理落果期和第二次生理落果期，如果夏梢抽发多而强壮，应根据树体的强弱对夏梢进行相应的控制。树势强的树，将夏梢全部抹除；如树不是非常旺，可根据树体情况适量保留，去强留中去弱，中等的枝一般长度在 20 厘米左右。

第十二章 柑橘高接换种技术

柑橘树经过栽培管理，随着树体生长、树冠扩大、开花结果，结果后混在栽培品种中的劣质品种得以暴露，这些劣质品种需要通过高位嫁接更换为所栽培的良种。同时，随着时间推移，一些品质差、产量低的劣质品种，不适宜当地气候条件的品种，长期不结果的实生树，需要异花授粉或效益差的品种，树势严重衰退的老树等，随着时间的推移会被更新、更优良的品种所淘汰，都需要进行高接换种。

一、高接换种树要求

不是所有的柑橘树都适合高接换种。柑橘树要进行高接换种，第一，必须保证柑橘树的主干和根系是健康的，没有天牛、爆皮虫、脚腐病等严重的病虫为害，即使有为害也不会影响柑橘树的正常生长。第二，所嫁接的品种和中间砧木之间的亲和性要好，基砧必须适合当地的土壤和气候条件，对嫁接品种没有任何不利的影响。第三，树龄不大，一般树龄不超过 15 ～ 20 年，离地 10 厘米处的主干直径在 20 厘米以内。树干直径太大则皮层太厚，形成层活动能力差，嫁接成活率会受影响，而且，太大的干去桩后由于伤口太大，桩头很容易干枯爆裂死亡。第四，用于高接换种的树分枝部位低，以利于高换后能控制树冠高度，以免高接换种后树过高而衰败快。第五，用于高接换种的树，树体营养要好，以利于高接换种后萌芽抽发健壮的枝梢。

二、高接换种时期和方法

柑橘树高接换种与柑橘苗木嫁接一样，在整个生长期都可以嫁接。但高接换种与小苗嫁接有不同的地方，主要是高接换种前或高接换种后去砧的桩头大，伤口大，愈合慢，容易在高温时干枯爆裂，所以，高接换种通常在春季和夏秋季进行，春季采取去桩切接与腹接相结合，夏秋季采取腹接。去桩一般在春季萌芽前进行。

春季切接在春天土壤温度开始上升、气温 12℃左右、柑橘树液开始流动、但还没有发芽前进行为好，此时树通过根系从土壤中获得水分、矿质营养，以及根吸收生产管理过程所施肥的营养，通过木质部运输到地上部分供给萌芽抽梢的需要，也就是说，春季发芽前树体本身积累的营养较多，加之树的根系从土壤中再吸收的营养，萌芽的营养可以得到充足的保障，对嫁接后萌芽抽梢非常有利。秋季腹接在 7、8 月高温后冬季低温前进行，此时错过了高温干旱，但气温仍较高，高接后伤口愈合快，成活率高，如嫁接没有成活的，可以在秋季及时进行补接，也可在第二年春进行补接。

春季切接时，先选择好需要嫁接的枝，锯掉多余的大枝，适当保留部分接口下的小枝作辅养枝。夏秋季嫁接的，可以先锯掉过密的大枝和剪掉影响嫁接操作的过密枝，留一部分位置比较低的健壮小枝作辅养枝。

切接一定要把桩头削平整，包扎时除把接芽包扎好外，还应包扎接芽顶部有伤口部分，以防接芽干枯，同时，桩头切面应覆一层塑料膜保鲜防干，然后再用方块塑料膜覆盖接芽顶端和整个桩头，以防雨水进入，同时也防干枯死亡。高接换种除春季切接时塑料薄膜覆盖保护内的芽可以露出芽眼外，春季和夏秋季腹接的其他芽都不露芽眼，将接芽全包以防低温冻害。

柑橘高接换种不论在春季切接还是秋季腹接，用于嫁接的芽一定要饱满，最好采用枝接，用于枝接的削芽长度在 1 厘米以上，以保证接芽有充足的营养，有利于接芽的成活和萌芽抽出好枝。

三、高接换种的部位

柑橘高接换种不仅只是换品种，而且还要充分利用高换树的分枝，以确保高接换种后适当多地抽枝梢，尽快形成丰产树冠，实现早结丰产早收效。在高接换种时，还必须考虑高接换种后要方便管理，结果后的高换树要尽可能长时间地继续丰产稳产，延长树的寿命。因此，在高接换种时特别要选择好高接换种的嫁接部位。

一般来说，高接换种的部位不要高于 1.5 米，最好控制在 1 米以内。但对于不同的树冠结构来说，其高接换种的部位是不一样的。对于有分枝、树干较矮、分枝部位也比较低的树，高接换种的部位也相对比较低；树干比较高，分枝相对较高，高接换种的部位也相对比较高；对于树干较高，分枝又少或没有分枝的树，可以选择在一级分枝和主干上进行高接换种。

高接换种时，嫁接点也需要考虑。在分枝上进行嫁接时，嫁接部位距离分枝点不能太远，以近为好。如果嫁接部位离分枝点太远，经过几次抽梢后，树体内膛很容易出现空膛现象，尤其对于一些生长势强旺的品种，在没有控制好枝梢长度的情况下更为明显（图 12-1）。

图 12-1 高接换种接芽树嫁接部位

高接时，根据分枝的粗度选择嫁接的具体位置。分枝直径在 5 厘米以上的，嫁接部位离分枝点稍远，第一个嫁接点离分枝点的距离应控制在 20 ～ 30 厘米以内；分枝直径在 5 厘米以下的，嫁接部位可以离分枝点近一些，第一个嫁接点可以控制在离分枝点 10 ～ 20 厘米以内。

嫁接部位选定后，嫁接点的位置尽量选择平整光滑的地方，而且，方向以向上为好，这样嫁接后接芽处不易积水，接芽萌芽后抽出的枝也不易折断。切记不要把接芽嫁接在枝背光的一面（流水线一侧），这样在包膜不好的情况下，水很容易进入而让接芽积水腐烂，而且，即使接芽萌发抽枝后，长出的枝梢经风吹或果实重力作用等很容易断裂。

四、高接换种的接芽数量

在高接部位确定后，高接换种丰产树冠的形成主要取决于高接换种接芽的数量和抽枝量。

接芽越多，树冠形成越快，树冠会由于接芽过多抽生大量枝梢，造成树冠过密导致树冠过早郁闭。接芽过少，萌芽抽枝少，树冠形成慢，进入结果期晚。因此，在高接换种时，高接换种的接芽数量对树冠的形成、产量的高低和寿命的长短都起着相当大的作用（图 12-2）。

图 12-2 高接换种脐橙树冠结构

接芽的数量，由树干的大小和分枝多少决定。在分枝多的情况下，树干粗，接芽数量多；树干细，接芽数量少。在分枝少或没有分枝的情况下，不论接芽点多少，接芽点数量差不多，接芽数量的多少主要是由主干的粗度决定的。主干粗的，为了保证成活率，在同一个平面可能会接 2 ～ 3 个接芽，同时，由于接芽处切面较大，也可能在同一接芽处安放 2 个接芽。但不论是有分枝还是没有分枝，不论是同一平面放 1 个芽还是放 2 个芽，待成活后，确保每一株最多 7 ～ 8 个芽即可，以 4 ～ 5 个芽为最适合。

五、高接换种的管理

高接换种后，必须加强树的管理。

1. 去桩修剪

高接换种嫁接成活后，夏秋腹接的，在第二年春季萌芽前必须把接口以上的枝去掉，让接芽处于顶端优势的位置，同时，减少树体营养的消耗，集中营养以供接芽萌芽抽枝。去枝时，如果是小枝，则用枝剪直接剪断；如果是较大的枝，则用手锯锯掉。

夏秋腹接的树，去枝最好分两步进行。第一步是在春季萌芽前，根据去枝后留下的切面（简称桩头）的大小确定桩头留的长度，其主要是考虑桩头散失水分的快慢问题。桩头越大，水分散失得越多，桩头干裂得越快；桩头越小，切面水分散失得少，桩头干裂得慢或不会干裂，因此，为了保护接芽，桩头越大，留的长度越长；桩头越小，留的长度越短。一般来说，直径 2 厘米以下的枝，可以直接平剪掉，但剪口从接芽一方斜向上呈 45° 角，以利于接芽处不受积水的影响；桩头直径粗 2 ～ 5 厘米的，桩头留 5 ～ 10 厘米锯断；桩头直径粗 5 厘米以上的，留 10 ～ 15 厘米锯掉。第二步是在接芽萌发抽梢后，待新枝老熟可以覆盖住桩头切面时，留 1 ～ 2 厘米呈 45° 角锯掉。但不论是第一步去桩还是第二步去桩，都一定要保证剪口平整、没有撕裂，同时，在去掉桩后，都必须用 10% ～ 15% 的石灰水，或乳白胶、油漆、铜油等，加上 800 ～ 1000 倍咪鲜胺涂抹桩头整个切面，以避免切面感染炭疽病而霉烂，避免切面被日晒雨淋而干裂。

春季去桩的同时，对树体的未嫁接的枝进行适当修剪，保留下部比较小的枝作辅养枝，对留下的枝也进行适当短剪，以集中养分供接芽萌芽生长。

2. 松土施肥

高接换种，无论是春季的切接还是夏秋季的腹接，嫁接成活去桩后，根据树体地上部分与地下部分的对应性，地上部分回缩短剪后，树冠严重缩小，由于地上部分的枝叶少，制造的营养供给不上地下部分众多根的需要，会有部分根因此死掉，因此，在去掉地上部分的同时，必须对树地下部分的根进行断根复壮，主要是通过疏松土壤实现的。

断根复壮的最好办法就是对土壤进行耕翻。一般在树冠滴水线向外耕翻，深度以 20 ～ 30 厘米为宜，当然耕翻的深度以 30 ～ 40 厘米更好。耕翻不宜在连续阴雨天和高温期进行，最好在夏秋腹接成活后或春季萌芽前进行，也可在根系生长高峰期进行，切忌在春季发芽期进行，因为此时也是接芽萌芽抽梢期，需要大量的营养供给，树体原有的枝叶大多修剪掉了，萌芽抽梢的营养主要来自树体贮藏的营养和根系从土壤中吸收营养，如果此时断根，树体营养得不到及时补充，会影响高接换种树萌芽抽梢质量，进而影响树体的快速形成。

土壤耕翻后，为加速接芽萌发抽梢，需要及时进行土壤施肥。高接换种树土壤施肥以速效氮肥为主、钾肥为辅。速效氮建议用尿素，速效钾建议用硫酸钾。速效氮 2 ～ 8 月每月一次，根据树干粗细，施肥量每次每株 100 ～ 150 克，在雨后撒施或下小雨时施，不能干施；速效钾一年施一次，视树大小，一年每株施 250 ～ 500 克为宜。

3. 露芽除萌

高接嫁接成活后，随着春季气温的上升，接芽会慢慢开始萌芽抽梢。接芽萌发后，不要急于解膜，因为解膜早，接芽容易受春季寒潮的低温冻伤。当然，接芽也不能解膜过晚，因为解膜晚，芽萌发抽的枝包在膜里，一是容易弯曲折断，二是易被高温烧死。所以，春季解膜只是先用快刀等工具将接芽的芽眼挑出以利于萌芽抽枝即可，待接芽抽出的枝老熟后，再将用于嫁接的薄膜全部解开露出接芽。

接芽萌发抽梢的同时，树体枝干也会抽发一些萌蘖消耗树体营养，从而影响接芽萌发和抽枝质量，所以，接芽开始萌发后，要及时抹除枝干上的萌蘖。抹萌蘖时，在接芽上方的萌蘖应全部抹除，接芽下方 20 厘米以内的萌蘖全部抹除，离接芽 20 厘米以上的萌蘖可以适度保留，以防树干干裂，也可以通过萌蘖的蒸腾作用和光合作用促进接芽萌芽生长。

因为柑橘的芽是复芽，抹芽后会有更多的芽萌发，所以，除萌蘖时，一次不要将萌蘖全部除去，最好留长0.5厘米左右的小桩，这样会减少萌蘖的再抽发次数。

4. 摘心整形

当芽萌发后抽到一定长度，必须通过摘心控制枝梢长度（简称摘心控梢）。摘心控梢不仅可以控制枝梢长度，可以让枝多发枝梢，让树冠结构更紧凑，结果能力更强，产量更高，而且通过摘心，可以提前结束枝梢的伸长生长，让枝梢粗壮，加快老熟。

普通柑橘品种，枝梢长度控制在20～30厘米；生长势旺的特殊品种，枝梢长度控制在35厘米以内。

高接树萌芽抽枝后，枝梢的质量差异很大。随着枝梢数量的增加，扰乱树形的枝增多，树冠也会因枝太多而郁闭，内堂枝会因郁闭而干枯，所以，高换树枝太多太乱时，应根据树的长势，适当疏掉部分多余的枝、扰乱树冠结构的枝和干枯枝等，在修剪过程中，还可以通过拉枝、扭枝等方式调整枝的生长方式和生长角度，以利于形成更好的树冠结构。

5. 病虫害防治

高接换种树的病虫害防治与幼树的病虫害防治相同，主要是预防好潜叶蛾，防治好红黄蜘蛛、蚜虫、叶甲、蜗牛、凤蝶等常见害虫，病害主要应防控好炭疽病、褐腐病、砂皮病，以及疫区的溃疡病和黄龙病等。

第十三章 老柑橘园改造技术

任何一个柑橘园，从规划建园开始，都有一个产生、发展和衰败的过程。只是由于管理水平不同，这其中的每个过程所经历的时间长短不同。管理好的柑橘园，树体衰败比较慢一些；管理差的柑橘园，树体衰败快一些。柑橘树经过栽植、幼树生长、初花试果、初果期、盛果期后，品种落后、树生长衰弱、树冠结构差、结果枝组少、病虫害增多、果实外观及内在品质变差，经济效益下降，慢慢变成老果园，急需进行改良改造。

第一节 老果园定义

随着树冠的扩大和不断结果，柑橘树由于管理不好、修剪不合理、大小年结果后营养生长与开花结果不平衡、病虫严重为害等，出现柑橘树体高大、不方便管理等；树冠外密内空，结果部位整体外移，内膛没有结果枝组，树体立体结果能力差，产量急剧降低，果实品质差；果园树冠郁闭，树与树交叉重叠，枝与枝交叉在一起，通风透光性差，树冠内枝梢干枯死亡，病虫为害严重；天牛、爆皮虫为害严重，脚腐病暴发，树干受损，树体衰弱；树体营养不良，枝及枝组生长差，果小味酸，加之原本优良的品种随时间推移已被市场淘汰，成为典型的老果园，有待进行改良和改造。

第二节　老果园改造的方法

老果园改造的方法很多，改造方法必须针对引起原因采取相应的改进技术措施。总体来说，老果园改造包括地下部分根系改造更新、树体主干更新、树冠更新、毁园重建和靠接换砧五种方式。

一、根系改造更新

柑橘的根系由主根、水平和向下的侧根、须根构成。主根和侧根组成骨干根，主要将树固定在土壤中；须根从土壤中吸收水分、矿质营养和其他营养物质，通过木质部向上输送满足地上部分干、枝和叶对营养的需要。根都是有寿命的，须根新陈代谢快，起固定作用的骨干新陈代谢慢。骨干根一旦形成就相对固定，受伤或中毒后就很难恢复。树之所以成为老树，与地下部分的根系的生长与营养状况有关，如果柑橘根系受损、腐烂或营养不良，都会造成树体生长不良或死亡。

造成柑橘根系生长不良或死亡的原因很多，特别要注意区分是地下的原因还是地上的原因，但不论是什么原因引起的根部问题，柑橘叶片的叶脉都会因叶片制造的碳水化合物不能及时通过韧皮部向下输送而积累，导致叶脉发黄，有的肿胀爆裂。柑橘园因根系形成老果园的原因和改造措施如下：

（1）积水引起　由于种植柑橘树果园的地下水位比较高，或果园地长期处于排水不畅环境等，在规划建园时没按要求进行起垄高厢栽植，致使柑橘树的根长期处于水渍状态而造成损根、烂根，形成脚腐，树的主根、侧根和须根都难以正常生长。同时，在一些产区，由于土壤比较黏重，选择的砧木也不耐涝，如遇长期雨水浸渍，也容易形成脚腐。

由积水形成的老果园，如果树损伤太重，即使在果园内开沟也不能排水的，最好将树挖了重新改土栽苗；如果柑橘园能开沟排水的，先在果园内开深沟排水，一般 2 ～ 4 厢开一深沟，沟深至少在 60 厘米以上，最好深 1.2 米以上，比降不得低于 1%；如果能开沟排水，品种优良，果园还有利用价值的，在树体可以恢复的情况下，将树保留，加强田间及肥水管理，尽快更新复壮；如果即使能开沟排水，但由于其他原因没必要保留现有树或果园的，最好重新规划建园。

（2）肥或药物引起　在栽培管理过程中，有的柑橘园常常施肥量过大，或肥料局部积累过多，或施用未腐熟有机肥，或使用虽腐熟但是劣质的有机肥，以及除草剂浓度过高等，都会造成地下根系坏死腐烂，根的皮层脱落，木质发黑，树生长发育不好，开花结果不正常。

针对上述原因，栽培管理上要改变施肥习惯，施肥要施在树冠滴水线附近，不能离主干太近，也不能离主干太远。要科学施肥、平衡施肥，化肥少量多次，薄肥勤施，避免干施；有机肥一定要腐熟后施，而且有机肥一定要和土壤混匀。除草剂对根存在不同程度的伤害，在果园，能不用除草剂就尽量不用，如果一定要用，要尽量减少除草剂的使用次数，在保证有效的情况下，尽量降低使用浓度，以确保根系的安全。

二、树体主干更新

柑橘树的主干连接树的地上部分和地下部分，既不直接参与树的肥料吸收利用，也不参与树的开花结果，但主干起着承下载上的作用，主干的木质部是根吸收的水分和矿质营养向上运输的通道，主干的韧皮部是叶片制造的光合产物向下运输的必经之路。各种营养物质在经过主干时都会被主干消耗一小部分，但与此同时，主干支撑着树的整个树冠，包括枝、叶、花和果实。如果主干受损最终会导致根不同程度的死亡，易形成衰老树，导致生长不良、产量低下。主干木质部受损时，叶片不会因此黄化，但树生长势弱，严重时会萎蔫干枯；如果是主干的皮层（韧皮部）受损严重，叶片制造的光合产物因难以输送而积累让叶脉发黄肿大，严重时大量脱落。

（1）主干虫害　天牛、爆皮虫是为害柑橘主干两大主要的害虫。爆皮虫以取食为害柑橘主干的皮层为主，天牛不仅取食皮层，还打孔进入主干木质部。木质部和皮层受损都会影响树的生长结果。如果是早期受损，只要采取措施及时防治，虽受损而对树无大碍。木质部受害严重时，树干因空倒而死亡；皮层（韧皮部）受害严重时，营养不仅难以输送，而且会因过度积累而致叶黄脱落、树体死亡。

针对这种情况，在栽培管理上，应在害虫发生初期至盛期，树干周围喷布毒死蜱等杀虫剂及时进行防控，同时，可以对受害树进行靠接换砧，避开虫害为害部分，重新建立健康的树干。如果树干为害严重没有利用价值，应砍掉树并挖走地下部分进行重新规划建园。

（2）主干病害　主干病害主要是主干流胶病和裂皮病，影响韧皮部等的传输功能，致使叶片失去光泽、变黄，叶脉变金黄色，影响树的生长结果。

针对流胶病的发生条件，采取相应的预防措施，减少主干的机械损伤，在发病轻时刮除病部，涂抹1000倍46%氢氧化铜水分散粒剂，或600倍甲基硫菌灵等杀菌剂，避免病菌扩散；如果为害严重，应挖除重新规划栽植。

柑橘裂皮病在枳砧上表现明显，在幼树期对树影响不大，随着树的生长结果，树势明显衰弱，因为该病是病毒病，目前还没有药物可以防治，最好的办法是挖树重新规划栽植。如果树还有利用价值，可以利用红橘等对裂皮病不敏感有特性的砧木进行靠接换砧，以此来增强树的生长势，实现树体的更新复壮。

三、树冠更新

柑橘生长结果好坏，从树冠可以直接进行判断。树冠的枝梢生长势好、枝梢多而不影响通风透光，是丰产稳产的基础。从树冠来看，老果园表现为树冠郁闭、树高枝少、外密内控、病虫害严重等，需要进行改造更新。柑橘树的树冠更新复壮方法主要有隔行隔株间伐、高接换种、回缩更新和露骨更新等。

（1）隔行隔株间伐　这种更新复壮方法主要针对建园时栽植密度比较大的树。在我国广东、广西和云南等光照比较好的产区实行密植栽培比较普遍，主要是为了提高柑橘的前期产量，让果园尽量提早投产，实现果园土地最大化利用，也充分发挥新品种的早期优势。密植栽培要求树矮而紧凑，密而透风，对修剪、病虫害防治和梢果的调控要求比较高，因此，这种栽培要求较高的栽培管理技术。

在生产上，对于密植园，不管管理怎么仔细周到，随着树龄的增加，树在结果的同时还要长高，总会出现树体高大郁闭。当然，如果栽培管理过程中技术跟不上，生产管理差，树冠郁闭封行的时间会大大提前。

如果郁闭的密植园品种优良，还具有市场前景，那么，对这类密植果园必须进行改造更新。其改造更新的基本出发点是降低柑橘园树的密度，让树冠能通风透光，方便管理，有利于病虫害的防控。改造方法主要是进行隔行或隔株间伐。

隔行或隔株间伐，顾名思义就是在整个果园中，隔一行或隔一株将树砍掉或移走，留下果园一半的树作为永久树继续生长。在间伐的同时，对永久树应进行适当修剪，以防株间或行间再次交叉郁闭，同时，对于因郁闭而形成的过弱的枝或枝组，应进行回缩修剪或适度短剪，以更新树冠结果枝组，复壮树冠。

隔行隔株间伐，虽然去掉了原果园一半的树，但由于改善了树冠的通风透光性，通过修剪树冠复壮快，管理方便，结果树少了，但单株结果的量大大提高了，单位面积内的产量不但不会下降，反而还会增加。

（2）高接换种　对于品种已不适宜市场的密植生产园，在树健康的情况下，不再保留原有品种，对树直接进行高接换种，这样不仅解决了树冠郁闭的问题，也通过高接换种，发展适于当地气候和市场的新的优质品种。

在高接换种时，也可以全园一次性进行高接换种，也可以隔行隔株分两年完成，这取决于现有品种的市场价值以及果园所有者的资金状况。

（3）回缩更新　种植密度比较小的大多数稀植果园和小部分种植密度稍大的柑橘园，因为管理不善，生长与结果不平衡，大小年结果现象突出。大年结果时树冠衰败，小年结果树时枝快速生长，导致树体衰弱或树冠枝梢向外移，树冠内膛枝梢因通风透光差而干枯，形成了枝梢内空外密的空膛树，产量和品质下降。对这类树，必须对树冠进行回缩修剪，更新树冠枝梢和结果枝组以恢复树势，重新形成丰产的树冠，实现丰产。

回缩更新以回缩为主，结合短剪同时进行。早、中熟品种一般在采果后至第二年萌芽前进行，最好在树体叶片营养向干和根回流后的10月中下旬开始，12月完成。晚熟品种的更新虽说除了在高、低温和阴雨天不进行外，其他时间都可以进行，但以在冬季相对休眠期至萌芽剪回缩和每次枝梢叶片老熟、下次芽开始萌发前进行为好。

更新时，要综合考虑果园的树冠的郁闭情况和对产量的影响。如果树冠郁闭程度不严重的老果园，可以采取隔行或隔株回缩更新，在两年内完成整个果园的树冠更新，这样对果园的产量没有影响，同时也更新了整个果园，实现了更新复壮和生产结果两不误，是老果园回缩更新最好的办法。如果郁闭程度很严重，而且空膛树多，产量低，果实品质不好，效益差的果园，最好进行全园回缩更新，在一年内恢复形成丰产树冠，第二年就可以取得好的产量，对于这种树的回缩，最好 10 月中下旬开始，12 月完成，以利于积累树体营养，第二年能更好地萌芽抽梢。

不论是采取哪一种回缩更新方法，在对树进行回缩更新前，都必须对整个果园更新方法做整个考虑，总体原则是尽量在保证产量的情况下采取有效的方法在短时间内进行回缩更新。

如果是隔株回缩更新，回缩开始前先观察整行树，尽量留下一行中树冠相对比较好，有可能会多结果的树。回缩时，要保留结果的树先不做修剪，先回缩与保留树交叉的枝，在满足保留树的树冠有比较好的通风透光条件下，再对需要更新的树进行回缩修剪。需要进行回缩修剪的树，必须考虑保留树冠的结构，把衰弱枝回缩到比较健壮的位置，同时对留下的枝和枝组进行合理短剪，以重新促发健壮的枝梢。

如果是隔行回缩更新和全园回缩更新，在回缩更新时，视树冠枝的结构分布，留好树冠骨架后，对树冠内凌乱的大枝先剪除，然后再将枝回到健壮位置，其回缩程度要根据树冠的枝的情况决定，但无论如何回缩，都要考虑回缩更新后最好一年内能重新形成丰产的树冠结构，最长也不超过 2 年形成丰产树冠。在考虑形成丰产树冠的同时，还要考虑枝的位置与数量，不要让留下的枝干抽出多、密、旺的枝，以防经过 1 ～ 2 年结果后又重新形成郁闭的树冠结构。

（4）露骨更新　有些衰弱老果园，树势太弱、树冠内膛太空、树冠外围枝梢少而太差，整株树主干和副主枝多而长，即使施大量肥树势也得不到改变，结果少，产量和品质都差，对这种树必须实行重度回缩，进行露骨更新恢复树势，重新形成丰产树冠。

所谓露骨更新，就是比一般回缩更新修剪程度重一些，重到可以见到树的大枝干、副主枝或主枝。树的大枝干、副主枝或主枝就是树的骨架（图 13-1）。

露骨更新只能在春季萌芽前锯掉衰退的大枝，保留树冠内的所有小枝留作辅养枝，并对保留的辅养分枝进行适当短截，促进萌芽，第二年恢复树势。

图13-1 脐橙树露骨更新

露骨更新时也必须考虑保留树冠的骨结构，以利于萌芽抽梢后快速形成三产树冠。至于露骨更新回缩到什么程度，枝干留多长，必须根据树体原有的树冠内的枝决定。如果树冠内膛都空而无枝，最好结合高接换种进行，既对树进行了更新，同时改换了优良品种，也没有影响树的生长和结果；如果品种本身就很好，那就直接将枝干保留30～50厘米进行回缩，让树重新萌芽抽枝形成树冠；如果树冠内膛还有部分健壮枝梢，直接将枝干回缩至健壮枝梢处即可，同时对留作辅养枝的枝梢做适当短剪。

四、毁园重建

有的老果园，由于引种苗木时就没有使用脱毒苗木，引定栽植的苗木自身就带有如溃疡病、裂皮病、黄龙病、衰退病、黄脉病等病菌，虽然在苗期和幼树期树生长健壮正常，但随着时间的推移、树的生长结果，树衰老极快，直至死亡。有的果园，虽然栽植的都是健康的脱毒苗木，但由于栽植地与病原果园距离太近，有的由昆虫将病菌传入果园感染，有的是由于管理不善，由农事活动的工具或劳动者带入病菌传染等。

柑橘上的病，不管是病毒病、细菌病害，还是真菌病害，一旦出现，对树会造成很大影响。有的病一旦发生，会导致树死亡，如黄龙病；有的病还具有很强的传播性，如溃疡病、黄脉病等，风、雨水和人等都会成为传播媒介，防不胜防。

因此，在生产上，对传播性强的病和致死性病引起的老果园，除产区都处在病区的果园外，其他果园最好毁园重建，在病区的果园，在尽量控制药物使用的情况下，控制病的发生和传播。

五、靠接换砧

有些果园由于建园时没有针对土壤的营养情况进行改土，在选择苗木时也没有根据土壤的酸碱性选择适合的砧木，导致苗木栽植后砧木对土壤的适应性差，叶片缺素症状严重，树势衰弱，生长产量低，果实品质差，对于这类型的树，最好的解决办法是靠接换砧。同时，对于树根系直接受损、主干受损导致根系受损的树，如果老果园还能挽救，也可以通过靠接换砧来替换原有砧木的根系，重新用新的适合的砧木将树的地上部分和地下部分更好地连接起来，以此增强树势，进行更新复壮，提高产量（图 13-2）。

图 13-2 脐橙靠接换砧

靠接前，针对造成地下部分直接烂根和地上主干部分受损的原因采取相应的技术措施，然后再进行靠接换砧。

靠接最好选择在春季地温升高、树液开始流动时至萌芽前进行，此时树体内营养积累较多，有利于嫁接成活，砧木苗的成活率也高。

靠接用的砧木根据靠接目的选择，一定要考虑砧木与品种的亲和性。砧木苗主干要直，用于嫁接的砧木苗干太粗不方便嫁接，干太细嫁接后的生长速度慢，干的输送量小，也起不到替换根的作用，一般要求用于嫁接的砧木苗干粗以 1.0 厘米左右为宜。

靠接砧木的数量由树的大小决定，一般 1 株树在不同方向靠接

2～3株砧木为宜。靠接时先找好嫁接点，然后挖好砧木栽植穴，再根据栽植穴和嫁接点的长度确定砧木干保留的长度。只要能达到目的，越过主干受损部位，砧木苗干保留的长度越短越好，因为短消耗的营养少，干离地的距离也越近，长粗也越快，替换作用也越快。

嫁接总的原则是先嫁接，后栽植砧木苗。主干用于靠接的嫁接点必须健康、平整，同时还要有利于嫁接操作；靠接时砧木不能弯曲，以直为好。靠接采用倒“T”字形嫁接，砧木苗切口呈马蹄形削面。嫁接时先将砧木与主干嫁接点包扎好，在保持砧木干笔直的情况下，将砧木苗栽植于事先挖好的栽植穴内，使根系均匀分布，压实，并灌足定根水。靠接成活后，要注意抹除砧木上的萌蘖和解除包扎的塑料薄膜，以促进砧木生长，防止塑料薄膜陷入嫁接口而形成缢痕。

第三节 老果园改造后的管理

柑橘树更新复壮后，还必须加强管理。这种管理包括地上部分管理和地下部分管理，也包括柑橘树的土、肥、水和整形修剪管理等。不管是柑橘地下的根还是地上的主干和树冠等原因形成的老果园，在更新改造后，都必须同时加强地上部分和地下部分的管理才能真正实现更新复壮。

一、地下部分管理

对更新后地下部分的管理，主要是开沟排水、中耕松土和科学施肥。

柑橘树不怕旱、不怕瘠，但怕涝。积水过多，土壤中气孔少，氧气缺乏，根便进行无氧呼吸，无氧呼吸会产生酒精，致使柑橘根中毒，所以开沟排水对柑橘的根尤为重要。柑橘的根在10～20厘米分布的，一般以细根为主，这层根会随温度的改变进行新陈代谢；20～40厘米处的根，是柑橘根系的主要分布处，是柑橘须根和侧根的主要分布处，不易受温度的影响；40～60厘米处还有一层根分布，这层根以大的侧根等骨干根为主；60～80厘米以下主要是主根，基本没有具有吸收功能的须根存在。开沟排水的深度必须在考虑根生长位置的同时，还要考虑水的渗透和根的安全。所以，一般要求沟的深度在 1 米以上。

根受损和树冠更新，都必须对根进行更新。更新根的最好方式是中耕松土，使土壤疏松透气，增加土壤的氧气，利于根的生长；切断受损根系，让根促生新的根系；有利于土壤中有益菌的活动，增强土壤肥力。中耕松土根据更新后树冠的大小，自树冠滴水线向外耕翻，最好在更新的同时进行，也可在每次枝梢老熟后根的生长高峰期进行，切忌在雨季和萌芽抽梢期进行耕翻。中耕深度一般在 20 ～ 30 厘米左右，但中耕时一定要将土上下翻动。

科学施肥有利于根系的生长，也有利于根系把吸收的营养供给地上部分进行生长结果。衰老树更新前，必须先根据树体营养状况分次给衰老树进行施肥补充营养，让树积累营养增强树势。更新改造后，在每次枝梢萌芽前至老熟时，都应该根据树体情况施 2 ～ 3 次速效氮肥，每次每株施肥量控制在 150 克以内，在 3 ～ 4 月撒施一次钾肥，每株 150 ～ 250 克，8 月后不再施速效氮肥，以免抽发晚秋梢而不能正常越冬，也避免晚秋梢分化出质量差的花芽，造成第二年花量大、结果少或结不起果。施肥除了地面进行外，还可以在萌芽抽梢期结合病虫防治喷 0.2% ～ 0.3% 尿素，在枝梢自剪后，结合病虫防治喷 0.3% 磷酸二氢钾 +0.2% 尿素，让枝梢既生长健壮，又能尽快让枝老熟，为提前抽下一次枝做准备。

二、地上部分管理

地上部分的管理主要包括病虫害防治、根外追肥和整形修剪等。

病虫害防治以预防潜叶蛾和炭疽病为主，其他如红黄蜘蛛、蚜虫、凤蝶、叶甲等发生时才防。

根外追肥和喷药防病治虫是同时进行的，主要是及时满足更新后树对氮、磷、钾的需求，一般在枝梢展叶后每 10 天左右喷 0.3% ～ 0.4% 磷酸二氢钾 +0.1% ～ 0.2% 尿素，或展叶后喷 0.5% ～ 1.0% 钾宝，剪后喷 0.5% 磷酸二氢钾，促进枝梢生长，加快枝梢老熟。

整形修剪是更新复壮的一项重要措施。枝萌芽抽梢后，春枝长 20 厘米左右时摘心，夏秋梢长 30 厘米左右时摘心，每个枝抽发的枝不能太多，一般保留 3 个左右为宜。抽枝过多时，采取去强留种疏弱的办法，如果中等枝都还比较旺，则必须进行摘心。树冠内的枝抽生后，如果枝太密，则要进行适当疏剪。

第十四章 自然灾害前后柑橘树管理

柑橘树上发生的自然灾害很多，本书主要介绍如何规避高温干旱和低温冻害对柑橘的影响及受害后的处理措施。

第一节　高温干旱前后柑橘树管理

柑橘性喜温暖但畏高温干旱。盛夏高温时期，温度高，蒸发强，水供给不足，柑橘树生长受阻。在柑橘果实膨大期，20 ～ 25℃果实生长发育最快，超过 35℃果实停止生长，气温在 39℃柑橘树开始萎蔫。

重庆、四川、江西等部分柑橘产区，夏秋季节的 6 ～ 9 月正值柑橘果实膨大期，树体对营养需求旺盛，此时值持续高温干旱天气，柑橘树及柑橘果实受高温影响，会不同程度地缺水萎蔫，造成柑橘树生长受阻，根系、果实、叶片生长发育缓慢乃至停止，部分防范不及时，修剪、疏果不到位的橘园果实出现严重日灼现象，局部出现全树萎蔫、提前落叶、果实失水难恢复，甚至枯枝死树。

一、高温干旱前柑橘树管理工作

做好在高温干旱来临前的柑橘管理工作提高抗旱能力，是柑橘树高温期抗旱的关键，其作用远远比高温期抗旱效果好，所以，高温来临前，必须做好柑橘树高温抗旱的相关工作。

① 备足高温抗旱水源。用于灌溉的水对高温抗旱起着非常重要的作用，所以，在高温干旱来临前，必须在果园内备足高温抗旱用的水源，以确保高温干旱时灌溉用水。

② 树势健壮，枝及果实集中在树冠内膛。在整个果园管理过程中，必须保持柑橘树生长健壮，树势中等偏上。同时，树冠一定要紧凑，内膛结果枝组多而通风透光，主要结果部位在树冠内膛，果实以内膛结果为主。

③ 尽量疏去枝梢顶果和树冠外围果实。柑橘果实是需水量大的器官，对水分的需求量大，尤其是在高温季节，也就是柑橘果实膨大期，所以，在高温干旱来临前，必须对柑橘树提前进行疏果，尤其是要疏掉柑橘树树冠顶部、树冠外围和枝梢顶部容易被太阳直接照晒的果实，减少整株树的挂果量，以减少高温期水分的蒸发而提高柑橘树抗旱的能力。

④ 控制嫩梢，确保高温来临前树上所有枝梢均老熟。必须确保高温来临前所有抽发的枝梢老熟以减少嫩枝蒸发散失水分而受旱。如果高温来临前抽发的嫩梢不能老熟，那么，在高温来临前必须将没有老熟的枝人工抹除，或提前用杀梢剂将其杀死。

⑤ 持续高温来临前，杀灭果园杂草，自然覆盖在地面。果园在高温来临前实行生草栽培。生草栽培能减少果园土壤水土流失，高温的时候能降低土壤温度，低温时能提高土壤温度。但持续处于高温时，因土壤水分蒸发量太大，土壤田间持水量大大降低，土壤干裂，田间如果有大量的生草，因生草生存也需要大量水分，所以，这时生草也会大大地加重土壤水分的蒸发，加重果园干旱的发生。因此，在特大高温干旱来临前，在土壤保水能力差、灌溉水源差的情况下，必须用除草剂将果园的杂草全部杀死，自然覆盖在地面以降低土壤温度，减少土壤水分的散失。

⑥ 有条件的可实行树盘培土、覆盖。果园地表覆盖、培土可明

显降低地表温度，减缓水分蒸发。在灌溉的基础上，有条件的果园可培土或在树盘覆盖秸秆、谷壳、杂草、防草布等增加土壤湿度，降低土壤温度，提高柑橘树抗旱能力。

⑦ 树冠喷石灰浆或滑石粉液。在高温干旱来临前，为了降低树冠叶片、果实和树干受旱程度，可以在树冠向阳面（叶面和果面等）喷布 2% ～ 4% 的石灰浆或滑石粉液，让树冠、果实、叶片、枝干等向阳面呈一片白色，增加反光能力，降低果、叶和树干表面温度，减少水分蒸发，降低受旱程度。

⑧ 增加树体营养、补充营养。在持续高温干旱来临前，树冠外围喷中微量元素肥和氨基酸肥 1 ～ 2 次，提高柑橘树抗高温干旱的能力。对于像明日见、甘平等容易裂的柑橘品种，在栽培管理过程中，施肥时应提前补充钙、钾等营养元素；树冠可喷磷酸二氢钾 + 胺鲜酯 + 糖醇钙 + 低剂量 2, 4- 滴增强树体抗逆能力。

⑨ 有条件的果园，可树冠覆盖遮阳网降温，减少水分蒸发，预防果实日灼。

二、高温期灌水肥抗旱

除了做好持续高温来临前的准备工作，在持续高温到来时，最有效地抵抗高温的方法就是灌水抗旱。灌水抗旱时，必须将水灌在树冠滴水线附近。为了提高灌水效率，灌水时，在树冠滴水线四周挖 4 ～ 8 个深 20 ～ 30 厘米的洞，将水灌在洞穴里，如在洞穴内填上一些稻草等保水，灌溉效果更好。同时千万记住：第一，高温灌水抗旱时，切忌直接灌清水抗旱，最好在水中加 0.5% 的海藻肥或腐殖质肥、平衡复合肥等，这样才能真正发挥灌水抗旱的作用，否则，长期灌清水淋溶，土壤中的矿物质流失太快，不利于保水保肥，不利于高温抗旱。第二，不要在果园内进行树冠喷雾抗旱，因为高温期如果实行喷雾抗旱，那么喷雾工作在高温期就不能停，一旦停下，在叶片和果实上聚集的水就很容易受热升温烧伤叶片及果实，形成叶片及果实等的气伤，加重受旱程度，而且，如果采用树冠外喷雾抗旱，由于持续高温，加上树冠外喷雾灌水，势必会形成高温高湿的果园气候环境，给柑橘急性炭疽病的发生创造条件，一旦发生急性炭疽病，会引起柑橘大量落叶甚至落果；第三，除地面进行了防草布、植物秸秆等覆盖以及有生草的柑橘园，可以进行直接灌溉外，其余地方不能直接进行地面灌溉。

三、高温干旱后柑橘树管理工作

在高温干旱后，应及时采取补救措施。

① 合理修剪。对在持续高温期受旱不严重的柑橘树，高温干旱期结束后，立即修剪掉受旱的干枯枝，摘掉被日灼的柑橘果实，至于萎蔫而没被日灼的柑橘果实，或日灼程度极轻的柑橘果实，可以暂时不摘，待树恢复后根据果实的具体情况再确定是否保留。对于受旱特别严重，存活枝梢较少的柑橘树，在高温干旱结束后，不要急于修剪枝梢，待降雨后发出新枝再根据情况确定修剪时间和修剪程度，但对已经严重日灼或干枯等无保留价值的柑橘果实，应全部摘掉。

② 树冠喷肥喷药。高温干旱后，树势受到高温影响变弱，也容易暴发柑橘炭疽病、树脂病等。高温结束后，树冠喷苯甲·嘧菌酯或甲基硫菌灵等+胺鲜酯+氨基酸钙+中微量元素肥等预防柑橘炭疽病、树脂病的发生，同时补充树体营养，让树尽快恢复。

③ 灌水施肥。为尽快恢复树的生长，将产量损失降低到最低，在高温干旱结束后，尽快给树灌水。为了减少裂果，灌水时一次不能灌水太多，需经 3 ～ 5 次将土慢慢灌透。待果园土壤 30 ～ 40 厘米土层都湿润后，尽快施一次速效肥，如水溶性较好的复合肥、尿素等，以及灌施 0.5% ～ 1.0% 的海藻肥、腐殖质肥等。

第二节　低温霜冻前后柑橘树管理

不同柑橘品种抵抗低温冻害的能力不一样。耐低温能力：金柑类>宽皮柑橘类>橙类>柚类>枸橼柠檬类，杂柑类多半位于宽皮柑橘类和橙类之间。一般情况下，柑橘果实在严重霜冻和 −2 ～ −1℃的低温下易结冰冻坏，失去经济价值。低温霜冻期，在保护好树的前提下尽可能地保护好柑橘果实不受低温霜冻。

一、低温霜冻前柑橘树管理工作

① 加强管理，增强树势。强健的树体，会大大提高抗御低温霜冻的能力，在低温来临前，加强柑橘树的肥水管理，树冠喷氨基酸钙+中微量元素等，培养出比较健壮的柑橘树，以健壮的树体迎接低温霜冻。

② 培养内膛充实的树冠结构，果实尽量挂在树冠内膛。研究表明，低温霜冻期，树冠外围和顶部的果实、枝最先受冻，受冻程度重一些；处于树冠内膛和下部的果实、枝受冻晚，受冻程度轻一些。同时研究也表明，树冠越紧凑，枝梢对树体的保护能力越强，树体内膛的枝、果实受冻的概率越小，尤其是抵御霜冻的能力大大增强。因此，在柑橘的栽培管理中，不论是抵御高温干旱，还是抵御低温霜冻，都应该培养紧凑的树冠结构，让果实尽量挂在树冠内膛。

③ 剪掉未成熟的枝梢。没有成熟的枝梢，很难经受低温霜冻。枝梢一旦遭受低温霜冻，就很容易感染炭疽病等，这会让柑橘树变得更弱。所以，在低温霜冻来临前，必须剪掉没有成熟的柑橘枝梢，这样不仅能增强柑橘树抵御低温霜冻的能力，还能减少柑橘病害的发生。

④ 果实套袋，树冠覆膜。比较大的果实，套袋不仅能减少病虫害发生，提高果实的商品性，而且对于预防霜冻也是非常好的办法。在低温霜冻频繁发生的柑橘产区，用塑料薄膜进行树冠覆盖，是抵御低温霜冻最直接的办法。但一般的果实套袋和树冠塑料薄膜覆盖，最多也就提高2～3℃，如果气温在−3℃以下，套袋和覆盖塑料薄膜对低温冻害没有多大作用。

⑤ 树干刷白。冬季用生石灰水刷树干。大树可以同时将部分主枝刷白，这样可以降低树干和主枝的温度变化幅度，降低冻害程度，同时也有利于防治病虫害。刷白高度以稍高于地面60厘米为宜。

⑥ 树盘覆盖。由于土壤的温度变化较慢，树盘覆盖在降温时可以有效地延缓温度的急剧下降，并保护树干、基部枝梢以及浅表根系不受冻害。当日平均气温降到13℃以下时开始树盘覆盖，厚度为15～20厘米，离主干10厘米左右。

⑦ 冻前灌透水一次。灌水使土壤蓄积较多热量，减小地温变幅，缓和或减少柑橘树生理失水，从而减轻冻害。灌水后如能实行

全园地面覆盖，则保水防冻作用更好。若不覆盖，在灌水后可对地表进行浅锄，以疏松表土，切断毛管，减弱和防止水分蒸发。灌水时间最迟应在冻前 10 天左右，灌水量应根据树体的大小来确定，以灌透为原则。

二、低温霜冻期喷水防冻

柑橘树面对低温霜冻时往往是自然抵抗的，虽然盖大棚加温可以通过设施栽培来解决，但成本太高，绝大多数柑橘产区一般栽培的柑橘品种都不可能实施。低温霜冻期进行熏烟是一种比较好的办法，但对于不确定何时到来的低温和霜冻，果园管理者无法随时应对，加之果园周围住家的反对、环保的督查，熏烟抵御低温霜冻实施难。在水源充足又有条件的柑橘园，抵御低温霜冻的最好方法还是在低温霜冻期不间断地连续喷水，让柑橘树枝、叶和果实上不积霜，不能结冰。但这种方法，需水量特别大，喷水要周到，一次低温霜冻没有结束绝对不能停止喷水，并且还要保证喷水的喷头不会因低温而结冰冻结。

三、低温霜冻后柑橘树管理工作

① 及时修剪。低温霜冻结束后及时对柑橘树进行修剪，以剪掉冻坏、冻伤的枝、果、干，避免病菌发生蔓延。轻度冻害剪除枯叶，中度冻害剪除枯枝，重度冻害剪枝截干，果实待冻害症状明显后视其受冻程度采取全剪和部分剪的方法。修剪后，如果伤口过大，应及时对伤口进行保护性处理，以免伤口感染病害。

② 及时喷药预防病害，同时结合喷药及时补充树体营养。低温霜冻一旦发生，尽快修剪后立即喷苯甲・嘧菌酯或甲基硫菌灵等药预防柑橘炭疽病、树脂病的发生，同时，结合喷药，加氨基酸或腐殖质、磷酸二氢钾、胺鲜酯、中微量元素肥等喷树冠，增强树体营养，促其尽快恢复树势。

③ 土壤施肥。柑橘树体遭受冻害后，会导致大量落叶，在施肥上要掌握早施、勤施、薄施原则，切忌施肥过重过浓以致伤根，以施速效氮肥为主。冻害 10 天后，在树冠滴水线附近每次每株施用尿素 0.1 ～ 0.2 千克，根据气候情况，施 2 ～ 3 次即可。

第十五章

柑橘病虫害防治

第一节　侵染性病害与防治

一、黄龙病

黄龙病是国内外植物检疫对象，国外在美国、巴西等主要生产国发生严重，国内在广东、广西、浙江、福建、云南、江西、贵州、湖南等柑橘产区有分布。黄龙病病原能侵染柑橘属、枳属和金柑属等各种柑橘类植物，也能为害九里香、黄皮和酒饼簕等。

1. 症状

典型病状是感病初期病树的“黄梢”和叶片的斑驳型黄化。开始发病时，首先在树冠顶部或外围出现几枝或部分小枝新梢叶片不转绿而呈黄梢，病叶变厚，有革质感，易脱落。随后，病梢的下段枝条和树冠的其他部位陆续发病。一般大树开始发病后经 1 ～ 2 年全株发病。病枝新梢短、叶小，形成枝叶稀疏、植株矮化等病态。果实变小、畸形、着色不均匀，福橘、温州蜜柑和椪柑等果实出现“红鼻果”。叶片的黄化有 3 种类型：斑驳型黄化、均匀黄化和缺素状黄化。均匀黄化叶多出现在夏、秋梢开始发病的初期病树上，叶片呈均匀的浅黄绿色，这种叶片因在枝上存留时间短，所以在田间较难看到。斑驳型黄化叶片开始从主、侧脉附近和叶片的基部和叶缘黄化，随后呈黄绿相间的不均匀斑块状，在春梢和夏、秋梢上，初期病树和中、晚期病树上都能找到。缺素黄化叶又称花叶，即叶脉及叶脉附近叶肉呈绿色，而脉间叶肉呈黄色。类似缺微量元素锌、锰、铁时的症状，出现在中、晚期病树上。一般从有均匀黄化叶或斑驳型黄化叶的枝条上抽发出来的新梢即呈缺素状。上述三种黄化叶片，以斑驳型黄化叶片最具特征性，且易找到，所以可作为田间诊断黄龙病树的依据（图 15-1 ～图 15-3）。

图 15-1　黄龙病病叶

上面左边第一张为健叶，其余为不同症状病叶

图 15-2　黄龙病黄梢状（苏华楠摄）

图 15-3　黄龙病果实症状

2. 病原

20 世纪 70 年代，通过试验证明黄龙病病原对四环素族抗生素敏感，认为黄龙病病原是类菌原体。1979 年，通过电镜观察，看到了病叶叶脉韧皮部组织中的病原，大小为 150 ～ 650 纳米，具有 20 纳米的界限膜，认为应列为类细菌。病原至今尚未能在人工培养基上分离获得纯培养。电镜下病原多为椭圆形或短杆状，大小为（30 ～ 600）纳米 ×（500 ～ 1400）纳米，细胞壁厚度为 25 ～ 30 纳米，具两层外膜。病原菌为革兰氏阴性菌，对四环素类及青霉素敏感。病菌被分为了亚洲型、非洲型和美洲型三种，我国主要是亚洲型黄龙病病菌。

3. 发病规律

病原是一种还未能人工分离培养的革兰氏阴性菌。病原可通过嫁接传病。用病树接穗繁殖苗木，以及病接穗和病苗的调运是该病远距离传播的主要途径。在田间，黄龙病的传播媒介为柑橘木虱（*Diaphorina citri* Kuwayama），木虱成虫和高龄若虫（4 ～ 5 龄）都可传病，病原体在木虱成虫体内的循回期长短不一，短的为 3 天或少于 3 天，长的为 26 ～ 27 天。高龄若虫或成虫一旦获得病原体后，终生传病。目前栽培的柑橘品种都能感染柑橘黄龙病。蕉柑、椪柑及茶枝柑感病后衰退最快，甜橙和柚次之，温州蜜柑则最慢。

4. 防治方法

① 对调运的柑橘苗木及接穗进行严格检疫，禁止从病区引进苗木及接穗。

② 建立无病苗圃培育无病苗木：通过茎尖嫁接和指示植物鉴定选择无病接穗嫁接。

③ 隔离种植。新果园要与老果园尽量隔离，以减少自然传播。

④ 严格防除传病昆虫柑橘木虱。目前防除柑橘木虱主要依靠喷布杀虫剂。可选用 10% 吡虫啉可湿性粉剂 1000 倍液、4.5% 高效氯氰菊酯 1000 ～ 2000 倍液、1.8% 阿维菌素 2000 倍液、90% 敌百虫晶体或 80% 敌敌畏乳油或 48% 毒死蜱乳油 1000 倍进行喷雾防治，10 天后再喷 1 次。冬季清园时选用上述杀虫剂喷雾 1 ～ 2 次。以上药剂

注意交替使用。注意连同柑橘园附近黄皮树、九里香等木虱寄主植物一起喷药。

⑤ 及时挖除病树，减少传染源。在挖除病树前，先用敌百虫、敌敌畏、毒死蜱、吡虫啉等药剂防除柑橘木虱，以免柑橘木虱迁移传播病害。

二、柑橘溃疡病

柑橘溃疡病是世界上的一种重要柑橘细菌病害，被世界多个国家列为植物检疫性有害生物。此病长期流行于中国的华南、华中等地，并在西南的云贵川渝等地也有不同程度的发生。

1. 症状

主要为害叶片、枝梢和果实。症状的严重程度取决于栽培品种的感病性和发育时期。自然条件下，老熟叶片和成熟的果实对该病有较强的抗性。叶片发病初期在叶背出现黄色或黄绿色针头大小的油浸状斑点，继而在叶片表面逐渐隆起，成为近圆形、米黄色病斑。随后病部表皮破裂，表面木栓化，中央凹陷呈火山口状开裂，病健交界处多有黄色晕圈。病斑直径一般为 3 ～ 7mm，有时几个病斑连成一片。枝梢以夏梢受害最重，与叶部症状相似，但突起明显，周围无黄晕。在干燥条件下，病斑呈海绵状或木栓化，隆起且表面开裂；在潮湿条件下，病斑快速扩散，不开裂，边缘油渍状。严重时引起落叶、枯梢。果实上病斑与叶部病斑相似，限于果皮，木栓化程度和火山口开裂更为显著，严重时引起早期落果（图 15-4、图 15-5）。

2. 病原

为地毯草黄单胞杆菌柑橘致病变种（*Xanthomonas citri* subsp. *citri*）。隶属于细菌域变形菌门 γ 变形菌纲黄单胞菌目黄单胞菌科黄单胞菌属。柑橘溃疡病病菌为直杆状革兰氏阴性细菌，具极生单鞭毛，有荚膜，无芽孢，专性好氧，大小为（1.5 ～ 2.0）微米 ×（0.5 ～ 0.75）微米。在牛肉膏蛋白胨培养基上，菌落圆形，蜡黄色，有光泽，全缘，微隆起，黏稠。病菌生长的最适温度为

20～30℃，低于5℃或高于40℃不能生长，酸度适应范围为pH 6.1～8.8。根据病原菌的地理分布和致病性的差异将其分为了A、B、C、D、E 5个菌系。A菌系起源于亚洲，侵袭力最强，几乎可以为害所有的柑橘品种。中国主要为A菌系。

图15-4 病果

图15-5 病叶

3. 发病规律

甜橙、葡萄柚最感病，酸橙、柚、枳等次之。越冬枝叶上的病斑是主要的初侵染源，由于病菌有潜伏侵染现象，未显症的寄主组织也是重要的越冬场所。春季病部溢出菌脓，借风雨、昆虫和枝叶接触，经自然孔口和伤口侵入柑橘的幼嫩组织。抽梢期是发病高峰期。高温、高湿，尤其是植株表面有水膜时利于该病流行。带菌种子、接穗、苗木和果实是溃疡病传播的重要媒介。病菌还可随病残体在土中长期存活。

4. 防治方法

合理选用抗病品种；使用无病苗木和接穗；做好冬季清园、及时清理病枝以减少菌源；合理施肥，增强树势，提高植株抗病力；适当摘除夏梢，使秋梢出梢整齐；防治潜叶蛾、恶性叶虫和凤蝶等害虫；嫩梢期时规范使用噻霉酮、噻森酮、农用抗生素和铜制剂等进行防控。

三、柑橘衰退病

柑橘衰退病是一种重要的柑橘病毒病，广泛分布于包括中国在内的世界各主要柑橘产区。

1. 症状

柑橘衰退病主要包括三种类型：

① 速衰型衰退病。能够产生类似病毒诱导的接穗下方韧皮部细胞的坏死，使得淀粉等营养物质无法运输到根部，从而引起以酸橙作砧木的甜橙、宽皮柑橘和葡萄柚植株的快速死亡。根据发病的状况分为速衰型和一般衰退型。前者在美国加州常发生在树龄不足6年的幼树上，表现为植株突然凋萎，叶片干枯并逐渐脱落，果实不脱落而干缩，有时能局部恢复。后者常发生在大树，新梢停止生长，结果多，果形小，植株逐渐衰退，在不良环境下可以迅速凋萎。速衰型衰退病是以前柑橘衰退病发生的主要形式，目前在美国、塞浦路斯、中美洲等地仍有该病发生的报道。中国因少使用或不使用酸橙、香橼砧木，速衰型衰退病发生极少。

② 茎陷点型衰退病。该病害与使用的砧木品种无关，主要发生于莱檬、葡萄柚、橘橙、香橙、大部分柚类（琯溪蜜柚、凤凰柚等）和某些敏感的甜橙（锦橙、纽荷尔脐橙等）品种。病株木质部表面出现菱形、黄褐色大小不等的陷点，导致枝条易折断、植株矮化、树势减弱、果实变小、品质降低。其某些强毒株已对我国某些柚、甜橙生产构成障碍（图15-6）。

③ 苗黄型衰退病。主要发生在酸橙、尤力克柠檬、葡萄柚或柚的幼龄实生苗。酸橙和尤力克柠檬表现新叶黄化，新梢短，植株矮化。葡萄柚表现新叶缺锰状黄化，呈匙形，新梢短，植株矮化。苗黄型症状不是田间症状，只有在温室条件下才会被观察到。

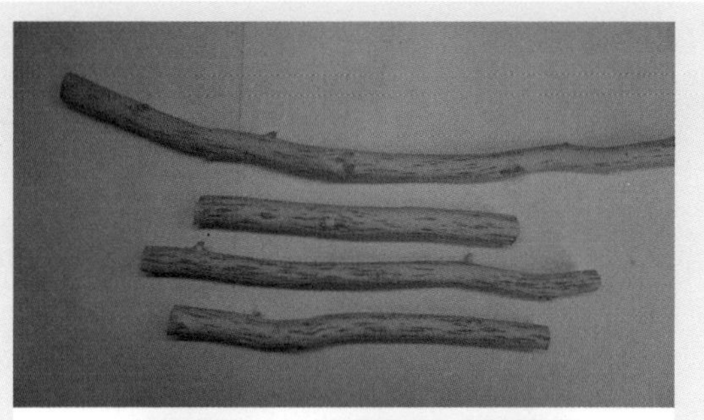

图 15-6 柑橘枝条茎陷点

2. 病原

柑橘衰退病毒（citrus tristeza virus，CTV）属长线形病毒属（*Closterovirus*）。病毒颗粒细长弯曲，基因组是由 19296 个核苷酸构成的正义单链 RNA 链，包装于 2000 纳米 ×11 纳米的螺旋对称的线形病毒粒体中，螺距约 315 ～ 317 纳米，每圈螺旋由 815 ～ 1010 个外壳蛋白亚基构成，是目前已知植物病毒中基因组最大的病毒。CTV 的基因组含有 12 个开放阅读框（ORFs），至少能够编码 19 种分子质量为 6 ～ 401 千道尔顿的蛋白质。在 CTV 编码的蛋白产物中包含有两种衣壳蛋白：一种是由 ORF7 编码的 p25 蛋白，约占总衣壳蛋白的

95%，包裹着病毒的大部分区域；另一种是由ORF6编码的p27蛋白，仅能包装病毒的一个末端，约占总衣壳蛋白总量的5%。

3. 发病规律

CTV能够为害大多数柑橘属植物和一些柑橘属近缘植物如西非木橘（*Aeglopsis chevalier*），目前唯一已知的非芸香科寄主是藤本植物西番莲属（*Passiflora*）的某些种。不同的柑橘类型，对CTV的敏感程度各不相同，其中枳，枳与甜橙、柚类和葡萄柚的杂种，金柑和粗柠檬对CTV具有很高的抗性。宽皮柑橘和大多数柠檬比较耐病；脐橙、伊予柑、夏橙、三宝柑和伏令夏橙等品种对衰退病比较敏感；而柚、葡萄柚、部分杂柑（如香橙、八朔柑）、某些甜橙（如佩拉甜橙）和某些酸来檬（墨西哥莱檬）则对衰退病高度敏感。柑橘衰退病主要通过带毒的接穗苗木，以及褐色橘蚜（*Toxoptera citricida*）、棉蚜（*Aphis gossypii*）、绣线菊蚜（*Aphis spiraecola*）、橘二叉蚜（*Aphis aurantii*）等多种蚜虫传播。此外，CTV还可以通过两种菟丝子（*Cuscuta subinclusa*，*Cuscuta americana*）进行传播。

4. 防治方法

田间单一运用无病毒苗木无法有效防治柑橘衰退病，因为蚜虫的发生世代多，且传毒率高，从防虫的角度考虑防病是不现实的。目前，防治柑橘衰退病的主要途径有：①通过建立和加强检疫与苗木登记注册制度防止外来CTV强毒株的入侵；②在以酸橙为主要砧木、发病率极低，且没有褐色橘蚜分布的地区，采取将病株及时铲除的策略；③采用枳、枳橙等抗病或耐病品种代替酸橙作砧木防治速衰型柑橘衰退病；④在衰退病强毒株流行的地区，对CTV敏感的栽培品种，唯一的防治方法是运用交叉保护，即先通过热处理-茎尖嫁接脱除CTV，然后在栽入田间之前预先接种有保护作用的弱毒株加以保护。目前巴西的主栽甜橙佩拉甜橙，美国、澳大利亚和南非的葡萄柚，日本的八朔柑等都是通过交叉保护技术来维持其生产的。

四、柑橘黄脉病

柑橘黄脉病是一种新型柑橘病毒病，1988年首次发现于巴基斯坦，主要危害柠檬和酸橙。随后在印度、土耳其和伊朗被发现。近年来在美国加州也发现了该病。我国2009年首次在云南发现柑橘黄脉病，目前该病在中国各柑橘产区均有分布，对我国柠檬产业冲击较大，重病果园减产50%以上，甚至绝收（图15-7）。

图15-7 柠檬症状

1. 症状

柑橘黄脉病在所有柑橘类型上均有发生，但症状差异显著，柠檬、酸橙、早熟温州蜜柑等敏感类型发病后，叶脉黄化、脉明，叶片反卷、皱缩，严重时叶片脱落，树势衰弱、产量下降（图15-7）。叶片老熟后黄化症状消退并转绿，但对光看黄脉依然明显，春梢、秋梢症状明显，夏梢症状会减弱甚至消失，其他柑橘类型多可成为潜症带毒寄主。目前尚未发现对柑橘黄脉病具有抗病或耐病能力的柠檬品种。此外，葡萄柚、琯溪蜜柚、部分甜橙（如铜水 72-1）、宽皮柑橘（如早熟温州蜜柑、砂糖橘）和杂柑（如德威特橘橙、爱媛 28、明日见）等品种感病后，其春梢嫩叶也会表现出脉明症状，但枝梢老熟后症状消失。

2. 病原

柑橘黄脉病毒（*Citrus yellow vein clearing virus*，CYVCV）为柑橘病毒属（*Mandarivirus*）成员，病毒粒子呈纤丝状，大小约为 650 纳米 ×（13 ～ 14）纳米。CYVCV 基因组由 7529 个核苷酸组成，包含 6 个开放阅读框（ORF）、3′非编码区（UTR）和 5′端非编码区（UTR）以及 Poly（A）尾巴。其 ORF 均以 ATG 作为起始密码子，以 TAA（ORF 1、ORF 4、ORF 5）或 TGA（ORF 2、ORF 3、ORF 6）作为终止密码子。

3. 发病规律

CYVCV 能够侵染芸香科大多数柑橘属及其杂种，还可以侵染辣椒、豇豆、菜豆、藜麦、龙葵、锦葵、田野毛茛等草本植物。近年来，在葡萄上也检测到了病毒。除可通过嫁接和带病苗木、接穗传播外，柑橘黄脉病还可以通过柑橘粉虱（*Dialeurodes citri*）、绣线菊蚜（*Aphis spiraecola*）和被污染的工具传播；近来有报道，还可通过棉蚜（*Aphis gossypii*）和黑豆蚜（*Aphis craccivora*）在柑橘间进行传播。此外，提纯的病毒粒子经摩擦接种也可以感染柑橘。

4. 防控方法

① 使用无病毒苗木；

② 加强防治媒介昆虫；

③ 用肥皂水或含 1% 有效氯的新鲜次氯酸钠对嫁接工具和采果刀具进行消毒；

④ 及时铲除田间零星出现的柠檬病株；

⑤ 对于已大面积发病的柠檬果园，采取控春梢、保夏梢的方式，同时加强水肥管理，减少损失；

⑥ 考虑用北京柠檬、甜橙或杂柑等抗耐病品种替换柠檬。

五、柑橘碎叶病

柑橘碎叶病是一种重要的柑橘病害，自1962年首次在美国加州的北京柠檬上被发现以来，在中国、日本、南非、澳大利亚多个柑橘主产国均有发生，其中以澳大利亚、日本等采用枳及其杂种为主要砧木的柑橘生产国受害最为严重。20世纪80～90年代，我国浙江、广西、广东等地历史比较悠久的地方品种（如湖南冰糖橙），以及引进的宫川温州蜜柑普遍感染有柑橘碎叶病。随着2000年无病毒苗木逐渐普及，柑橘碎叶病的为害明显减轻。

1. 症状

枳或枳橙砧木受害后，嫁接接合处环缢，接口以上的接穗部肿大，并出现类似环状剥皮引起的黄化和植株矮化，剥去接合处皮层，可见接穗与砧木的木质部间有一圈褐色的缢缩线，导致树体生长衰弱和产量降低，严重时整树枯死。受强风等外力影响，病树砧穗接合处易断裂，裂面光滑。柑橘碎叶病还会造成金橙柚叶片斑驳黄化，其他柑橘类型多可成为潜症带毒寄主。

2. 病原

柑橘碎叶病毒（*Citrus tatter leaf virus*，CTLV）粒子呈纤丝状，因粒子形态等理化特性上与苹果茎沟病毒（*Apple stem grooving virus*，ASGV）相似，能够与ASGV抗血清呈阳性反应，且与ASGV的基因组大小相近，组织结构相同，序列也具有很高的相似性，因此被认为是ASGV的一个株系。CTLV大小约为（600～700）纳米×15纳米，该病毒不稳定，钝化温度为40～50℃，稀释终点为1/300～1/100，体外存活期为2～4小时。CTLV的基因组为正义单链分子，基因组全长约6496核苷酸，5′端具有帽子结构，3′端具有poly（A）尾巴，包含两个重叠的开放阅读框，其基因组约6500个碱基，含2个开放阅读框。

3. 发病规律

CTLV寄主范围广泛。除柑橘外，还可侵染苹果、梨等果树，以及豆科、茄科、藜科、蔷薇科等多种草本植物。CTLV 主要通过嫁接和机械方式传播，CTLV 可通过百合、昆诺藜、豇豆种子传播，但其在柑橘中进行种子传播的能力很弱。尚未发现存在自然媒介昆虫。

4. 防治方法

① 培育、使用无病毒苗木是防治该病最有效的方法；

② 在病树上靠接枸头橙、酸橘和红橘等抗、耐病砧木对恢复树势有一定效果，但靠接后的树不能用于采集接穗作繁殖材料；

③ 用肥皂水或含 1% 有效氯的新鲜次氯酸钠对嫁接与采果刀具进行消毒。

六、柑橘裂皮病

柑橘裂皮病是一种世界范围的重要柑橘病害。我国早期从国外引进的罗伯生脐橙和尤力克柠檬品种以及华南甜橙品种的部分或全部植株感染了柑橘裂皮病，由于早期多使用耐病砧木，故呈隐症带毒状。随着枳砧的大量应用，柑橘裂皮病为害明显加剧。近年来新发展苗木要求接穗来源于经热处理 - 茎尖嫁接脱毒的母树，目前柑橘裂皮病为害明显减轻。

1. 症状

以枳、枳橙和兰普莱檬等为砧木的植株在定植 2 ～ 8 年后开始发病，病树的砧木部分树皮纵向开裂，呈鳞片状剥落，导致新梢少而弱，叶片变小，有的叶片叶脉及叶脉附近呈绿色而叶肉变黄，类似缺锌，树势衰弱、植株明显矮化。一般病树开花较多，但落花、落果严重，产量显著降低。其他柑橘类型可成为潜症带毒寄主。

2. 病原

柑橘裂皮类病毒（*Citrus exocortis viroid*，CEVd）属于马铃薯纺锤块茎类病毒属（*Pospiviroid*），大小为 370 ～ 375 核苷酸，具有棍棒状二级结构，热钝化温度高，110℃下保持 10 ～ 15 分钟，仍不丧失侵染力，热致死点为 140℃。CEVd 具有左手末端区（TL）、致病区（P）、中央保守区（C）、可变区（V）和右手末端区（TR）5 个功能区。

3. 发病规律

主要通过带病苗木接穗和汁液摩擦接种传播。

4. 防治方法

同柑橘碎叶病。

七、炭疽病

柑橘炭疽病在我国各柑橘产区普遍发生，在陕西、湖南、四川等省的部分地区曾经造成过较大的经济损失。被害后严重可引起落叶、枝枯、落果、果实干疤和腐烂，甚至死树。

1. 症状

此病可为害柑橘树的地上部各个部位，叶片、枝梢、花和果实均会受害（图 15-8 ～图 15-10）。

图 15-8 叶片症状

图 15-9 炭疽病为害造成落果

（1）叶片　叶片上可分叶斑型（慢性型）和叶枯型（急性型）两种。

① 叶斑型大多在叶片边缘或近边缘处发生，病斑呈半圆形或近圆形，稍下陷，中间呈灰白色，边缘褐色至深褐色，病健交界明显。湿度高时病斑上生出许多红色小点，干燥时为黑色小点，呈同心轮状

排列，即分生孢子盘。叶枯型多在叶尖处发生，初期病斑暗绿色如开水烫伤，后迅速扩大变为黄褐色，病斑边缘似波纹状，病部组织枯死后多呈“V”字形，上生许多红色小点，病情扩展迅速，常造成大量落叶甚至死树。

图 15-10　枝梢症状

② 叶枯型发生在枝梢中部，病斑初为淡褐色，后扩大为长梭形，易形成环割，导致病梢枯死。2 年生以上的枝条，病斑的皮色较深，病部不易观察清楚，剥开皮层可见皮部枯死。

（2）枝梢　枝梢症状在小枝上有两种。一种在晚秋梢上发生，病梢呈灰白色枯死，上有许多黑色小点；另一种发生在雨后高温期间，从枝梢中部向下，先从叶柄基部腋芽处开始，病斑淡褐色、椭圆形，后扩大为长梭形，稍下陷，当病斑环割枝梢时，病梢随即枯死，枯死的枝梢呈灰白色，其上生许多黑色小点。条件适宜时，嫩梢也可发病，先从顶端出现开水烫伤症状，病部迅速凋萎发黑，其上生出许多小红点。

（3）果实　果实症状在果梗、幼果和大果上表现不同。果梗受害后，初期褪绿呈淡黄色，随后变褐干枯，其上生果实随即脱落。幼果受害后，初为暗绿色油渍状不规则病斑，后扩大至全果，病斑凹陷，变为黑色，成僵果挂在树上。大果症状有干疤型、泪痕型和腐烂型 3 种：干疤型多在果赤道面，圆形或近圆形，黄褐色至深褐色，微下陷，呈革质状；泪痕型则在果皮表面有一条如泪痕状的病斑，由许多红褐色小凸点组成；腐烂型多在采收后储运期间发生，一般从果蒂开始，初为褐色水渍状，后变褐色而腐烂。

2. 病原

病原菌为真菌，为胶孢炭疽菌，属半知菌亚门的有刺炭疽孢属，学名为*Colletotrichum gloeosporioides*，病部黑色小点是病原菌的分生孢子盘，红色点是从分生孢子盘涌出的分生孢子团块。

3. 发病规律

本病属潜伏侵染性病害，在柑橘整个生长季节中均可发生。一般春季发生少，夏、秋梢发生较多，正常气候条件下，中上管理水平的果园中发病较少，但植株各部位如叶、枝、花、果外表的带菌率很高。分生孢子的寿命很短，很容易萌发，但它不能直接侵入健全的组织。当植株遭遇不良因素如病虫害、冻害、日灼、施肥不当等导致树体衰弱时，附着胞开始萌发，侵入表皮细胞，扩展蔓延，从而发病。病斑上再产生分生孢子，借风、雨和昆虫扩散传播。其分生孢子萌发和附着胞形成需要高湿。

4. 防治方法

由于本病病原为弱寄生菌，因此增强树势是防治本病的关键。①加强栽培管理及其他病虫害防治，增强树势。及时施肥，适时修剪，做好防冻、排灌工作，避免日灼及机械损伤。②搞好果园卫生，减少菌源。剪除病虫枝及枯枝，挖除枯死树，集中处理，以防继发传播，冬季清园后，喷一次0.8～1波美度石硫合剂，以减少越冬病菌的基数。③嫩梢抽发期间，发病初期对嫩梢、嫩叶进行施药，可用80%代森锰锌可湿性粉剂400～600倍、450克/升咪鲜胺水乳剂1000～2000倍、500克/升甲基硫菌灵悬浮剂1000～1500倍或250克/升嘧菌酯悬浮剂800～1200倍，间隔10天左右1次，连续用药2～3次。

八、疮痂病

疮痂病又名“癞头疤”，各柑橘产区均有发生，是柑橘上重要的病害之一。温带地区的宽皮柑橘发生较重，主要为害果实，叶片和新梢也可受害，常引起幼果大量脱落，不落的果实小、畸形，品质不佳。

1. 症状

幼嫩的组织和器官易受害，幼果、新梢、新叶易发病。

春梢叶片受害后，初期叶片出现油浸状小点，随后病斑逐渐扩大，病斑呈蜡黄色，隆起，后期病斑木栓化，表面粗糙。病斑直径约 0.3 ～ 2 毫米，多发生在叶背，叶正面凹陷，向背面突起圆锥状，但不穿透两面，病斑多时，叶片扭曲畸形（图 15-11）。

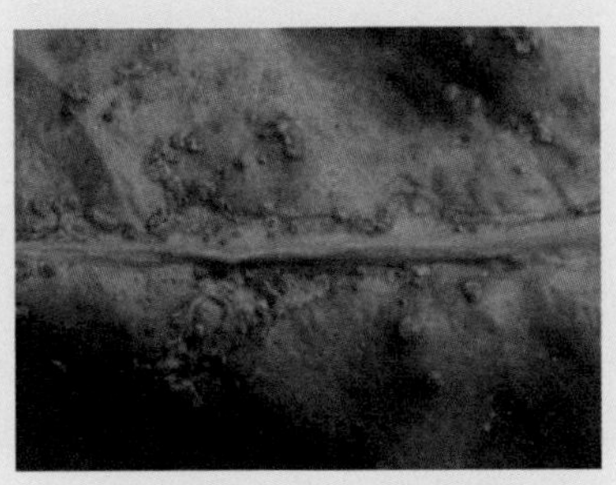

图 15-11 疮痂病病叶

枝梢症状与叶片上相似，但病斑周围组织突起不如叶片明显，枝梢变短、扭曲（图 15-12）。

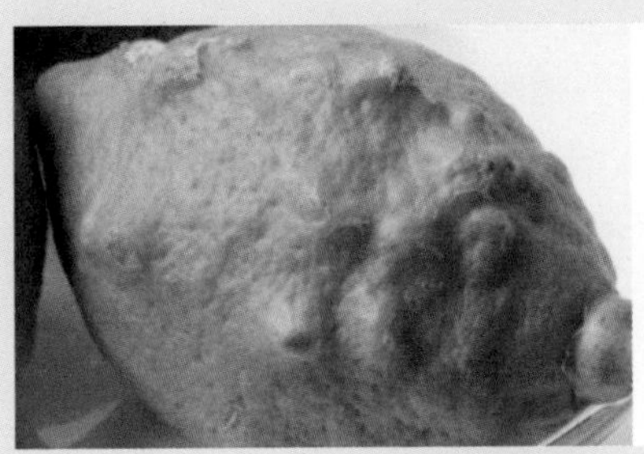

图 15-12 疮痂病病果

花瓣受害很快凋落，花瓣落后不久幼果即可发病，初为褐色小斑，后扩大为圆锥形、木栓化瘤状突起。受害果实小而畸形、易早落。

2. 病原

病原菌为真菌，属半知菌亚门痂圆孢属的柑橘痂圆孢菌，学名为 *Sphaceloma fawcetti*，有性阶段属于子囊菌亚门，学名为 *Elsinoe fawcetti*。病斑上灰色霉状物即为分生孢子梗，密集排列，圆柱形。

3. 发病规律

病菌以菌丝体在病组织内越冬，在春季多雨、气温达 15℃以上时，越冬病菌产生分生孢子，借风雨传播，侵入新梢嫩叶和幼果。发病的适宜温度为 20 ～ 21℃，当温度在 24℃以上时病害很少发生，故此病在温带地区发生，愈南则愈轻。柑橘不同种类和品种间的抗病性差异很大。一般橘类、柠檬最易感病，柑类、柚类、酸橙和柠檬次之，甜橙类、金柑类和枳抗病性很强。柑橘组织的老嫩亦与抗病性有密切关系，该病原菌只侵染感病品种的幼嫩组织，嫩叶尚未展开前最易感病，谢花后不久的幼果期也最易感病，但当叶片、幼果老熟时，则不再感病。

春季多雨的地区，春梢受害最重，初夏多雨则夏梢病重，果实通常在 5 月下旬至 6 月上、中旬发病严重。

4. 防治方法

① 由于本病以春梢发病为主，夏秋梢发病较轻，因此，可在春季喷药，在春梢芽长 1 ～ 2 mm 时开始进行施药，保护春梢；在谢花 2/3 时施第二次药保护幼果。可用 80% 代森锰锌可湿性粉剂 400 ～ 600 倍、70% 甲基硫菌灵可湿性粉剂 800 ～ 1200 倍、10% 苯醚甲环唑水分散粒剂 1000 ～ 2000 倍、70% 代森联水分散粒剂 500 ～ 700 倍等防治。

② 剪除病梢病叶，适当修剪，减少病原，使果园通风透光，同时加强栽培管理，增强树势。

九、树脂病

柑橘树脂病在国内各柑橘产区均有分布，冬季温度较低，受冻害地区发生严重。因发病部位不同而有不同名称，发生在枝干上称树脂病，发生在叶片和生长期未成熟果（青果）上称砂皮病，发生在成熟果实上称褐色蒂腐病。枝干受害后，可引起皮层腐烂、枝条枯死、树势衰弱，若不及时治疗，甚至引起全株枯死；生长期果实受害后，果实变劣，严重影响果实的商品价值；成熟期受害后，导致贮运期间果实大量腐烂。

1. 症状

在不同部位发生，出现不同症状。

叶片受害后，表面散生黑褐色硬质、突起小粒点，后期逐渐密集成片，手摸感觉粗糙，似砂纸，故称砂皮病。青果受害后症状与叶片相似，呈砂纸状。新抽嫩枝上症状也与叶片相似，出现砂纸状小粒点（图 15-13）。

树干症状可分为流胶和干枯两种类型。流胶型主要在温州蜜柑、甜橙等品种上发生，初期病斑呈暗褐色油浸状，病部皮层变软，伴有臭气，并流出半透明黄褐色树胶。当天气干燥时，病部逐渐干枯下陷，皮层开裂剥落，木质部裸露。干枯型主要在甜橙、早橘、本地早、南丰蜜橘和朱红等品种上发生。病部皮层红褐色，干枯，稍下陷，微有裂缝，但不立即脱落，无明显流胶现象。两种类型的木质部都变成浅灰褐色，并在病、健部交界处有一条黄褐色或黑褐色的痕带。病斑表面或表皮下密生许多黑色小粒点（图 15-14）。

图 15-13 树脂病病叶

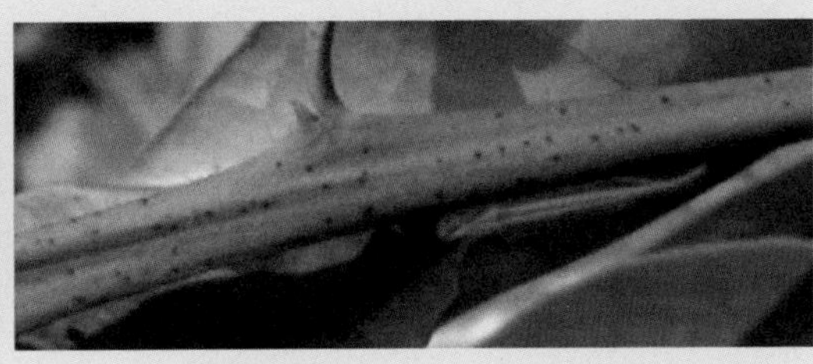

图 15-14 树脂病枝干症状

成熟果实受害是在贮藏条件下先从蒂部开始发病，出现水渍状圆形褐色病斑，革质，有韧性，随后病斑扩大，边缘呈波纹状，菌丝在果实中心柱迅速蔓延，果心腐烂比果皮快，当外部果皮 1/3 ～ 2/3 腐烂时，果心已全部腐烂，故又称穿心烂（图 15-15）。

图 15-15 树脂病果实症状

2. 病原

病原为真菌，属子囊菌亚门柑橘间座壳菌，学名为 *Diaporthe citri*，无性世代为柑橘拟茎点霉 *Phomopsis citri*，属半知菌亚门。分生孢子器黑色，分生孢子卵圆形或纺锤形，还有钩状分生孢子。

3. 发病规律

病原菌于枯枝、病死树皮组织中越冬。气温在 20℃左右、雨水充足时，开始生长繁殖，因此春季、秋季适于发病。随风雨、昆虫和鸟类传播。分生孢子的传播和侵染，湿度是关键因素，所以 4 ～ 6 月雨量多时，发病严重。病菌寄生性不强，在生长衰弱、有伤口、冻害时才入侵为害。冬季温度较低的地区，低温冻害导致植株受寒潮冻伤，为病菌侵入提供有利条件，次年只要温湿度合适，该病就易流行为害。栽培管理不良的果园，树势衰弱，或存在机械伤、虫伤、灼伤和冻伤等，或涝害导致果园积水，或天牛、吉丁虫等害虫发生多，加上连续阴雨，均易引起本病发生。

一般以甜橙类、金柑类和温州蜜柑等发病较严重。砂皮病一般只为害嫩叶和幼果，而褐色蒂腐病可发生在果蒂形成离层的时候，果实在生长旺盛时侵入的病原菌受抑制呈潜伏状态，不表现症状，贮藏后期发病较多。

4. 防治方法

以栽培防治为主，药剂防治为辅。①枝干发病时，清理坏死腐烂组织，用刀片在病斑处先浅刮，再纵刻划切口，然后用高浓度（50 ～ 100 倍）氟硅唑或克菌丹等药剂稀释液涂抹切口，间隔 7 天 1 次，连续用药 2 ～ 3 次。②春芽萌发期和谢花期进行施药。每隔 10 ～ 15d 一次，根据发病情况共用药 2 ～ 3 次。用 80% 克菌丹水分散粒剂 600 ～ 800 倍、80% 代森锰锌可湿性粉剂 400 ～ 600 倍、25% 吡唑醚菌酯悬浮剂 1000 ～ 1500 倍、40% 喹啉铜悬浮剂 1000 ～ 1500 倍、50% 氟啶胺水分散粒剂 1000 ～ 2000 倍防治。③做好防寒工作，如培土、树干束草、地面铺草等措施。加强管理，增强树势，提高植株的抗病能力。将树干用石灰水（比例为石灰∶食盐∶水 =10∶1∶50）刷白或涂保护剂防止冬季冻伤。

十、流胶病

流胶病分布较普遍，在柠檬上常见，甜橙园也时有发生。主要危害主干和主枝。

1. 症状

一般在距离地面 30 厘米以上的主干上发生。病害初发时呈油浸状褐色小点，中间的裂缝会流出胶状物，后病斑扩大，有酒糟味，流胶增多，树皮腐烂。严重时叶片黄化、脱落，整个树势衰退，有的甚至使植株枯死（图 15-16、图 15-17）。

2. 病原

病因比较复杂，主要由菌核病菌、树脂病菌、疫病菌和灰霉病菌等病原菌引起。

图 15-16 树枝流胶症状

图 15-17 树干流胶症状

3. 发病规律

病原菌在老病斑上越冬，第二年从伤口侵入皮层。流胶病周年均可发生，以高温多湿的 6 ～ 9 月最为严重。主要发生在主干和主枝及其分叉处，向阳的西、南枝干和易遭冻害的迎风部位容易发生。施氮肥较多的果园多有发病，结果越多的树发生越重。果园土壤黏重、排水不良发生重，大树较幼龄果树发病重。

4. 防治方法

① 根据不同的土壤条件，选择不同的砧木。碱性土壤宜用红橘，中性或偏酸性土壤宜用枳，可减少本病的发生。

② 提高果园的管理水平，增施钾、硼肥；剪除病死枝干，集中处理；冬季气温下降前培土防冻，将树干用石灰水刷白或涂保护剂防止夏天日灼和冬季冻伤。

③ 对于枝干部发生的病斑，可用小刀将枝干病斑浅刮深（纵）刻后涂药。可用 80% 代森锌可湿性粉剂 20 倍、70% 甲基硫菌灵可湿性粉剂 100 倍防治。

④ 火焰灼烧。即用喷灯对准发病部位，从外缘向中央灼烧，至腐烂部与相接的健部不冒胶液为止。

十一、黑斑病

柑橘黑斑病又称黑星病、黑点病，各柑橘产区均有发生，主要危害果实，也可危害枝叶。受害后，果实品质降低，不耐贮藏，严重时引起落果和落叶。

1. 症状

果实上表现为两种类型，分别为黑斑型和黑星型。

黑星型病斑发生在近成熟的果实上，最初为红褐色小圆点，后扩大成黑褐色圆形斑，直径多为 2 ～ 3mm，边缘稍隆起，有明显界线，中央凹陷呈灰褐色，其上生有许多黑色小粒点。病斑一般为害限于果皮，不深入果肉。果上病斑多时可达数十个（图 15-18）。

黑斑型初期为淡黄色斑点，后扩大成圆形或不规则形，直径可达 1 ～ 3cm。病斑中央稍凹陷，上生许多黑色小粒点。病果在贮运期间继续发展，引起腐烂（图 15-18）。

枝叶上症状与果实上相似（图 15-19）。

2. 病原

无性阶段为橘果茎点霉菌，学名为 *Phoma citricarpa*，属半知菌亚门，分生孢子器近球形，黑色，有孔口，分生孢子着生于分生孢子器内壁，分生孢子单胞，无色。有性阶段为球座菌属，学名为*Guignardia citricarpa*，属子囊菌亚门。子囊果球形、黑色，子囊束状排列，圆柱形，子囊内生 8 个子囊孢子，孢子两端有透明的胶状的附属物。

图 15-18 黑斑病病果

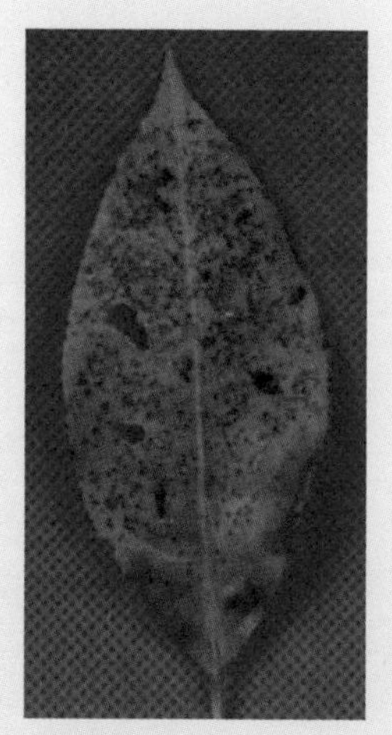

图 15-19 黑斑病病叶

3. 发病规律

病菌主要以子囊果、分生孢子器及菌丝体在病斑上越冬，第二年春子囊果散出子囊孢子，分生孢子器内散出分生孢子，借风雨和昆虫进行传播，侵染嫩叶、幼果，在谢花期至落花后 1 个半月内侵入幼果。侵入后，病菌一直潜伏，直到果实开始着色或近成熟期，菌丝体迅速扩展才出现症状。高温高湿有利于本病的发生，郁闭、树势衰弱的果园发病重。栽培品种中以柠檬、沙田柚、夏橙等发病较重，实生甜橙、红橘等次之，脐橙较抗病。成年树发病比幼树重。5 年生以内的幼龄植株发病较少，老树发病较重。

4. 防治方法

① 因本病病菌只在幼果期侵染，故以喷药保果为主，在谢花后 1 个半月内施药保护，间隔 10～15 天 1 次，连喷 2～3 次。可选用

80% 代森锰锌可湿性粉剂 400 ～ 800 倍、10% 苯醚甲环唑水分散粒剂 667 ～ 1000 倍、75% 肟菌·戊唑醇水分散粒剂 4000 ～ 5000 倍。

② 在果实采后剪去有病枝叶，并集中处理，冬季可用 1 ～ 2 波美度石硫合剂清园。

③ 增施肥料，注意氮、磷、钾的适当配合，增强树势，采果时尽量避免损伤果皮。

十二、脚腐病

柑橘脚腐病又称裙腐病、烂蔸疤，在甜橙上常见，几乎遍及世界各柑橘产区。主要危害树干根颈部，引起主干基部皮层腐烂，严重时造成主干基部环割，使上部枝叶受损，树势衰弱，2 ～ 3 年内整株死亡。

1. 症状

发病多在地面 10cm 左右的根颈部，栽植过深的幼树多从嫁接口处开始发病，大树一般在主干基部发病（图 15-20）。病部树皮呈不规则的水渍状，树部皮层腐烂，褐色，有酒糟气味，多数有褐色胶液流出，干燥时凝结成块；气候温暖潮湿，病部迅速扩展到形成层，乃至木质部。病斑树皮干缩，最后皮层干燥翘裂，木质部裸露。条件适宜时向上向下蔓延发展，沿主干向上可达 30cm 左右，向下可至根系，引起主根、侧根甚至须根大量腐烂，也可横向扩展，使根颈部树皮全部腐烂，形成环割，导致全株死亡。发生严重时，与罹病根颈部相对应的方位树冠上，叶片小，中、侧脉呈深黄色，以后脱落，而后病树开花结果极多，但果实小，提前转黄，味酸，易脱落。

2. 病原

大多数情况下为多种疫霉属真菌 *Phytophthora* sp. 引起，有寄生疫霉、柑橘褐腐疫霉、棕榈疫霉、恶疫霉和甜瓜疫霉等 5 种。其中，寄生疫霉所占比例最大。寄生疫霉在 PDA 培养基上，菌丝呈絮状，孢子囊多顶生，圆形或洋梨形，具乳状突起，易脱落。

3. 发病规律

病菌主要以菌丝体在病部越冬，也可以菌丝体或卵孢子随病残体遗留在土壤中越冬。靠雨水传播，来年雨量增多，菌丝形成孢子囊，释放出游动孢子，随水流或土壤传播，从植株根颈部伤口和自然孔口侵入，引起发病。在高温多雨季节发病较重，地势低洼，积水或地下水位高的果园发病重，本病于4月中旬开始发生，雨季（6～9月）是发病的高峰期。病害发生随树龄增大而加重，一般幼树发病少，壮年树发病增加，30～40年生树发病最多。黏重土较沙壤土病重；种植时根颈部覆土过深特别是嫁接口过低的容易发病；栽培管理不当及施肥烧伤树皮或根容易得病，天牛等引起的伤口，会加剧该病的发生。因种类不同，抗病性也有差异，甜橙、柠檬等发病最重，橘次之，枳和酸橙高度抗病，而实生甜橙及以甜橙为砧木嫁接的甜橙树受害最重。

4. 防治方法

① 防治该病的根本途径是使用较强抗病性砧木，枳、枳橙、枸头橙、宜昌橙等抗病力强，其次为酸橘和香橙砧木（图15-21）。

图15-20 脚腐病树干病斑

图15-21 靠接抗病砧木防治脚腐病

② 嫁接时，要提高嫁接的部位，且定植时不宜过深，使砧木的根颈部露出地面。

③ 加强果橘园管理，保持果园排水良好，不积水。合理密植，果园通风，避免湿度过大。施肥要开沟施，不能施得靠近树干引起烧伤树根。及时防治天牛等树干害虫。

④ 在已感病植株主干上靠接 3 株抗病砧木，以取代原有病根，使养分输送正常。

⑤ 初夏挖开被埋住的主干基部泥土，使根颈部外露，如有病斑，可先刮去外表泥土及粗皮，再纵刻涂药，可用 50% 多菌灵可湿性粉剂 100 倍液、70% 甲基硫菌灵可湿性粉剂 100 倍液等。

十三、白粉病

柑橘白粉病主要在我国西南和华南地区发生。为害幼树和成年树的幼嫩枝叶和幼果，严重时大量落叶、落果，影响生长发育。有的幼树因夏梢被害后凋谢枯死，无法形成骨干枝，长期影响产量。

1. 症状

在嫩叶正反两面覆盖一层白色粉状物，并由中心向外扩展。病斑外观疏松，近圆形，霉层下面的叶片组织初始呈水渍状，较正常叶色略深，逐渐失绿，后期形成黄斑，严重时可扩大到整叶或叶片大部分，幼嫩叶片枯萎、脱落，较老的叶片则扭曲畸形，叶片老化后，白色霉层转为浅褐色（图 15-22）。

嫩枝、嫩刺和幼果上的症状，病斑初期与叶片上的相似，但无明显黄斑，后期病斑连成一片，白色霉层覆盖整个幼嫩组织。

2. 病原

病原的无性世代属半知菌亚门，丛梗孢目，粉孢属，学名为 *Oidium tingitaninum*，菌丝体生于寄主表面，白色。粉状物即为分生孢子。分生孢子无色，串生，圆筒形。

3. 发病规律

靠分生孢子借助气流传播扩散，病原下风方向的果园发病较重。在潮湿的条件下易发病，适宜温度为 18 ～ 23℃，雨季之后易大流行，多数地区在 6 月中、下旬达到发病高峰。果园郁闭发病重，树冠内部比树冠外围重，树冠中部及下部近地面枝叶发病重，山地果园北坡重于南坡。

图 15-22　白粉病病叶症状

柑橘各品种中，椪柑、红橘、四季橘、甜橙、酸橙、葡萄柚等受害重，温州蜜柑发病较轻，金柑未见感病。

4. 防治方法

① 冬季喷 1 波美度石硫合剂清园。新梢抽发、发病初期喷 29% 石硫合剂水剂 35 倍，每周一次，共 2 ～ 3 次。

② 加强栽培管理，磷、钾肥等合理配施。

③ 剪除病枝及过密枝条，以利于通风透光。

十四、煤烟病

柑橘煤烟病又名烟煤病、煤污病，在我国柑橘产区普遍发生。多与蚜虫、蚧类、粉虱类等害虫为害后的分泌物有关，从而得以繁殖，附着生存于柑橘叶、果实和枝梢表面，影响光合作用，使植株生长受到影响，树势减弱，果实品质降低。

1. 症状

在叶、果实和枝梢表面，开始时出现一薄层暗褐色小霉斑，逐渐扩大，呈绒毛状的黑色或灰褐色霉层，均匀分布到整个全面，似煤灰状。后期在霉层上生出黑色小粒点或刚毛状突起物（图 15-23）。

病叶　病果

病枝叶

图 15-23　煤烟病不同发病部位症状

本病的病原菌种类较多，不同病原菌引起的症状有差异。煤炱属引起的霉层为黑色薄纸状，易撕下或自然脱落；刺盾炱属引起的霉层似锅底灰，手擦之即脱落，多生于叶片表面；小煤炱属引起的霉层呈辐射状小霉斑，分散于叶面及叶背，紧附于表面，不易剥落。

2. 病原

该病由多种真菌引起，多达10余种，常见的有3种：柑橘煤炱（*Capnodium citri*）、刺盾炱（*Chaetothyrium spinigerum*）、巴特勒小煤炱（*Meliola butleri*）。菌丝均为暗褐色，着生于寄主表面，形成子囊孢子和分生孢子。

3. 发病规律

病原菌的种类多样，除小煤炱属为寄生菌外，其余均属表面附生菌，以菌丝体、闭囊壳或分生孢子器在病部越冬，次年借风雨传播。孢子散落在蚜虫、粉虱和蚧类等昆虫的分泌物上，以分泌物为营养，进行生长繁殖，引起发病，故先有虫后有病，蚜虫类、蚧类和粉虱类害虫较多的果园，煤烟病发生严重，随昆虫的活动而消长。小煤炱属与虫害关系不密切。凡管理水平不良，荫蔽、潮湿的果园，有利于本病的发生。早春至晚秋间发生，以5～6月发病最多。

4. 防治方法

① 做好对蚜虫类、蚧类及粉虱类害虫的防治，可有效地减轻本病的发生。

② 加强果园管理，适度修剪，增加通风透光。

③ 对小煤炱属引起的煤烟病，在6月中下旬及7月上旬各喷一次铜皂液（硫酸铜0.5千克∶松脂合剂2千克∶水200千克），防治效果较好。在发病初期，喷99%矿物油乳油200倍液，也可用水冲洗。

十五、脂点黄斑病

柑橘脂点黄斑病又名黄斑病、脂点病和褐色小圆星病，我国各柑橘产区均有发生。严重时引起大量落叶，极度影响树势和产量。

1. 症状

主要在叶片上发生，有两种类型，黄斑型及褐色小圆星型。果实显症率很低（图15-24）。

黄斑型，发病初期在春梢新叶背面出现黄色斑块，中部聚集许多针头大小疹状小粒点，淡黄褐色，半透明，油浸状。随后病斑逐渐扩展、老化，小粒点逐渐变深，呈黄褐色至黑褐色。与脂斑对应的正面，出现不规则的黄色病斑。

褐色小圆星型初期在叶片表面产生红褐色、芝麻大小的斑点，后扩大变成灰褐色，圆形或椭圆形斑块，中央微凹陷。后期，中部呈灰白色，密生黑色小粒点，边缘黑褐色稍隆起。

两种病斑可混合产生或单独产生，春梢叶片多黄斑型，夏梢叶片一般混合产生，而秋梢叶片主要为褐色小圆星型。

果实症状与叶片相似，病斑在果皮上，红褐色，近圆形或规则形（图 15-24）。

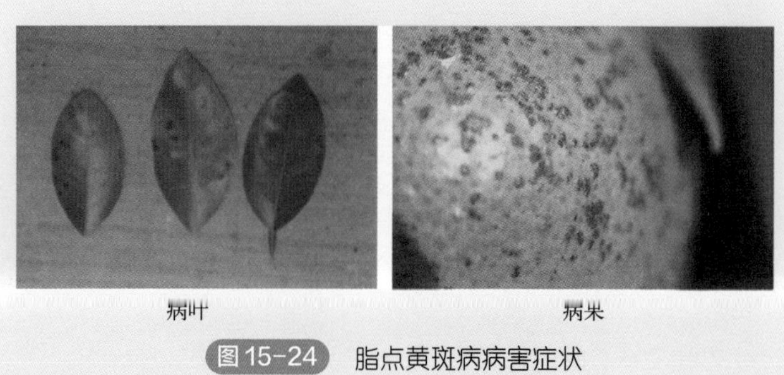

病叶　　病果

图 15-24　脂点黄斑病病害症状

2. 病原

病原菌为一种真菌，属子囊菌亚门，子囊菌纲，座囊菌目，柑橘球腔菌，学名为 *Mycosphaerella citri*。受害叶片正背面均有极少的假囊壳，囊壳丛生，近球形，有孔口，子囊孢子为长卵形，无色，近中央处生一隔膜而成双胞。无性世代为半知菌亚门，尾孢属。菌落呈深灰色，突起，分生孢子圆柱形，直或微弯，无色或淡黄褐色。

3. 发病规律

病原菌以菌丝体在病叶和落叶内越冬。翌年春季释放子囊孢子，通过风雨传播。子囊孢子萌发后不立即侵入寄主，而是产生芽管，发育成气生菌丝，产生分生孢子后，再从气孔侵入寄主，经 2 ～ 4 个月潜伏期后才表现症状。本病主要为害春梢，夏、秋梢较少发病。寄主发病后，易造成落叶，有冻害的年份落叶更严重。不同柑橘品种抗病性不同，雪柑和胡柚最为敏感，温州蜜柑等宽皮柑橘类抗病性较强。栽培管理水平低的发病重。老龄树和盛果期一般病重，而幼龄树和初结果树发病轻。

4. 防治方法

① 加强栽培管理，增施有机肥，增强树势，提高树体抗病力。

② 冬季清园，对树势衰弱、历年发病的植株，剪除其病叶、弱枝。

③ 在春梢抽发后，谢花 2/3 时，用 48% 肟菌•戊唑醇悬浮剂 3000 ～ 4000 倍液、70% 甲基硫菌灵 800 ～ 1000 倍液进行防治，隔 20 ～ 30 天再喷洒一次。

十六、幼苗立枯病

柑橘幼苗立枯病是柑橘幼苗期的重要病害，在各柑橘产区普遍发生。砧木在播种、出苗过程中受到立枯病的为害，会出现大量死苗、缺株，影响苗木生产。

1. 症状

柑橘幼苗立枯病以发病部位和受害时间分，表现为三种症状。第一种在幼苗露出土之前，幼芽变黑腐烂；第二种在苗木出土后，靠近土表的茎基部缢缩，变褐腐烂，叶片凋萎不落，呈青枯状；第三种顶部叶片染病，产生圆形或不定型的褐色病斑，并迅速蔓延，叶片枯死，形成枯顶病株。

2. 病原

病原为多种真菌，主要病原为立枯丝核菌，学名为 *Rhizoctonia solani*，属半知菌亚门。菌丝分支近直角，菌核呈不规则形，暗褐色，外表粗糙，在缺乏营养和环境条件不良时产生菌核。还有菌点霉菌 *Pythium debaryanum*，属半知菌亚门；寄生疫霉 *Phytophthora parasitica*，属鞭毛菌亚门。

3. 发病规律

本病病原菌是一种土壤习属菌，以菌丝体或菌核在病残体或土壤中越冬。环境条件适宜时，菌丝体侵染幼苗，形成中心病株，通过雨水、农事活动进行传播。苗圃地连作容易传播蔓延。苗圃地势低洼、排水不良，土壤积水或含水量过高，苗床透光不佳，均有利于本病的发生。大雨或绵雨后突然天晴，常大发生。未发现高抗品种，酸柚、枸头橙为中抗。病情随苗龄增长而减弱。在1～2片真叶时最易发病。

4. 防治方法

① 选择地势高、排灌方便的苗圃育苗。苗圃地避免连作。

② 改良土壤并在播种前20天，按30～50g/m^{2}用量用棉隆进行土壤消毒。

③ 推广无菌土营养袋育苗。

④ 发现病株，及时拔除处理，并喷药防治。以后每隔1～2周喷一次，连喷3～4次。药剂可选用70%甲基硫菌灵可湿性粉剂800～1000倍、50%甲霜灵可湿性粉剂500倍液、80%代森锰锌可湿性粉剂600～800倍液。另外在拔除病株根部附近的地面，撒入石灰粉及草木灰，也可防止此病蔓延。

十七、贮藏期病害

柑橘果实采收后，在贮藏、运输过程中出现腐烂。原因有两大类：一类是由真菌引起的侵染性病害，常见的有青霉病、绿霉病、炭疽病、蒂腐病、黑腐病、酸腐病等；另一类是由不良环境因素引起的生理性病害，如褐斑病、枯水病、水肿病等。

贮藏病害种类随品种、贮藏条件和时间的不同而不同。一般甜橙类以青霉病、绿霉病、炭疽病为主；宽皮柑橘类以青霉病、绿霉病、黑腐病为主。常温贮藏以霉病为主；冷库贮藏以生理性病害为主。贮藏前期以青霉病、绿霉病为主；后期以黑腐病、蒂腐病、炭疽病为主。

（一）青霉病和绿霉病

青霉病、绿霉病分布很广，是引起果实贮运期间腐烂的主要病害，果实在田间成熟期间也有发生。由于青霉病的发病适温比绿霉病低，因此在气候暖和的广东、广西、福建、四川、重庆等省（区市）以绿霉病为主；而在气候较低的湖南、湖北等省则以青霉病为主。

1. 症状

初期病部呈水渍状淡褐色圆形病斑，病部果皮变软腐烂，易破裂，其上先长出白色菌丝，后变为青色或绿色。青霉病的孢子丛青色，外围的白色菌丝带较狭窄，仅1～2毫米，果皮软腐的边缘整齐，水渍状，有发霉气味，对包果纸及其他接触物无黏附力，果实腐烂速度较慢，全果腐烂约半个月。绿霉病初期症状与青霉病相似，但中、后期症状有差异，孢子丛绿色，白色菌丝带较宽，8～15毫米，微皱褶，软腐边缘不规则，水渍状，易与包果纸接触物黏接，果实腐烂速度较快，约一周即可全果腐烂，有芳香味（图15-25）。

图15-25　青霉病和绿霉病为害果实状

左为青霉病果实；右为绿霉病果实

2. 病原

病原菌均为真菌，属半知菌亚门，青霉菌属。青霉病病原菌

为 *Penicillium italicum*，分生孢子梗有 2 ～ 5 个分支，小梗上端较尖细，分生孢子长椭圆形；绿霉病病原菌为 *P. digitatum*，分生孢子梗有 1 ～ 2 个分支，小梗上端较钝，分生孢子卵圆形或圆柱形。有性世代均属子囊菌，但不常发生。

3. 发病规律

两种病菌的分生孢子分布很广，常腐生在各种寄主上。靠气流或接触传播，通过伤口侵入，与病果直接接触也易发病。果面伤口是引起本病大量发生的关键因素。过分成熟的果实发病重。青霉病发生的适温比绿霉病低，因此青霉菌主要在贮藏前期发生，绿霉病在后期发生。

（二）炭疽病

1. 症状

贮藏期果实受害后，病斑近圆形，褐色、革质、凹陷，病部散生黑色小粒点。病斑可扩及全果，在潮湿条件下病斑扩大很快，引起果实腐烂。

2. 病原

同柑橘炭疽病。

3. 发病规律

参见柑橘炭疽病。

（三）蒂腐病

蒂腐病有黑色蒂腐病和褐色蒂腐病两种，在甜橙类果实上发生较多，外观与蒂腐型黑腐病容易混淆。

1. 症状

黑色蒂腐病最初在蒂部及其周围发生，初呈水渍状，无光泽，迅速扩展至全果，呈暗紫褐色，在果面病斑边缘呈波纹状，病部破裂，常溢出褐色黏稠汁液。病斑沿中心柱蔓延，直至脐部。果肉受害后呈红褐色，纵剥病果时，中心柱脱离，种子黏附在中心柱上。潮湿条件下，果实表面长出气生菌丝，由污灰色逐渐变为黑色，并产生许多小黑点，为分生孢子器。

褐色蒂腐病为柑橘树脂病的其中一种症状。病斑始发于蒂部，初期淡褐色水渍状，革质，有韧性，随后病部呈深褐色，边缘波纹状，白色菌丝在果实内部中心柱迅速蔓延，果心腐烂比果皮快，当外部果皮 1/3 ～ 2/3 腐烂时，果心已全部腐烂，故又称穿心烂。有时在病果表面覆盖一层白色菌丝体，散生黑色小粒点（图 15-26）。

黑色蒂腐病

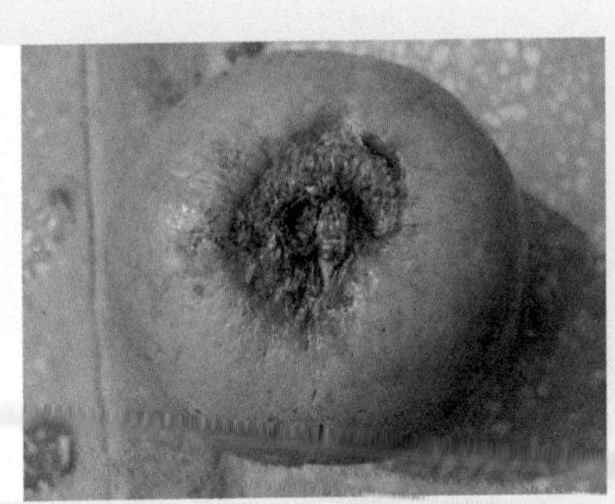

褐色蒂腐病

图 15-26 蒂腐病为害果实状

2. 病原

黑色蒂腐病病原为真菌，无性世代属半知菌亚门，球壳孢目，蒂腐色二孢 *Diplodia natalensis*；有性世代属子囊菌亚门，柑橘囊孢壳菌 *Physalospora rhodina*。分生孢子器梨形或扁圆形，黑色，成熟的分生孢子长椭圆形，双孢，暗褐色，分隔处稍缢缩。

褐色蒂腐病病原为真菌，无性世代属半知菌亚门，称柑橘拟茎点霉，学名 *Phomopsis cytosporella*；有性世代属子囊菌亚门，称柑橘间座壳菌。分生孢子器灰褐色，具有两种分生孢子：一种为单孢无色，卵形；另一种单孢无色，丝状或钩状。

3. 发病规律

以菌丝及分生孢子器在病部越冬。来年产生分生孢子，分生孢子借雨水、空气传播，侵入幼果，潜伏于果实组织内，当果实活力衰弱时侵染，引起果实腐烂，果实有伤口则增加感染的机会。橙类发病轻，椪柑、温州蜜柑、橘类发病重。

（四）黑腐病

黑腐病又叫黑心病，在我国柑橘产区均有发生。本病是贮藏中、后期果实及宽皮柑橘类果实的重要病害。

1. 症状

黑腐病在柑橘果实上症状有差异。病菌由伤口、蒂部或脐部侵入，病斑初期圆形，黑褐色，扩大后稍凹陷，边缘不规则，条件适宜则病部长出灰白色菌丝，后变成墨绿色绒毛状霉层。剖开果实，可见中心柱及附近长满墨绿色绒毛状霉，果肉腐烂，不能食用。

有的果实外观无症状，而内部果肉已腐烂，在中心柱空隙处长出大量墨绿色绒毛状霉，称心腐型。有的病斑在果蒂部呈圆形、褐色软腐状，直径约 1cm，病菌向中心柱蔓延，长满灰白色至墨绿色霉层，称蒂腐型。此症状常在甜橙果实上发生，易被误诊为蒂腐病（图 15-27）。

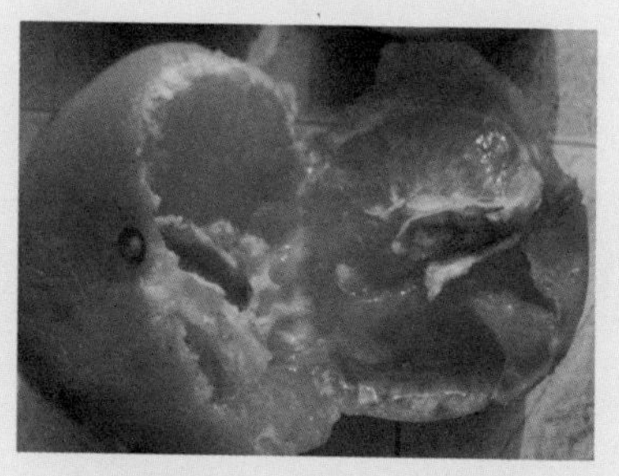

图 15-27　黑腐病果实症状

2. 病原

病原菌属半知菌亚门，丝梗孢目，称柑橘链格孢，学名 *Alternaria citri*。病部深绿色绒毛状霉为病原菌的分生孢子梗及分生孢子，分生孢子梗暗褐色，通常不分支。分生孢子橄榄色，表面光滑或具小圆瘤。

3. 发病规律

黑腐病菌在果园的枯枝、烂果上腐生越冬。分生孢子靠气流传播到花或幼果上，长期潜伏于果面，果实贮藏一段时间之后，随着活力衰退，病菌便侵入，引发病害。

（五）褐腐病

褐腐病又称褐色腐败病或疫霉褐腐病，在我国柑橘产区均有分布。

1. 症状

病斑可发生在果实任何部位，初期病斑圆形、淡褐色，迅速蔓延至全果，呈褐色，水渍状、变软。在褐色病部长出柔软的菌丝，紧贴果面，形成薄层。病果有一种恶心的皂臭味（图 15-28）。

图 15-28　褐腐病果实症状

2. 病原

同柑橘脚腐病。

3. 发病规律

病菌在果园土壤及病残体上腐生越冬。来年孢子囊释放游动孢子，随水流和土壤传播，被雨水飞溅至近地面果实上，使果实发病。越成熟的果实越易发病，靠近地面的果实易发病，高温多雨，果园低洼，土质黏重、排水不良地块均容易发病。

（六）酸腐病

酸腐病又称白霉病、湿塌烂。

1. 症状

病菌从伤口或蒂部侵入，病斑水渍状，迅速扩展蔓延，全果软腐，似开水烫过状。外果皮极易脱离，手触之即破。后期病部生出白色菌丝，有酸臭气味，流水，最后成为一堆溃不成形的腐物（图15-29）。

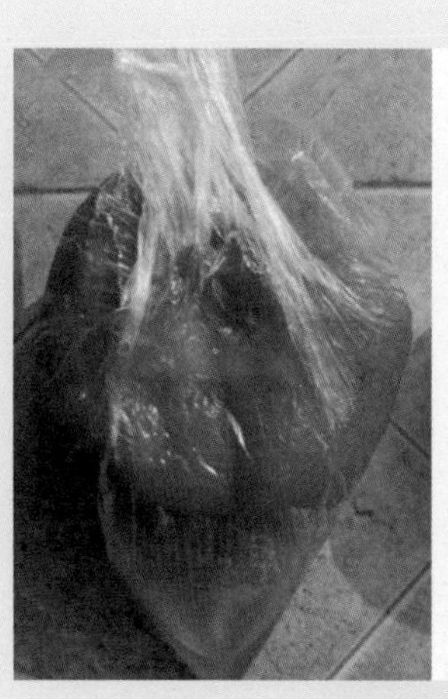

图15-29 酸腐病果实症状

2. 病原

病原菌属半知菌亚门，节卵孢菌，学名 *Oospora citri-aurantii*。菌丝匍匐、无色、有横隔、白色，孢子梗短，不分枝，分生孢子无色、光滑，初为圆柱形，后变为矩形，有时球形。

3. 发病规律

从病果及溃烂部流出的汁液中有大量分生孢子，病菌由伤口侵入。成熟果或过熟果易感病，未成熟果有抗性。品种中则是柠檬、酸橙易感病，其次为橘类和甜橙类。

4. 防治方法

果实贮藏病害多样，分为果实田间带菌和采后感染两种，但病原多为弱寄生真菌，以青霉病、青绿霉发生普遍，为防治重点。

① 加强田间防治。有些贮藏病害在采收前已经发生。只是果实在贮藏期间生理活力变弱，显现症状。在果实开始转色时，选用 20% 抑霉唑水乳剂 400 ～ 800 倍、50% 咪鲜胺锰盐可湿性粉剂 1000 ～ 2000 倍、42% 双胍・咪鲜胺可湿性粉剂 500 ～ 750 倍、50% 烯酰吗啉 1500 ～ 2000 倍液等喷施果实和树体，10 ～ 15 天一次，连续 2 ～ 3 次，减少贮藏期间菌源。

② 适时采收。柑橘果实的耐藏性与成熟度有关，充分成熟的果实风味好但耐藏性差，提前采收的果实则耐藏性好。为兼顾，贮藏用果的采收期以八成熟为最佳，此时果皮有 2/3 部分转黄，果肉尚坚实而未变软。

③ 提高采果质量。引起柑橘果实腐烂的病原菌大多由伤口侵入，因此要避免造成伤口减少病害发生。在果实采收、贮藏、分级、包装、运输过程中轻拿轻放，修剪指甲，佩戴手套，避免造成各种机械伤。果肩处平剪，果篓加衬垫物，装果量不宜过深，以免挤压。

④ 采果前对贮藏库和工具进行消毒，用硫黄粉密闭熏蒸贮藏库或 80% 多菌灵可湿性粉剂 500 ～ 800 倍喷雾。

⑤ 入库前剔除病果、伤果，以防感染。

⑥ 在采果后24小时内，选用500克/升噻菌灵悬浮剂400～600倍液、20%抑霉唑水乳剂400～800倍液、40%双胍三辛烷基苯磺酸盐可湿性粉剂1000～2000倍液或450克/升咪鲜胺水乳剂1000～2000倍液等药剂浸果，浸1～3分钟，捞出晾干。

⑦ 建造良好的贮藏条件。常温贮藏库要能通风，隔热。果实入库后，应关注天气情况适时开关通风窗，调节贮藏库的温、湿度，使温度保持在5～9℃，相对湿度85%～90%。有条件的修建冷库效果更好，但要注意通风换气。

⑧ 药剂处理后预贮2～5天，用薄膜果袋进行单果包装，能有效保持果面湿度，减少失重和病害传染。

十八、柑橘根线虫病和柑橘根结线虫病

为害柑橘根部的线虫种类较多，在我国常见的有柑橘根线虫病和柑橘根结线虫病。根线虫病在我国各柑橘产区分布普遍，个别果园受害严重；根结线虫病在华南柑橘产区普遍发生。危害后可引起柑橘落叶、枯梢，树势衰弱，产量降低，甚至死树。

1. 症状

两种线虫病均为害根部，须根受害。引起植株缓慢衰退。前期受害植株的地上部无明显症状，受害严重时，表现树势衰弱，叶片发黄，落叶，病树结果很少甚至无果，与干旱、营养不良、缺素症情况相似。

柑橘根线虫病危害后，受害须根比正常须根略粗短、畸形，易碎，缺乏应有的黄白光泽。由于线虫穿刺，破坏了根皮组织，且容易感染其他病原微生物，使根皮呈黑色坏死。严重时根皮不能随中柱生长，使皮层和中柱分离（图15-30）。

根结线虫病造成根瘤状肿大，线虫侵入须根，寄生于根皮与中柱之间，形成大小不等的根瘤。新生根瘤一般呈乳白色，以后逐渐转为黄褐色，直至黑褐色。根瘤大多数发生在细根上，严重时产生次生根瘤，并使植株产生大量小根，并盘结成团，形成须根团，其后老根瘤腐烂，病根坏死（图15-31）。

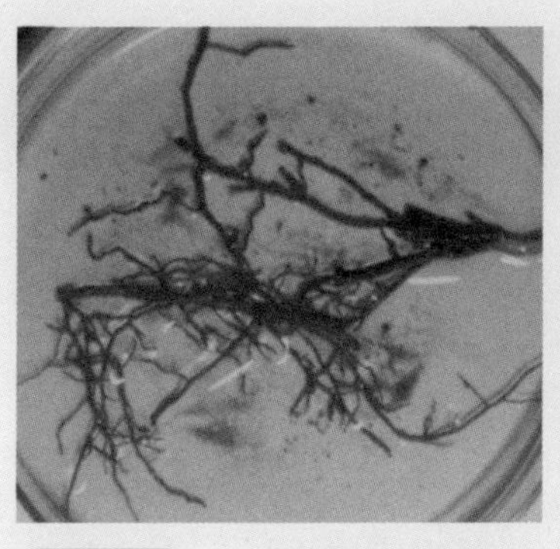

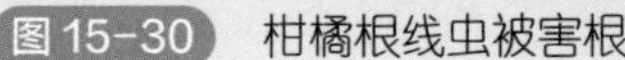

图15-30 柑橘根线虫被害根

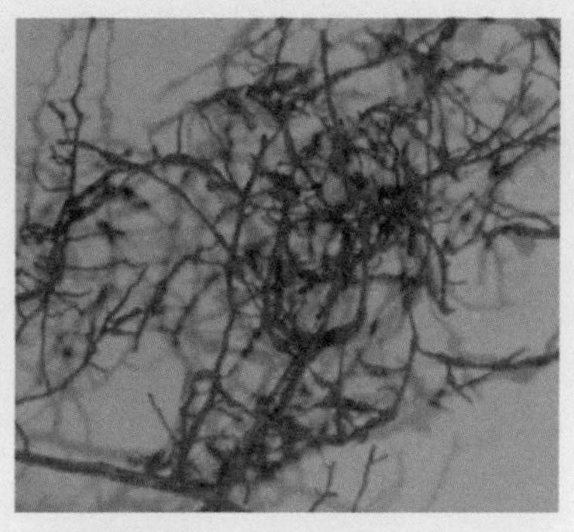

图15-31 柑橘根结线虫被害根

2. 病原

生活史中形态有卵、幼虫和成虫。柑橘根线虫病原是半穿刺线虫属的一个种，学名 *Tylenchulus semipenetrans*。卵肾脏形，产于卵囊内。幼虫共4龄，2龄幼虫线状，在皮层细胞内危害。雌成虫仅前端1/3侵入根部皮层，后端2/3裸露在根外，膨大呈囊状。雄虫体为线形，活跃在土中，也可侵入小根内寄生。

柑橘根结线虫病原是根结线虫属的一个种，学名 *Meloidogyne* sp.。卵蚕茧状，卵囊初无色，后淡红色至紫红色。幼虫共4龄，1、2龄线形，3龄开始雌雄分化，4龄分化明显。雌成虫乳白色至黄色，近球形或梨形，有一明显的颈部；雄成虫线形，无色透明或乳白色，体表被有环纹。

3. 发生规律

以卵和雌成虫随病根在土壤中越冬。卵在卵囊内发育，孵化成1龄幼虫，蜕皮后，破卵而出成2龄侵染幼虫，幼虫主要侵染小根。主要通过苗木、砧木和土壤传播，水可以近距离传播。柑橘根线虫病幼虫在冬春发生较大，夏季数量最少；雌成虫数量周年基本一致。

土壤质地和pH值影响线虫的发生，在沙壤土、pH值近中性时有利于繁殖，黏性土、pH 值在 6.0 以下时发病较轻。对于柑橘根线虫病，品种不同，抗病性有一定差异，枳最抗病，枳橙次之，甜橙、柚、红橘、枸头橙、香橙、意大利酸橙感病；对于柑橘根结线虫病，常见品种均感病。

4. 防治方法

① 对病树可增施有机肥，加强管理，增强树势，促进根系生长，提高植株的耐病能力。

② 春季在病树树冠四周滴水线开环沟，在沟内施入 0.5% 阿维菌素颗粒剂 12000 ～ 18000 克 / 亩或 2 亿孢子 / 克淡紫拟青霉粉剂 6 ～ 15 千克 / 亩，覆土，淋水。

③ 最好在无病区育苗，不在病圃连作。如必须用有病地作苗圃，则需反复耕犁翻晒土壤，并在播种前半个月用上述药剂处理土壤，杀死土中线虫。

④ 针对柑橘根线虫病可以利用抗病砧木，适宜用枳作砧木的地区，应大力推广应用。

第二节　柑橘害虫（螨）与防治

一、柑橘红蜘蛛

柑橘红蜘蛛属蛛形纲，蜱螨目，叶螨科，又名柑橘全爪螨、瘤皮红蜘蛛。我国各柑橘产区均有分布。该螨除为害柑橘外，还可为害梨、桃、木瓜、樱桃、木菠萝、核桃和枣等多种植物。

1. 为害症状

用刺吸式口器刺吸柑橘叶片、嫩枝、花蕾及果实等器官的柑橘汁液，尤以嫩叶受害最重。被害叶片初呈淡绿色，随后变为针头状大的灰白色斑点，严重时叶片灰白色，失去光泽，引起脱落，导致减产。叶片为害严重时，叶背面和果实表面还可以看见灰尘状蜕皮壳（图

15-32）。枝上症状与叶片相似。果实受害后表面呈褪绿灰白色斑，着色不均（图 15-33）。

图 15-32 柑橘红蜘蛛叶片为害状

图 15-33 柑橘红蜘蛛为害果实

2. 形态特征

雌成螨足 4 对，体长 0.3 ～ 0.4 毫米，宽 0.24 毫米，长椭圆形，体色暗红。背面有 13 对瘤状小突起，每一突起上长有 1 根白色长毛（图 15-34）。雄成螨体较雌成螨小，背部有白色刚毛 10 对，着生在瘤状突上，后端尖削，呈楔形，鲜红色。卵圆球形，略扁平，红色有光泽，卵上有柄，柄端有 10 ～ 12 条白色放射状细丝（图 15-35）。幼螨足 3 对，体长 0.2 毫米，近圆形，红色。若螨似成螨，足 4 对，前若螨体长 0.2 ～ 0.25 毫米，后若螨为 0.25 ～ 0.3 毫米。

3. 发生规律

柑橘红蜘蛛的发生受温度、降雨、天敌数量及杀螨剂使用状况等多种因素的影响。气温对其影响最大。年平均温度 15℃地区，1 年发生 12 ～ 15 代；17 ～ 18℃地区，1 年发生 16 ～ 17 代；20℃以上地区，1 年发生 20 ～ 24 代。温度为 19.83 ～ 29.86℃时，平均历期 20.25 ～ 41 天。在 12℃时田间虫口开始增加，20℃时盛发，

20 ～ 30℃和 70% ～ 80% 相对湿度是其发育和繁殖的最适宜条件，低于 10℃或高于 30℃虫口受到抑制。4 ～ 5 月发芽开花前后由于温度适合，又正值春梢抽发营养丰富，是其发生和为害盛期，因此，是防治最为重要的时期。此后由于高温高湿和天敌增加，虫口受到抑制数量显著减少。9 ～ 11 月如气候适宜又会造成为害。每雌产卵量为 31 ～ 62.5 粒，日平均产卵量为 2.97 ～ 4.87 粒。雌成螨可行孤雌生殖，但其产生的后代均为雄螨。苗木和幼树受害较重。

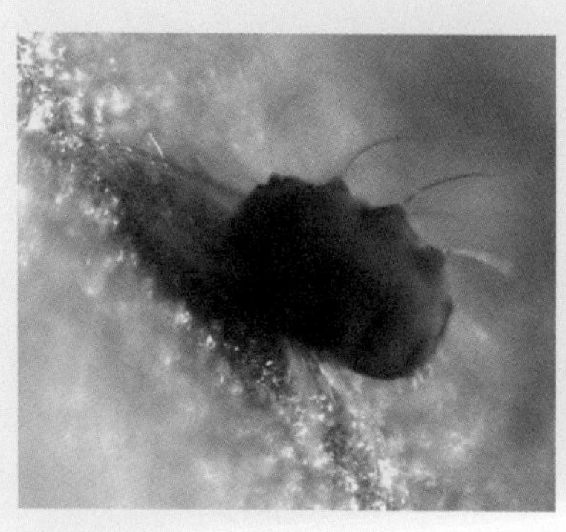

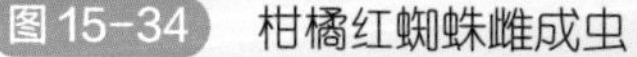

图 15-34 柑橘红蜘蛛雌成虫

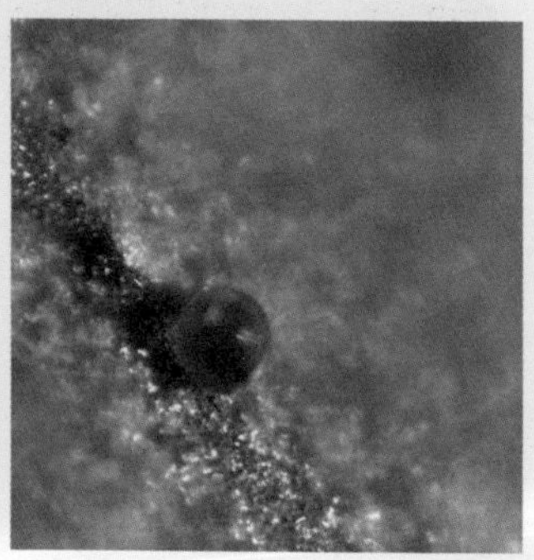

图 15-35 柑橘红蜘蛛卵

4. 防治措施

① 加强橘园肥水管理，增强树势，提高树体对害螨的抵抗力。

② 搞好果园生草栽培，改善橘园小气候，为天敌生存提供有利条件。保护利用橘园内自然天敌（如塔六点蓟马、食螨瓢虫、草蛉和捕食螨等）。有条件的地方提倡饲养释放尼氏真绥螨和巴氏新小绥螨等捕食螨控制柑橘红蜘蛛。捕食螨在平均每叶有柑橘红蜘蛛 1 ～ 2 头时释放，根据树龄大小，每棵树原则上挂捕食螨 1000 ～ 2000 头，悬挂在树冠基部的第一分叉上。在捕食螨释放（视频 15-1）时，红蜘蛛螨口密度较大时，提前 10 ～ 15 天对病虫害进行一次喷药防治，释放后 1 ～ 2 天最好不要下雨。

视频 15-1 捕食螨释放

③ 根据柑橘害螨发生时期和杀螨剂自身的特点，

在害螨达到防治指标时，选用对捕食螨、蓟马及食螨瓢虫等天敌毒性较低的专用杀螨剂进行喷药防治。柑橘红蜘蛛防治适期：春芽萌发前为 100 ～ 200 头 /100 叶，春芽 1 ～ 2 厘米或有螨叶达 50%；5 ～ 6 月和 9 ～ 11 月为 500 ～ 600 头 /100 叶。开花前低温条件下选用 20% 乙螨唑 6000 ～ 13000 倍液、5% 噻螨酮 1000 ～ 2000 倍液、30% 乙唑螨腈 3000 ～ 6000 倍液、24% 螺螨酯 4000 ～ 6000 倍液等药剂；花后和秋季气温较高选用 43% 联苯肼酯 1800 ～ 5000 倍液、20% 三唑锡 1000 ～ 2000 倍液、50% 苯丁锡 2500 倍液、5% 唑螨酯 1000 ～ 2000 倍液、99% 矿物油 100 ～ 300 倍液等，药剂使用应均匀周到。其中，矿物油在发芽至开花前后及 9 月至采果前不宜使用。同时，注意杀螨剂交替使用，延缓抗药性产生。

二、四斑黄蜘蛛

四斑黄蜘蛛属蛛形纲，蜱螨目，叶螨科。又名柑橘始叶螨，分布较广。除为害柑橘外，还为害葡萄及桃等果树。

1. 为害症状

四斑黄蜘蛛主要为害柑橘叶片和嫩梢，尤以嫩叶受害重，花蕾和幼果少有为害。该螨常在叶背主脉两侧聚集取食，聚居处常有丝网覆盖，卵即产在下面。受害叶片呈黄色斑块，严重时叶片扭曲畸形。严重时出现大量落叶、落花、落果，对树势和产量影响较大（图 15-36）。

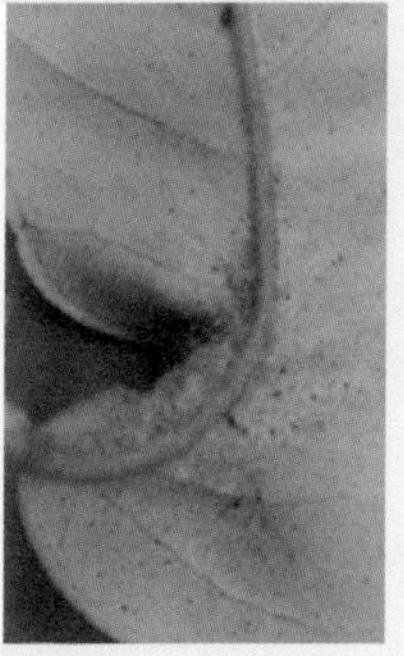

图 15-36　四斑黄蜘蛛叶片为害状

2. 形态特征

雌成螨近梨形，长 0.35 ～ 0.42 毫米，宽 0.19 ～ 0.22 毫米，体色橙黄色，越冬成虫体色较深，背部微隆起，上面有七横列整齐的细长刚毛，共 13 对，不着生在瘤突上。体背有明显的黑褐色斑纹 4 个，足 4 对（图 15-37）。雄成螨较狭长，尾部尖削，体形较小，长约 0.30 毫米，最宽处 0.15 毫米。卵圆球形，光滑，直径 0.12 ～ 0.14 毫米，刚产时乳白色，透明，随后变为橙黄色，卵壳上竖着一根短粗的丝（图 15-37）。幼螨初孵时淡黄色近圆形，长约 0.17 毫米，足 3 对，约 1 天后雌体背面即可见 4 个黑斑；若螨足 4 对，前若螨似幼螨，后若螨似成螨，但比成螨略小，体色较深，可辨雌雄。

图 15-37 四斑黄蜘蛛卵和雌成螨

3. 发生规律

1 年发生 15 ～ 20 代，世代重叠。以卵和雌成螨在树冠内膛、中下部的叶背受害处越冬，尤其在病虫为害的卷叶内螨口较多。该螨无明显越冬现象，在 3℃以上就开始活动，卵在 5.5℃时开始发育孵化，14 ～ 15℃时繁殖较快，20℃时大发生，20 ～ 25℃和低湿是其最适发生条件。故春季较红蜘蛛发生早 15 ～ 30 天。春芽萌发至开花前后（3 ～ 5 月）是为害盛期，此时高温少雨为害严重。6 月以后由于高温高湿和天敌控制，一般不会造成为害，10 月以后，如气温适宜也可造成为害。该螨喜欢在树冠内和中下部光线较暗的叶背取食，尤其喜欢聚集在叶背主脉、侧脉及叶缘部分吸食汁液。受害处凹下呈黄色或黄白色，向叶正面突起，凹处布有丝网，螨在网下生活，这给药剂防治带来困难。大树发生较幼树重。苗木很少受害。

4. 防治措施

针对四斑黄蜘蛛发生比柑橘红蜘蛛稍早及发生与分布规律，及时周到喷药。其防治措施参见柑橘红蜘蛛。四斑黄蜘蛛防治指标开花前为 100 头 /100 叶，花后 300 头 /100 叶。双甲脒对四斑黄蜘蛛防治效果不理想。四斑黄蜘蛛对有机磷虽然很敏感，但由于对天敌和环境不安全，因此最好不要使用。

三、柑橘锈壁虱

柑橘锈壁虱属蛛形纲，蜱螨目，瘿螨科。又称锈螨、锈蜘蛛，是为害柑橘最严重的害螨之一。国内许多柑橘产区均有分布，在三峡库区、广东、广西、浙江和福建等柑橘产区为害尤为严重。

1. 为害症状

主要在叶背和果实表面吸食汁液，果实、叶片被害后呈黑褐色或古铜色，果实表面粗糙，失去光泽，故称黑炭丸、火烧钳，影响果实外观和品质；严重被害时，叶背和果面布满灰尘状蜕皮壳，引起大量落叶和落果（图 15-38）。

2. 形态特征

成螨体长 0.1 ～ 0.2 毫米，身体前端宽大，后端尖削，楔形或胡萝卜形，体色初期淡黄色，逐渐变为橙黄色或橘黄色。头小，向前方伸出，具螯肢和须肢各 1 对。头胸部背面平滑，足 2 对，腹部有许多环纹。卵为圆球形，表面光滑，灰白色透明。若螨形体似成螨，较小。腹部光滑，环纹不明显，腹末尖细，足 2 对。第一龄若螨体灰白色，半透明；第二龄若螨体淡黄色（图 15-39）。

图 15-38　柑橘锈壁虱果实为害状

图 15-39　锈壁虱成、若螨

3. 发生规律

柑橘锈壁虱以成螨在夏、秋梢腋芽和病虫为害的卷叶内越冬。年发生代数随地区及气候不同而异。一般年发生 18 ～ 20 代，在浙江黄岩一年约发生 18 代，福建龙溪年发生 24 代。有显著的世代重叠现象。该螨平均产卵量 14 粒。世代历期较短，卵期平均 3.2 ～ 5.3 天，若螨期平均 3.9 ～ 9.8 天，平均一代历期 10 ～ 19 天。在日平均气温 21.5 ～ 30.0℃时，成螨寿命为 4 ～ 10 天，因此，气温适宜时，该螨种群数量上升极为迅速。越冬成螨第二年 3 月开始活动，然后转向春梢叶片，聚集于叶背的主脉两侧为害，5、6 月蔓延至果面上。6 月下旬起繁殖迅速，7 ～ 10 月为发生盛期。9 月以后，部分虫口转至当年生秋梢为害，直到 11 月中下旬仍可见较多的虫口在叶片与果实上取食。在 7 ～ 9 月的高温少雨条件下，常猖獗成灾。6 ～ 9 月是防治该螨的关键时期。高温干旱幼螨大量死亡。

4. 防治方法

① 改善果园生态环境。园内种植覆盖作物，旱季适时灌溉，保持果园湿度，以减轻发生与为害。

② 为害调查。5 ～ 10 月，检查当年春梢叶背或秋梢叶背有无铁锈色或黑褐斑，或个别果实有无暗灰色或小块黑色斑。若有，应立即喷药，以免造成损失。也可从 6 月上旬起，定期用手持放大镜观察叶背，6 ～ 9 月出现个别受害果或 2 头 / 视野（手持 10 倍放大镜），气

候适宜时开始喷药防治。

③ 药剂防治。用于防治柑橘红蜘蛛的药剂除噻螨酮外，均对柑橘锈壁虱有效。除此之外，1.8%阿维菌素 1500 ～ 8000 倍液、80%代森锰锌 600 ～ 800 倍液、5% 虱螨脲 1500 ～ 2500 倍液、15% 唑虫酰胺 3000 ～ 4000 倍液的防治效果也很好。在高温多雨条件多毛菌流行时要避免使用铜制剂防治柑橘病害，同时保护好里氏盲走螨、塔六点蓟马、长须螨、草蛉等捕食性天敌。

四、侧多食跗线螨

侧多食跗线螨属蛛形纲，真螨目，跗线螨科。又称茶黄螨，俗名白蜘蛛，杂食性害螨，已知为害寄主达 70 种以上，除为害茄子、辣椒、番茄、豇豆、黄瓜、丝瓜等多种蔬菜外，还为害茶、烟草等多种经济植物，近年来对柑橘的为害日益严重。

1. 为害症状

侧多食跗线螨可为害柑橘的嫩叶、嫩芽、嫩枝和果实。嫩叶在伸展前期受害，受害叶多纵向卷曲呈筒状，叶狭小或呈扭曲状；在伸展中期受害后形成不规则畸形，畸形部分从叶尖或叶缘向叶片基部发展。受害叶叶肉增厚，受害处表皮呈银白色或银灰色而有龟裂纹，叶片失去光泽，硬脆而易脱落。嫩芽受害后顶端不能抽生而膨大呈瘤状，与瘤壁虱为害形成的胡椒状虫瘿相近，但在瘤状芽内无螨。果实受害后，多在果实上半部（尤以果蒂附近较多）表皮上，产生较大的银白色或银灰色表面有龟裂纹的薄膜状疤痕覆盖受害部位，使果实表皮形同覆盖着一层浓米汤状的膜，用手指甲可将其刮掉（图 15-40）。

2. 形态特征

雌成螨体椭圆形，长约 0.21 毫米，初为淡黄色，后为橙黄色，半透明，有光泽。体分节不明显。沿背中线有一条白色由前至后而逐渐加宽的条纹，颚体宽阔，螯肢针状，须肢圆柱状。足 4 对，第 4 对足纤细。雄成螨较雌螨略小，菱形，腹部末端尖削，体色似雌成螨，足长而粗壮（图 15-41）。卵椭圆形，无色透明，长约 0.1 毫米，表面有纵向排列成 5 ～ 6 行的白色小瘤。幼螨初孵时椭圆形或菱形，乳白色或淡绿色，足 3 对。若螨纺锤形，淡绿色，足 4 对。

嫩梢及叶背为害状

果实为害状

图 15-40 侧多食跗线螨果树为害状

图 15-41 侧多食跗线螨成虫

3. 发生规律

该螨在重庆一年发生 20 ～ 30 代，以成螨在杂草根部或柑橘叶片上介壳虫的空介壳内越冬。次年 4 ～ 5 月，当平均温度达 20℃时开始发生，田间直至 11 月均有活动，世代重叠。生存和繁殖的最适条件为 25 ～ 30℃，相对湿度 80% 以上。故夏、秋季高温多雨条件下发生多，为害重。夏、秋梢和幼果至果实膨大期受害重，春梢和大果很少受害。幼苗和幼树抽梢多受害重。树势生长旺抽梢次数多的受害重。果园或苗圃附近有茄科和豆科等蔬菜的柑橘苗木受害重。温室、网室和大棚内种植的苗木受害重。远距离传播主要靠苗木调运。近距离传播靠风、雨水等，株间或树冠内传播主要靠爬行。卵多产于叶片背面，一头雌成螨一生可产卵 30 ～ 40 粒。多行两性生殖，不交配能产卵，但其后代多为雄性。

4. 防治方法

① 注意果园和苗圃规划，苗圃和橘园附近不要种植或间作茄科和豆科等蔬菜，也不要种植茶树，以免相互传播；

② 合理修剪改善柑橘园和树体的通风透气条件，以降低园内湿度，减轻为害；

③ 在害螨大发生时，选择对尼氏真绥螨、长须螨和食螨瓢虫等天敌较安全的药剂进行喷药防治。主要药剂有 20% 哒螨酮 2000 ～ 2500 倍液、25% 三唑锡或 50% 苯丁锡 2000 ～ 2500 倍液和 1.8%阿维菌素 3000 ～ 4000 倍液等。每 7 ～ 10 天一次，连喷两次。

五、矢尖蚧

矢尖蚧又名矢尖介壳虫，属半翅目盾蚧科。我国各柑橘区均有分布，但以中亚热带和北亚热带柑橘区分布多危害重。

1. 为害症状

仅危害柑橘类。其若虫和雌成虫均取食柑橘叶片、小枝和果实汁液，叶片受害处呈黄色斑点，许多若虫聚集取食受害处反面呈黄色大斑，嫩叶严重受害后叶片扭曲变形，严重时则枝叶枯焦树势衰退产量锐减。果实受害处呈黄绿斑，外观差、味酸，受害早而严重的果实小而易裂果。但不诱发煤烟病（图 15-42）。

2. 形态特征

雌成虫介壳长形稍弯曲，褐色或棕色，长约 3.5 毫米，前窄后宽末端稍窄形似箭头，中央有一明显纵脊，前端有 2 个黄褐色壳点。雌成虫体橙红色，胸部长腹部短（图 15-43）。雄成虫体橙红色，复眼深黑色，触角、足和尾部淡黄色翅无色。卵椭圆形橙黄色。初孵化的活动若虫体扁平椭圆形，橙黄色，复眼紫黑色，触角浅棕色，足 3 对淡黄色，腹末有尾毛一对，固定后足和尾毛消失，触角收缩。开始分泌蜡质形成壳。2 龄若虫介壳扁平淡黄色半透明，中央无纵脊壳点 1 个。虫体橙黄色。雄虫背部开始出现卷曲状蜡丝，在 2 龄初期其介壳上有 3 条白色蜡丝带形似飞鸟，后蜡丝增多而在虫体背面形成有 3 条纵沟的长桶形白色介壳，其前端有黄褐色壳点 1 个，虫体淡橙黄色（图 15-44）。

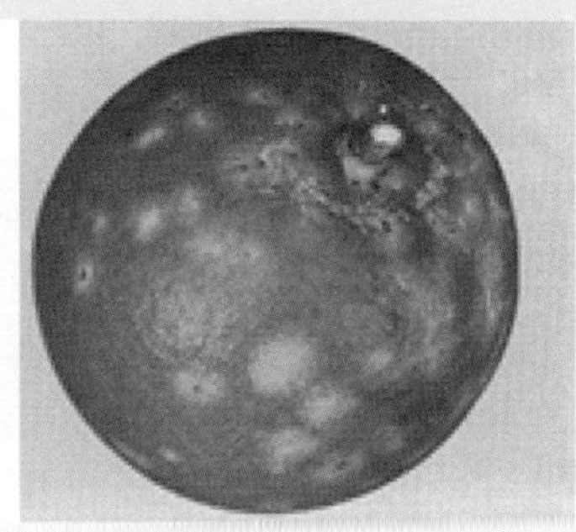

图 15-42 矢尖蚧受害叶片和果实

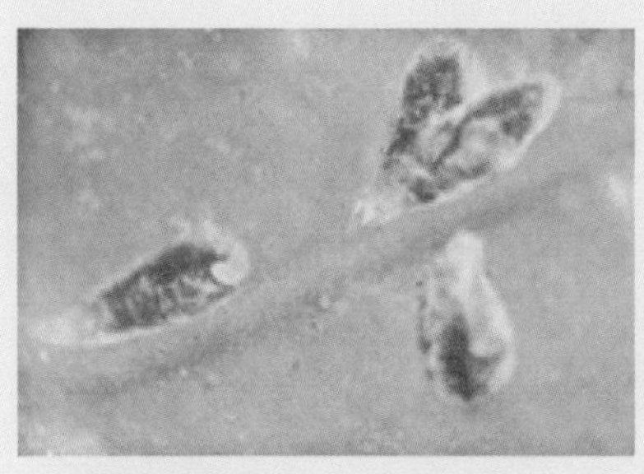

图 15-43 矢尖蚧雌成虫

图 15-44 矢尖蚧 1、2 龄若虫

3. 发生特点

1 年发生 2 ～ 4 代，以雌成虫和 2 龄若虫越冬。次年 4 月下旬至

5月初当日均温达19℃时雌成虫开始产卵孵化，各代1龄若虫分别于5月上旬、7月中旬和9月下旬达高峰。约10月下旬停止产卵孵化，各代中以第一代发生量大而较整齐，以后世代重叠。第一代1龄期约20天、2龄期约15天。温暖潮湿有利于其发生，高温干旱幼蚧死亡率高，树冠荫蔽通风透光差有利于发生，大树受害重。雌虫多分散取食，雄虫则多聚集取食。第一代多取食叶片。两性生殖。

4. 防治方法

① 加强栽培管理增强树势提高抵抗力，剪除虫枝、干枯枝和荫蔽枝，减少虫源和改善通风透光条件，有利于化学防治。

② 化学防治。第一代发生多而整齐是化学防治的重点，当有越冬雌成虫的去年秋梢叶片达10%或越冬雌成虫达15头/100叶或2个以上小枝组明显有虫或出现少数叶片枯焦应立即喷药防治。具体施药时间为枳砧锦橙初花后25天或第一代2龄雄若虫初见后5天或第一代若虫初见后20天喷第一次药，15天后再喷一次。如虫口不多也可对2、3代若虫进行防治。药剂有：480克/升毒死蜱或25%噻嗪酮1000～1500倍液、30%螺虫乙酯5000～7000倍液、22%氟啶虫胺腈4500～6000倍液、99%矿物油100～200倍液、17%氟吡呋喃酮3000～4000倍液、25%噻虫嗪4000～5000倍、20%松脂酸钠100～200倍，必要时15天后再喷一次。

③ 保护利用天敌。日本方头甲、红点唇瓢虫、整胸寡节瓢虫、矢尖蚧黄蚜小蜂、花角蚜小蜂和红霉菌等是其重要天敌，在其第2、3代时发生很多应注意保护。

六、糠片蚧

糠片蚧又名灰点蚧，属半翅目盾蚧科。我国各柑橘区均有分布，取食柑橘、梨、苹果、山茶、樱桃等多种植物。

1. 为害症状

可为害柑橘树干、枝、叶片和果实。尤以果蒂等灰尘较多处为多，常多个聚居取食，叶片受害处呈淡绿色斑点，果实受害处呈黄绿色斑点，由于其介壳呈灰白色，故枝干受害后其表面布满灰白色介壳。它还分泌蜜露诱发煤烟病使叶果表面覆盖一层黑色霉层，降低光合作用和养分制造功能，削弱树势，降低果实产量和品质。受害严重时树势很差，枝叶干枯死亡（图 15-45 ～图 15-47）。

图 15-45　糠片蚧枝干为害状

图 15-46　糠片蚧未成熟果实为害状

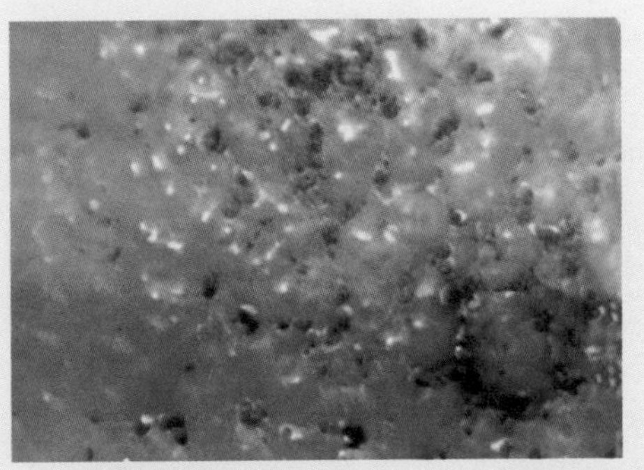

图 15-47　糠片蚧成熟果实为害状

2. 形态特征

雌成虫介壳长 1.5 ～ 2.0 毫米，形状和颜色不定，但多为不规则椭圆和卵圆形，介壳多为灰褐或灰白色，中部略隆起，边缘颜色较淡，两个壳点较小多重叠位于介壳边缘，第一壳点椭圆形暗黄色，第二壳点近圆形黄褐色。雌成虫近圆形淡紫或紫红色。雄虫介壳狭长灰白色，两边近平行，壳点淡黄色。卵椭圆形淡紫色。初孵若虫扁平椭圆形，淡紫色，复眼黑褐色，触角及足较短，尾毛1对。固定后足和尾毛消失。2龄雌虫介壳近圆形淡褐色，壳点淡黑色位于介壳前端，雄虫2龄介壳略长淡紫色。

3. 发生特点

在重庆1年3～4代，多以雌成虫和卵越冬，也有少数以2龄若虫和蛹越冬。田间世代重叠，发生极不整齐。各代1～2龄若虫分别盛发于4～6月、6～7月、7～9月和10月至次年4月，尤以7～9月为多，1～3代历期分别50～59天、40～45天和53～58天。能行孤雌生殖。产卵期长达3个月。若虫孵化后或在母体下面固定或爬出介壳固定取食，并分泌蜡质形成白色绵状物覆盖虫体，并形成介壳。各代产卵雌成虫的高峰期比下一代初孵若虫盛期约早10天。第一代主要为害枝叶，第二代为害果实最重。它喜寄居在荫蔽和光线不足的枝叶上，尤以果园四周邻近公路有蛛网或灰尘沉积处最多，果实油胞下凹处及果蒂部等处较多。叶面多于叶背。从主干和枝条蔓延至叶片和果实。

4. 防治方法

加强栽培管理增强树势提高植株补偿力，剪除虫枝、密弱枝和干枯枝以减少虫源改善通风透光条件，清洁树体，减少树上灰尘，改善生态条件。作好虫情测报，抓住各代1、2龄若虫盛发期喷药1～2次进行化学防治。药剂种类和施用浓度同矢尖蚧防治。其天敌主要有日本方头甲、草蛉、盾蚧长缨蚜小蜂、黄金蚜小蜂、糠片蚧蚜小蜂、长缘毛蚜小蜂、柑橘蚜小蜂和座壳孢菌等应注意保护和利用。

七、褐圆蚧

褐圆蚧又名茶褐圆蚧，属半翅目盾蚧科。为害柑橘、银杏、茶、栗和蔷薇等多种植物。我国各柑橘区均有发生，但以广东、福建和广西 3 省（区）南部和海南省等地发生及危害重。

1. 为害症状

它吸食柑橘叶片和果实汁液，叶片受害处叶绿素减退出现淡黄色斑点，使光合作用减退、枝梢生长不良，严重时叶片大量脱落，受害果实表面斑点累累、凹凸不平，降低果实品质和商品价值。不诱发煤烟病（图 15-48、图 15-49）。

图 15-48 褐圆蚧枝干为害状

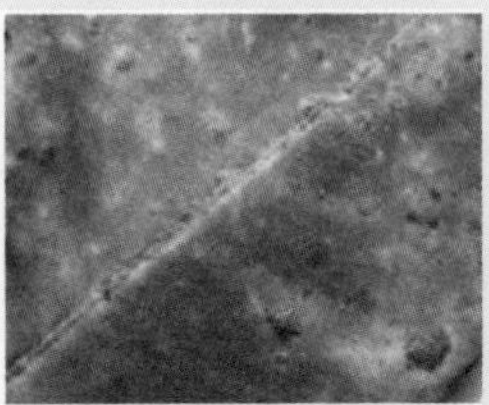

图 15-49 褐圆蚧叶片为害状

2. 形态特征

雌成虫介壳较坚硬，圆形，直径 1.2 ～ 2.0 毫米，紫褐或暗褐色，中央隆起表面有密而圆的同心轮纹，介壳边缘较低，壳点圆而重叠位于介壳中央形似草帽状，第一壳点极小，金黄色或红褐色，周围有暗褐圆圈似脐状，第二壳点暗紫红色。腹介壳较薄，灰白色。雌成虫杏仁形，淡黄或淡橙黄色，长约 1.1 毫米。雄介壳椭圆形，长约 1.0 毫米，与雌介壳同色，但后端为灰白色，壳点偏向前端。雄成虫体淡黄色，触角、足、交尾器和胸部背面褐色。卵淡橙黄色，长卵形，长约 0.2 毫米。若虫初孵时淡橙黄色，呈卵形，足 3 对，触角和尾毛各 1 对，口针较长，固定后附肢逐渐消失至 2 龄时仅剩口针。

3. 发生特点

在各地发生代数不一，1 年约 3 ～ 6 代，多以雌成虫越冬，田间世代重叠。在福州一年 4 代，各代若虫分别盛发于 5 月上中旬、7

月中旬、8 月中旬至 9 月中旬和 10 月上旬至 11 月上旬。在陕西城固 3 代幼蚧分别盛发于 5 月中旬、7 月中旬和 8 月下旬。卵不规则产于母体下，产卵期约 1 ～ 8 周，卵期数小时至 2 ～ 3 天，若虫孵出后爬出介壳数小时后即固定，固定前称游荡若虫其活动力强。第一龄若虫发育及活动最适温度为 26 ～ 28℃，27 ～ 28℃时 1 龄若虫期约 15 天，2 龄期约 11 天。行两性生殖。其繁殖量与营养条件有关，果上雌成虫平均产卵 145 粒，叶片上的每雌仅产卵 80 粒。幼蚧自然死亡率高，一般仅 1/5 ～ 1/2 最终存活。第一代为害叶片和幼果尤以嫩叶受害重，第二代取食果实最为严重。雌虫多在叶背尤以叶片边缘为害较多，雄虫多在叶面取食。甜橙受害最重，柚次之，橘类最轻。

4. 防治方法

加强栽培管理、增强树势，提高树体抵抗和补偿力，剪除虫枝和干枯枝可减少虫口基数和恢复树势，也有利于药剂防治。加强虫情监测，在各代 2 龄若虫盛期喷药防治，每 15 ～ 20 天 1 次，连喷 2 次，药剂种类和浓度同矢尖蚧防治。其天敌很多，主要有日本方头甲、整胸寡节瓢虫、红点唇瓢虫、草蛉、纯黄蚜小蜂、印巴黄蚜小蜂、斑点蚜小蜂、夏威夷软蚧蚜小蜂和座壳孢菌等，应注意保护利用。

八、黑点蚧

黑点蚧又名黑点介壳虫和黑片盾蚧，属半翅目盾蚧科。我国各柑橘栽培区均有分布。为害柑橘、枣和椰子等多种植物。

1. 为害症状

其雌成虫和若虫常群集吸食柑橘叶片、果实和嫩枝汁液；叶片受害处呈黄色褪绿斑，严重时叶片变黄，果实和枝条受害后亦形成黄斑，使果实外观和内质差，严重时会延迟果实成熟（图 15-50、图 15-51）。还诱发煤烟病使枝叶和果实表面覆盖黑色霉层，降低植物的光合作用减少养分供应，使树势衰弱，严重时枝叶干枯死亡。

图 15-50　黑点蚧叶片为害症状

图 15-51　黑点蚧果实症状

2. 形态特征

雌成虫介壳长方形漆黑色，长 1.6 ～ 1.8 毫米，背面有 3 条纵脊，第 壳点深黑色椭圆形斜向或正向突出于介壳前端，第二壳点较大呈长形，介壳周围边缘附有灰白色蜡质膜（图 15-52）。雌成虫倒卵形淡紫色。雄虫介壳略狭长而呈长方形灰黑色，长约 1.0 毫米，介壳后有较宽的灰白色蜡质膜。壳点 1 个椭圆形黑色位于介壳前端。雄成虫淡紫红色，复眼大而呈黑色，翅半透明有 2 条翅脉。卵椭圆形淡紫红色长约 0.25 毫米。若虫初孵时紫灰色扁平近圆形，后为深灰色，固定后足、触角和尾毛消失，并分泌蜡质物在背部形成白色蜡质绵状物。2 龄若虫椭圆形，壳点深黑色，中间有一条明显的纵脊后部为灰白色介壳，虫体灰白色至灰黑色。蛹淡红色。

3. 发生特点

在重庆 1 年 3 ～ 4 代，在浙江黄岩 1 年发生 3 代。田间世代重叠发生极不整齐。多以雌成虫和少数卵越冬。在重庆田间第一代 1 龄若虫于 4 月中旬开始出现，并于 7 月上旬、9 月中旬和 10 月出现 3 次高峰，12 月至次年 4 月很少出现。雌成虫则以 11 月至次年 3 月最多。卵产在母体下排列整齐，每雌平均产卵孵化出幼蚧 50 余头。若虫生存最适温度为日均 20℃左右。幼蚧自然死亡率高达 80% 左右，第一代主要取食叶片，5 月下旬有少量上果；第二代多为害果实，少部分取食叶片；第三代多取食叶片。叶面虫口多于叶背，树势衰弱受害重，树冠向阳处多于背阴处。

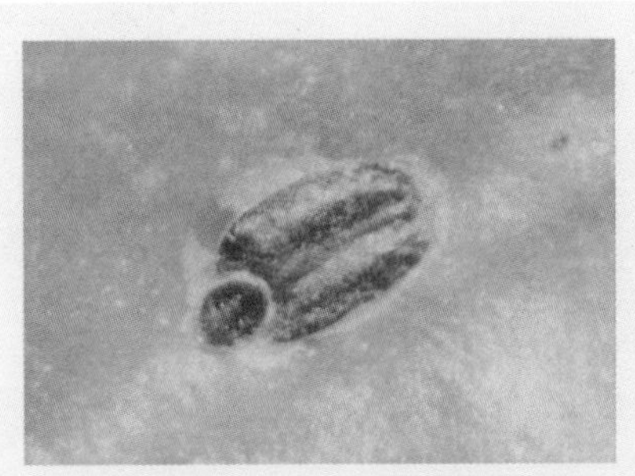

图 15-52　黑点蚧雌虫介壳

4. 防治方法

该虫在我国发生广但不重。通过加强栽培管理增强树势提高抗虫力和通过剪除虫枝减少虫口数等措施，一般可将害虫控制在经济阈值之内，不需进行化学防治。如越冬雌成虫达 2 头 / 叶时，要喷药防治时可在各代若虫高峰期每 15 ～ 20 天 1 次，连喷 2 次。药剂种类和浓度同矢尖蚧。其天敌有日本方头甲、红点唇瓢虫、整胸寡节瓢虫、小赤星瓢虫、盾蚧长缨蚜小蜂、纯黄蚜小蜂、长缘毛蚜小蜂、短缘毛蚜小蜂和座壳孢菌等许多种，喷药时应注意保护发挥其自然控制效果。

九、红圆蚧

红圆蚧又名柑橘红圆蚧和红圆蹄盾蚧，属半翅目盾蚧科。我国柑橘栽培区均有，辽宁、山东、河北和山西等地也有分布。寄主有柑橘、梨、苹果、茶、李、核桃和银杏等几十种。

1. 为害症状

雌成虫和若虫常群集取食柑橘叶片、果实和嫩枝，叶片受害处叶绿素减退而呈淡黄色，降低光合作用和养分供应，使树势衰弱，受害严重时枝叶枯死（图 15-53、图 15-54）。降低柑橘产量和品质。

图 15-53 红圆蚧果实为害状态

图 15-54 红圆蚧枝叶为害状

2. 形态特征

雌成虫介壳圆形或近圆形，直径 1.8 ～ 2.0 毫米，橙红色或棕红色，介壳薄而略扁平，壳点位于中央，第一壳点略突起橙红色，中央略呈脐状，周围有灰褐色圆圈，腹介壳完整，介壳透明隐约可见壳内肾形虫体。雌成虫淡橙黄色或橙黄色，体长 1.0 ～ 1.2 毫米。雄虫介壳椭圆形，初为灰白色后为暗橙黄色，长约 1.0 毫米，壳点 1 个呈橘红或黄褐色偏向介壳一边。卵椭圆形淡黄色至橙黄色。若虫初孵时长椭圆形橙红色，长约 1.0 毫米。2 龄若虫初为杏仁形淡黄色，后为肾脏形橙红色，足、触角和尾毛均消失。

3. 发生特点

在湖南 1 年发生 3 ～ 4 代，以雌成虫和 2 龄若虫越冬。次年 4 月越冬若虫变为成虫，5 月即开始产生幼蚧出现胎生若虫，7 月份出现第一代雌成虫，8 月份即产出若虫。第二、三龄若虫各于 8 月和 10 月产出。一头雌成虫一生可产 60 ～ 100 头幼蚧，初产幼蚧在母体下停留数小时至 2 天再爬出介壳，活动 1 ～ 2 天即固定取食。若虫固定 1 ～ 2 小时后即开始分泌蜡质在虫体背面，形成针尖大的灰白色蜡点并逐步形成介壳。在 28℃时 1 龄若虫期约 12 天，其中取食时间约 3.5 天、蜕皮时间约 8 天，2 龄若虫期约 10 天，其中取食期为 3.5 天、蜕皮时间约 6 天。雌虫多在叶片背面取食、雄虫则多在叶片表面上为害。常成群聚集树冠和苗木中下部的枝叶上取食。雌成虫胎生若虫时间可达 1 ～ 2 个月。

4. 防治方法

加强栽培管理以增强树势从而提高树体的补偿力和抗虫力；剪除有虫枝叶和树冠近地面的枝叶，可减少虫口基数也有利于化学防治。在各代若虫盛期尤其在第一若虫盛期进行喷药防治，每 15 ～ 20 天 1 次，连喷 2 次，药剂同矢尖蚧防治。其天敌有双带巨角跳小蜂、黄金蚜小蜂、红圆蚧金黄蚜小蜂、岭南蚜小蜂、中华圆蚧蚜小蜂、整胸寡节瓢虫和座壳孢菌等，喷药时应注意保护，让其更好发挥其对害虫的控制效果。

十、黄圆蚧

黄圆蚧又名黄肾圆盾蚧和橙黄圆蚧等，属半翅目盾蚧科。我国各柑橘栽培区均有分布。寄主有柑橘、梨、苹果、椰子、无花果和蔷薇等多种植物。

1. 为害症状

其雌成虫和若虫常在柑橘叶片、果实和小枝上吸食汁液，使受害处形成明显的褪绿黄斑或形成黄边。降低了光合作用，削弱养分供应，树势衰弱，严重时引起叶片脱落和枝条枯死（图 15-55、图 15-56）。降低柑橘产量和品质。

2. 形态特征

雌成虫介壳圆形或近圆形，橙黄略带红色或黄褐色至淡黄色，介壳直径约 2.0 毫米，介壳薄而略扁，表面有光泽，介壳半透明透过介壳可见虫体，壳点较扁平，褐色，位于介壳中央或近中央，脐状不明显，周围的灰白色隆起圆圈不明显或无圆圈。第一壳点褐色稍隆起，略呈乳突状，其雌成虫的大小、形态和颜色均与红圆蚧很相似而易于混同，但黄圆蚧臀板腹面生殖孔的前方两侧各有 1 个倒“V”字形硬皮片，红圆蚧生殖孔除前方两侧各有 1 个倒“U”字形硬皮片之外其上方两侧还横列有 2 个硬皮片（图 15-57）。雄虫介壳长椭圆形，直径约 1.3 毫米，壳点偏向于 1 端，介壳的色泽和质地同雌成虫介壳。1 龄若虫近圆形，淡黄色，直径约 0.25 毫米，有触角和足等附肢，2 龄若虫触角和足均消失，并逐渐形成淡黄色的介壳和壳点。

图 15-55 黄圆蚧叶背为害状

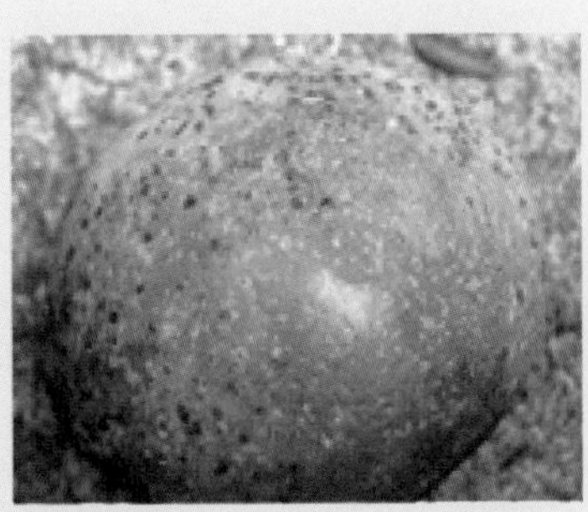

图 15-56 黄圆蚧果实为害状

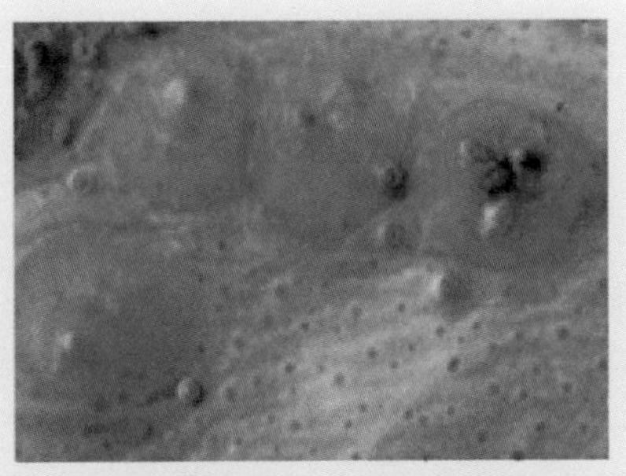

图 15-57 黄圆蚧雌成蚧

3. 发生特点

在湖南 1 年发生 3 ～ 4 代，主要以 2 龄若虫在枝叶上越冬。4 月下旬越冬代雌成虫开始产出幼蚧，其卵在雌成虫腹中孵化后再产出幼蚧。各代幼蚧胎生盛期约在5月上中旬、7月中下旬和10月上中旬。一头雌成虫一生可胎生幼蚧100～150头。在柑橘园中常与红圆蚧混合发生。但它的抗寒力较红圆蚧强。主要在温暖的山麓、溪谷和路边的柑橘园发生。树势弱、灰尘多的植株受害重。其他习性与红圆蚧相似。

4. 防治方法

应加强栽培管理以增强树势从而提高抗虫力，同时剪除虫枝和弱枝以减少虫源更新树势，清洁柑橘园从而改善橘园生态以创造不利于害虫生存的环境条件。做好虫情监测。在若虫盛发期及时喷药防治，所使用的药剂和浓度同矢尖蚧，每15～20天1次，连喷1～2次。黄圆蚧的天敌种类与红圆蚧的天敌种类大多相同，如整胸寡节瓢虫、黄金蚜小蜂、双带巨角跳小蜂、岭南蚜小蜂和座壳孢菌等均对其有很好控制效果。喷药和进行其他栽培管理时应注意保护。

十一、长牡蛎盾蚧

长牡蛎盾蚧又名长蛎蚧、橘长蛎蚧和长牡蛎介壳虫，属半翅目盾蚧科。我国各柑橘栽培区均有分布。寄主有柑橘、樱桃、葡萄、椰子、橄榄、茶、柳和玉兰等。

1. 为害症状

其雌成虫和若虫聚集柑橘枝干、叶片和果实上吸食汁液，尤以枝条和叶片上虫口最多（图15-58、图15-59）。叶片上多在叶两面的叶缘和主脉两侧较多。引起受害处褪绿变黄，严重时引起落叶枯枝，也损害果实外观降低商品价值，降低产量和品质。

2. 形态特征

雌成虫介壳呈狭长型，长2.5～3.3毫米，宽0.95毫米，介壳略向一边弯曲，后端略宽，柠檬色或暗棕色。壳点两个，椭圆形或长椭圆形，淡黄色至淡琥珀色，突出于介壳的前端。腹介壳灰白色，中央有较宽而长的裂缝，并从头到腹部末端将腹介壳分为左右两片，裂缝由头到腹逐渐增大，至尾部时明显可见其虫体。雌成虫体细长呈淡紫色，体长 1.5 ～ 2.0 毫米。雄虫介壳似雌虫介壳，但颜色稍浅，长约 1.5 毫米，介壳两边略平行，壳点 1 个突出于介壳前端。雄成虫体长 0.65 毫米，淡紫色，翅透明，复眼紫红色。触角略紫色，共 11 节。卵长椭圆形，长 0.23 毫米，初产时灰白色后变为淡紫红色，似珍珠状，在雌成虫腹下排成 2 行，每行 12 ～ 14 粒。初孵若虫长椭圆形，淡肉红色，有触角、足和尾毛，爬行较快，固定后附肢消失并开始分泌蜡质在背部渐形成微黄色蜡质物，2 龄雌若虫体背蜡质层，初为灰白色后为橙黄色。2 龄雄若虫初期与 2 龄雌虫相同，后期介壳较狭长。蛹初为肉红色后为淡紫色。

图 15-58 长牡蛎盾蚧叶片为害状

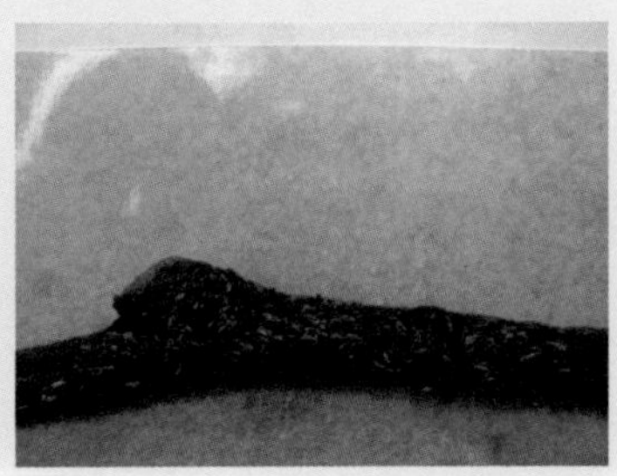

图 15-59 长牡蛎盾蚧枝干为害状

3. 发生特点

该虫 1 年发生 2 ～ 3 代，以受精雌成虫越冬。次年 4 月上中旬开始产卵，4 月下旬至 5 月初为产卵盛期，第一代一龄若虫于 5 月上中旬盛发，第一代雌成虫于 7 月下旬至 8 月下旬盛发。第二代雌成虫于 10 月上旬至 11 月下旬产卵，10 月中下旬达产卵盛期。柑橘园中它常与牡蛎蚧混合发生，幼树以树冠中部枝叶较多，果实次之，大树以树冠中上部枝叶较多。

4. 防治方法

加强栽培管理以增强树势从而提高树体抵抗力和补偿力；结合修剪剪除有虫枝和密弱枝以减少虫口基数和改善树体生态条件，改善化学防治条件提高防治效果。加强虫情监测，需喷药防治时可在各代若虫盛发期喷药，每 15 ～ 20 天 1 次，喷 1 ～ 2 次。药剂种类和浓度与矢尖蚧防治相同。其天敌有长牡蛎盾蚧黄蚜小蜂、红圆蚧金黄蚜小蜂、双带花角蚜小蜂、长缨恩蚜小蜂、瘦柄花翅蚜小蜂、双斑唇瓢虫和座壳孢菌等，对长牡蛎盾蚧有较好的控制效果，应注意保护利用。

十二、长白蚧

长白蚧又名日本长白蚧和白橘虱等，属半翅目盾蚧科。我国浙江、江苏、湖南、湖北、广东、广西、福建和台湾等地区有分布，寄主有柑橘、梨、苹果、山楂、樱桃、无花果、橄榄、葡萄和虎刺等。

1. 为害症状

其雌成虫和若虫在柑橘的枝、干、叶片和果实上吸食汁液，常造成枝叶干枯和脱落，严重时植株枯死，严重影响柑橘的产量和果实外观及品质（图 15-60）。

2. 形态特征

雌成虫介壳灰白色，长纺锤形，其前端附着 1 个呈点状的卵圆形褐色壳点（图 15-61）。雌成虫体长梨形黄色，体长 0.6 ～ 1.4 毫米，宽 0.2 ～ 0.36 毫米，口针很长，腹部明显可见 8 节。雄成虫体淡紫色，体长 0.48 ～ 0.66 毫米。头部和复眼的色泽较深，翅白色半透明，触角丝状共 9 节。腹部末端有针状交尾器。卵椭圆形淡紫色，长 0.2 ～ 0.27 毫米。初孵若虫椭圆形淡紫色，长 0.20 ～ 0.31 毫米，触角 5 节，足 3 对发达，腹部末端有尾毛 1 对，1 龄后期体长约 0.39 毫米。2 龄若虫体长 0.36 ～ 0.92 毫米，3 龄若虫体淡黄色，腹部最后 3 ～ 4 节向前隆起。蛹体长 0.66 ～ 0.85 毫米。

3. 发生特点

该虫在浙江、江苏和湖南等橘区 1 年发生 3 代，主要以老熟若虫和前蛹在枝干上越冬。次年 3 月中旬雄成虫开始出现，在浙江 4 月上中旬为雄成虫出现盛期，4 月下旬为雌成虫产卵盛期，5 月上旬卵开始孵化出现第一代若虫，5 月下旬为第一代若虫盛发期。第 2 代和第

3代若虫分别盛发于7月下旬和9月中旬至10月上旬。在湖南各代若虫发生盛期约比浙江早15天。田间雌成虫产卵期较长，世代重叠严重。雄成虫多于下午羽化出来，其飞翔力较弱，交配后即死亡。每雌虫平均产卵20余粒，卵期5～21天。晴天中午若虫大量从母体下爬出，约经2～5小时爬行后即固定，并很快开始分泌蜡质形成灰白色介壳。该虫目前在浙江衡州橘区危害严重。寄主组织幼嫩有利于其生长发育，一般小树受害重于大树，高温低湿不利于其生存。其生长最适条件为20～25℃和80%以上的相对湿度。

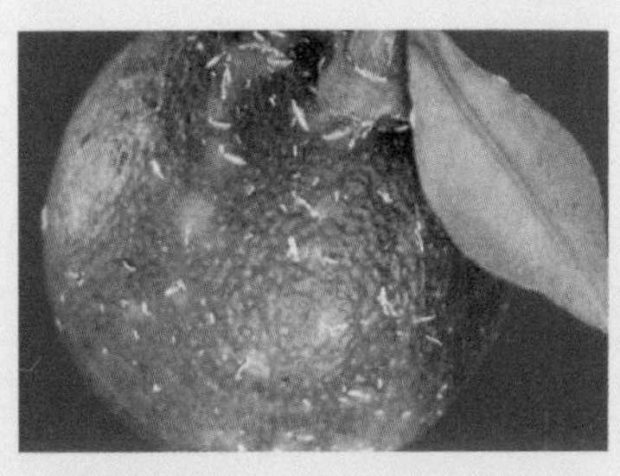

图15-60 长白蚧果实为害状

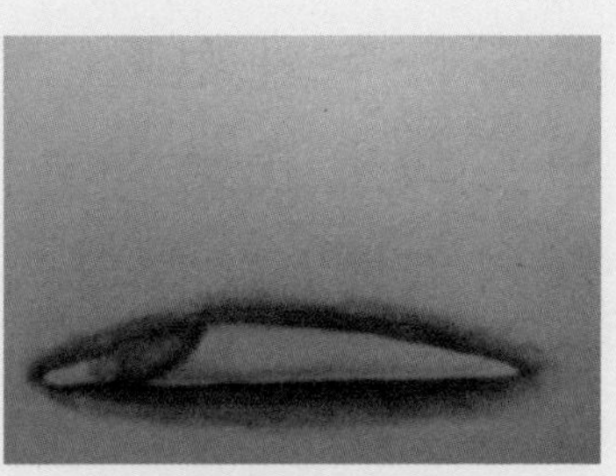

图15-61 长白蚧介壳

4. 防治方法

该虫目前仅在少数地区发生，要注意防止其传播蔓延，新区应加强苗木检查，发现苗木等有虫时应立即销毁。剪除有虫枝、密弱枝和荫蔽枝，不间种高秆作物，一则可降低虫口数，二则可降低果园湿度、改善光照条件从而恶化害虫生存条件，也有利于化学防治。化学防治应在各代1、2龄若虫盛期喷药，药剂种类和浓度同矢尖蚧。其天敌有长白蚧长棒蚜小蜂、长白蚧阔柄跳小蜂、长缨恩蚜小蜂和红点唇瓢虫等，应注意保护利用。

十三、吹绵蚧

吹绵蚧又名吹绵介壳虫、白蚰和黑毛吹绵蚧，属半翅目硕蚧科。我国分布很广泛。寄主植物有柑橘、梨、苹果、桃、芝麻、蔷薇、豆科和茄科植物等 100 余种。

1. 为害症状

它的雌成虫常聚集柑橘枝、干上吸食，若虫尤其是低龄若虫多在叶片和小枝上取食，果梗和嫩芽也有少数虫体。受害叶片叶绿素降低、变黄，光合作用差，引起落叶落果。它分泌蜜露诱发严重煤烟病，使枝叶和果实表面覆盖很厚的一层黑色霉层，不但降低光合作用还削弱了植株呼吸作用，使树势衰弱。严重时枝叶干枯，植株死亡。严重降低了柑橘产量和品质。

2. 形态特征

雌成虫椭圆形红褐色，长 5 ～ 7 毫米、宽 3.7 ～ 4.2 毫米，背面有很多短的黑色细毛，并覆盖许多白色颗粒状蜡粉。头、胸和腹分界明显，触角 11 节黑色，足黑色有刚毛。产卵前在腹部后部分泌蜡质，在体后形成 14 ～ 16 条较规则的白色卵囊（图 15-62）。卵长椭圆形，橘红色，长 0.7 毫米，产在卵囊内。1 龄若虫椭圆形，橘红色，背面有蜡粉，复眼、触角和足黑色，腹末有 3 对长尾毛，触角 6 节，2 龄若虫红褐色，背面蜡粉为淡黄色，3 龄若虫体红褐色，触角为 9 节。以后随虫体增大体色变深，体毛、蜡粉和背部边缘的毛丛增多，胸部和腹部边缘的毛呈毛簇状。雄虫极少。

3. 发生特点

在重庆 1 年发生 3 ～ 4 代，各虫态均可越冬但以若虫为主。田间世代重叠。越冬雌成虫 3 月份开始产卵，5 月达盛期，其繁殖量较大，第一代平均每雌虫可产 805 粒卵，第一代若虫于 5 月上旬至 6 月中旬盛发。第二代若虫于 7 月中旬至 11 月下旬发生，8 ～ 9 月盛发。田间若虫高峰期主要在 5 ～ 6 月和 8 ～ 9 月。田间雌成虫分别于 4 ～ 5 月、7 ～ 8 月和 9 ～ 10 月为多，尤以 4 ～ 5 月、9 ～ 10 月最盛。多进行孤雌生殖。温暖高湿适宜其发生，20℃和高湿最适于产卵，22 ～ 28℃最适于若虫活动，23 ～ 27℃最适于雌成虫活动。低于 12℃或高于 40℃若虫死亡率大增。雌成虫多在枝、干上群集取食，1 龄若虫多在叶背主脉附近取食，2 龄后逐渐分散取食，若虫每蜕皮 1

次就换 1 处取食。树势弱受害重。

4. 防治方法

加强田间管理以增强树势从而提高抗虫力和补偿力，剪除虫枝、荫蔽枝和干枯枝可减少虫口基数，改善植株生长条件，恢复树势。橘园不间种高秆作物和豆类等，一则可降低果园湿度，二则可减少其他寄主植物，还可提高施药质量。吹绵蚧寄主广、繁殖量大，易暴发成灾，故最好不要传入无虫区，一旦发现应立即销毁。澳洲瓢虫是其最有效的专食性天敌，有虫区应尽量利用其来控制害虫，放虫后要尽量不喷或少喷有机磷和拟除虫菊酯类杀虫剂以免杀死天敌（图 15-63）。如无天敌时也可在若虫盛期喷药防治，药剂种类和浓度同矢尖蚧，但机油乳剂对其防治效果差。

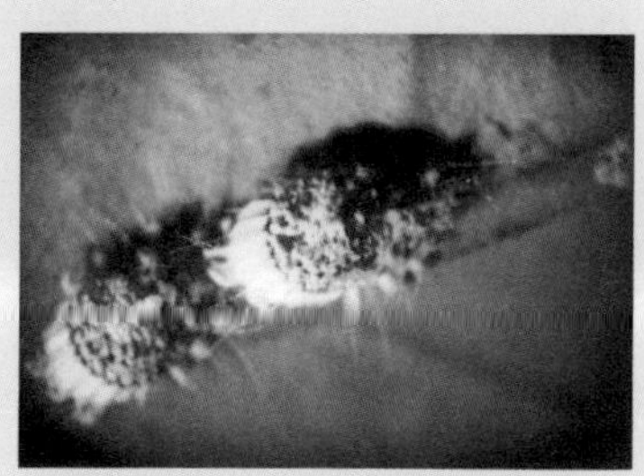

图 15-62　吹绵蚧有卵囊雌成虫

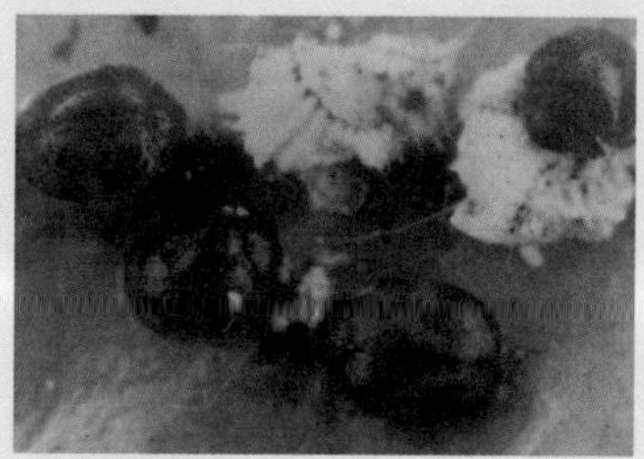

图 15-63　澳洲瓢虫取食吹绵蚧

十四、红蜡蚧

红蜡蚧又名红蜡介壳虫、红虱，属半翅目蜡蚧科。我国各柑橘栽培区均有分布。寄主有柑橘、茶、柿、枇杷、梨、荔枝、樱桃、石榴和杨梅等数十种。

1. 为害症状

其若虫和雌成虫常聚集在柑橘当年抽发的春梢枝条上吸食汁液，果梗和叶柄上也有少数虫体取食。除吸食养分外它还分泌蜜露诱发严重的煤烟病，使枝叶和果面覆盖很厚的黑色霉层，既降低了光合效能减少养分供应降低产量，又严重损坏果实的外观。受害树枝叶抽发短小而少，开花少结果小，干枯枝多树势衰弱，使柑橘产量和品质损失很大。

2. 形态特征

雌成虫体椭圆形紫红色，背面有较厚的呈不完整的半球形中央稍隆起的粉红或暗红色直径 3 ～ 4 毫米的蜡质介壳，介壳四边向上反卷呈瓣状，从介壳顶端至下边有 4 条扭曲延伸的白色斜线（图 15-64）。雄虫介壳较狭小而色较深。卵紫红色椭圆形，长 0.3 毫米。初孵幼蚧体扁平椭圆形，淡紫色，体长约 0.4 毫米，触角 6 节，腹末有尾毛 2 根，固定后触角、足和尾毛消失，随即分泌蜡质在体背形成白色蜡质小点（图 15-65）。2 龄若虫体稍突起，广椭圆形，紫红色，背部开始形成蜡壳和白色蜡线，3 龄若虫长圆形，体长约 0.9 毫米，蜡壳两侧的白色蜡线更显著，蜡壳更厚。介壳中央隆起成脐状。

图 15-64 红蜡蚧雌成虫

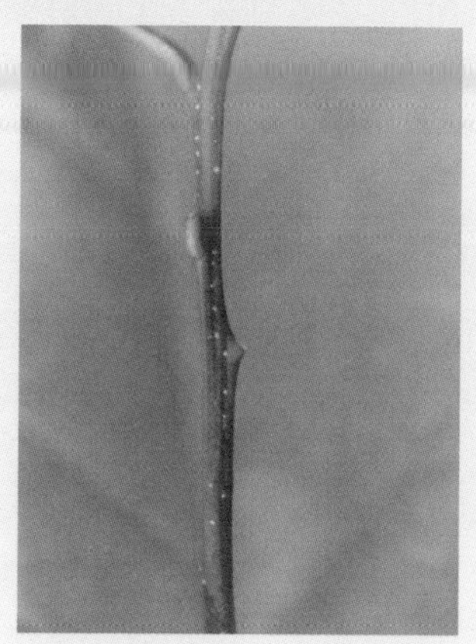

图 15-65 红蜡蚧幼蚧

3. 发生特点

该虫 1 年发生 1 代，以受精雌成虫越冬。次年 5 月中下旬开始产卵，卵期 1 ～ 2 天。幼蚧盛发于 5 月底至 6 月初，7 月初为幼蚧发生末期。每雌平均产卵 475 粒。幼蚧孵出后即从介壳下爬行至当年生春梢枝条上固定取食，并很快分泌蜡质在体背形成白色蜡点，以后蜡质逐渐增多加厚形成介壳。雌虫 1 ～ 3 龄期分别为 20 ～ 25 天、23 ～ 25 天和 30 ～ 35 天。雌雄比为 9∶1。橘类和金柑受害重，橙和柚类受害轻，大树受害重，幼树受害轻，尤以衰弱树受害最重。当年生春梢枝受害重，其他枝和叶片很少受害。雌虫多在枝条上取食，雄虫则多在叶背和叶柄上取食。

4. 防治方法

加强肥水管理、多施有机肥以增强树势，使其新梢抽发整齐、生长快而健壮，可减轻危害。剪除虫枝、干枯枝和衰弱枝可减少虫口基数和更新树势，提高补偿力。从 5 月上旬开始每 2 天观察 1 次幼蚧孵出情况，如发现当年的春梢枝上有个别幼蚧爬出或固定之后 20 天左右喷第一次药剂，隔 20 天后再喷 1 次。药剂种类和浓度同矢尖蚧。红蜡蚧的主要天敌有孟氏隐唇瓢虫、红蜡蚧啮小蜂、蜡蚧扁角跳小蜂、夏威夷软蚧蚜小蜂和红帽蜡蚧扁角跳小蜂等，喷药和修剪时应注意保护利用。

十五、网纹绵蚧

网纹绵蚧又名多角绵蚧和多角絮蚧，属半翅目蜡蚧科。我国各柑橘栽培区均有发生，目前在重庆、四川、贵州、湖南、江西和湖北等地的少部分柑橘发生较重。寄主有柑橘、苹果、枇杷、栀子和油桐等。

1. 为害症状

其若虫和雌成虫常群集柑橘叶面和小枝条上吸食汁液，尤以叶背主脉两侧较多，叶片和果实上极少。它还诱发煤烟病使柑橘的枝叶和果实表面覆盖黑色霉层阻碍光合作用。网纹绵蚧为害使植株生长衰弱，枝梢抽发短小而少，导致柑橘产量和品质降低（图 15-66）。

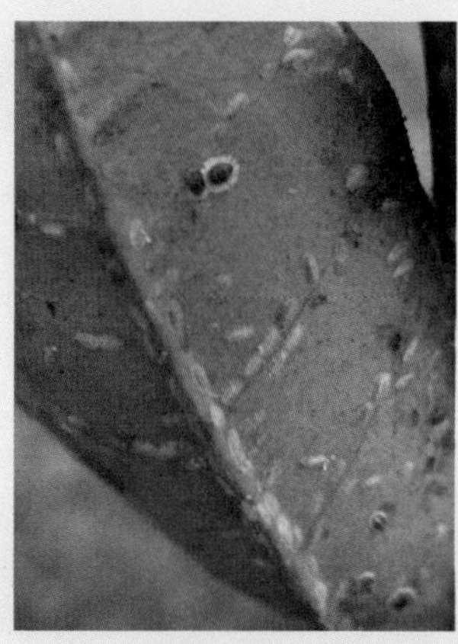

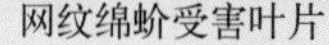

网纹绵蚧受害叶片

网纹绵蚧受害枝

图 15-66 网纹绵蚧为害植株状

2. 形态特征

雌成虫体长 2.5 ～ 5.3 毫米，宽约 2.0 毫米（图 15-67）。扁平长椭圆形，体前后端稍窄而略圆，背面中央有稍隆起呈暗黄褐色或灰黑色的脊纹，边缘略扁平而色稍淡，至产卵前脊纹消失而呈现暗黄绿色，体周缘黄褐色。体背有一薄层白蜡粉，白色卵囊自腹末伸出，近长圆形，带卵囊虫体长 4 ～ 7 毫米、宽 3 ～ 5 毫米（图 15-68）。其背面由前向后呈波状起伏，并有 2 条横纹与 3 条略下凹而成的平行纵沟相交而成网状故名网纹绵蚧；又因虫体两侧有白色蜡质絮状物在近前端两侧各伸出几条稍长白色蜡质角状物，故又名多角绵蚧。上述形态学特征有别于吹绵蚧，在田间识别中不易混淆。卵椭圆形，淡黄绿色，长 0.3 毫米。初孵幼蚧长椭圆形，淡黄绿色，触角和足发达，单眼红褐色，体周有缘毛，稍大时背中央有 1 条淡黄褐色纵纹。2 龄若虫初期无色透明，雌虫后期体呈卵形，中部稍宽，背中央隆起有暗褐色纵纹，体边缘略扁平。雄体稍小而扁平，呈淡黄色，背中央无暗褐色纵纹，背面呈网纹状。

3. 发生特点

在重庆 1 年发生 2 代，以 2 龄若虫在枝叶上越冬。次年 4 月越冬若虫从老叶迁至嫩梢和嫩叶上取食，并变为成虫，雌成虫产卵前形成卵囊产卵其中，4 月中下旬为产卵初期，4 月末至 5 月中旬达盛期，5 月上中旬卵大量孵化。每雌一生可产卵 213～1791 粒（平均 1089 粒），每日产卵多达 150 余粒，产卵期达 10 余天。若虫孵出后即爬至新枝新叶寻觅取食和栖息，若虫遇惊后可迁至他处。第二代若虫于 7 月下旬至 8 月上旬出现，但以第一代发生危害重。郁闭和密弱柑橘园受害重。

图 15-67　网纹绵蚧雌成虫

图 15-68　网纹绵蚧有卵囊雌成虫

4. 防治方法

加强肥水管理以增强树势从而提高树体抗虫力和补偿力，剪除有虫枝、郁闭枝和干枯枝等以减少虫口基数从而改善柑橘园生态条件以减轻危害，也有利于化学防治。化学防治应在第一代若虫期进行，也可在第二代或越冬后若虫期进行，药剂种类和浓度同矢尖蚧。其天敌有黑缘红瓢虫、红点唇瓢虫、蜡蚧斑翅蚜小蜂、夏威夷软蚧蚜小蜂、草蛉和刀角瓢虫等，喷药时应注意保护和利用。

十六、柑橘小粉蚧

柑橘小粉蚧又名橘棘粉蚧，属半翅目粉蚧科。我国各柑橘栽培区均有分布，河北、山西和辽宁等地亦有分布。寄主有柑橘、梨、苹果、桃、杏、李、柿、板栗和石榴等多种。

1. 为害症状

它多聚集在柑橘叶柄、果梗近萼片处和枝叶交接处等荫蔽地方取食，尤以萼片和叶背主脉近叶柄两侧较多。叶片受害处多呈黄斑，严重时叶片变黄脱落，果梗受害导致落果（图 15-69）。它还诱发严重的煤烟病使枝叶和果实表面布满黑色霉层，阻碍光合作用，降低养分制造功能，使植株生长势衰弱，使果实产量和品质降低。蜜露还招引蚂蚁而妨碍天敌活动。

2. 形态特征

雌成虫体长 2.0 ～ 2.5 毫米，椭圆形，淡红或黄褐色，体背隆起，体表被有较厚的白色蜡粉但各体节处较少（图 15-70）。体边缘有 14 对白色而细长的蜡质刺突，前端的蜡刺长度不及体宽之半，其长度由前至后逐渐增长，最后 1 对蜡刺特别长约为体长的 1/3 ～ 2/3，相差极大。触角 8 节，其中 2、3 节和末节最长。足细长。卵淡黄色椭圆形，长约 0.37 毫米，产于母体的蜡质絮状卵囊内。卵囊前端窄后端宽，略向一边弯曲。初孵若虫体扁平，椭圆形，淡黄色，足和触角较发达。2、3 龄若虫与雌成虫相似但虫体较小，体上的蜡粉少而薄。

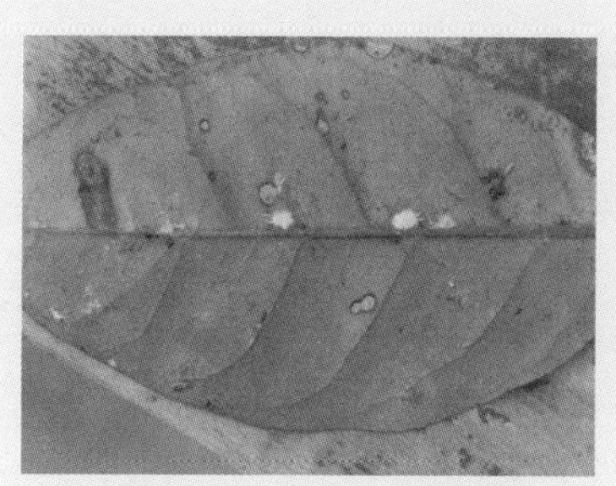

图 15-69 柑橘小粉蚧受害叶片

图 15-70 柑橘小粉蚧雌成虫

3. 发生特点

柑橘小粉蚧在我国柑橘区 1 年发生 4 ～ 5 代，在浙江多以卵越冬，在湖南则多以雌成虫和少数若虫越冬。11 月上旬平均温度达 15℃以下时虫体即不活动，4 月中下旬越冬雌成虫开始产卵，每雌平均可产卵 300 ～ 500 粒，最多的可产卵 1000 余粒。其雌成虫和若虫均不固定取食，终身可爬行。第一代若虫多在叶背、叶柄、果蒂、小枝剪断处和干枝裂口处取食，第 2、3 代则主要在果蒂取食。一般管理差、枝叶密集荫蔽的柑橘园和温室内的植株上发生多受害较重。它喜荫蔽和潮湿环境。常与柑橘粉蚧混合发生。

4. 防治方法

该虫在我国柑橘区一般发生很轻，但近年由于设施栽培的发展在一些温、网室和大棚内栽培的植株和苗木上有加重危害之势。除加强管理增强树势外，剪除郁闭、密弱和虫口多的枝叶，减少虫口基数改善树体通风透光条件，从而减轻为害，大棚和温、网室还应注意开窗通风以降低空气湿度。加强虫情监测。需化学防治时应在第一代 1 ～ 2 龄若虫盛期进行喷药，隔 15 天再喷 1 次。药剂种类和浓度同矢尖蚧。其天敌有孟氏隐唇瓢虫、黑方突毛瓢虫、粉蚧三色跳小蜂、粉蚧长索跳小蜂和粉蚧蓝绿跳小蜂等应注意保护利用。

十七、柑橘粉蚧

柑橘粉蚧又名紫苏粉蚧，属半翅目粉蚧科。我国各柑橘栽培区均有分布。寄主有柑橘、梨、苹果、柿、葡萄、龙眼、紫苏、烟草、桑、棉花和松树等。

1. 为害症状

其雌成虫和若虫常群集在柑橘叶片背面和果蒂处吸食汁液，使受害处出现黄斑，严重时造成落叶落果。它还诱发严重的煤烟病使枝叶和果实表面盖一层黑色霉层，妨碍光合作用，减少养分供应，削弱树势，降低柑橘的产量和品质（图 15-71）。

2. 形态特征

雌成虫椭圆形、肉黄色，体长 3 ～ 4 毫米、宽 2.0 ～ 2.5 毫米，体前端稍窄、后端钝圆，体背覆盖白色蜡粉，体边缘有 18 对粗短的白色蜡质刺突，蜡刺短而略尖，腹末的1对较粗而略长（这是与柑橘小粉蚧的主要区别）。触角和足较发达，触角8节末节最长。卵椭圆形淡黄色，初孵若虫淡黄色无白色蜡粉，扁平椭圆形。分散后开始分泌白色蜡粉，2、3龄若虫与雌成虫相似但体略小，蜡粉也较少（图15-72）。

图15-71 柑橘粉蚧树枝为害状

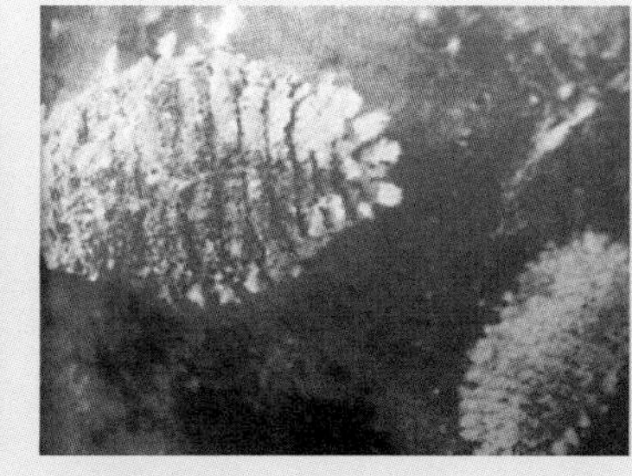

图15-72 柑橘粉蚧成虫和若虫

3. 发生特点

该虫1年发生3～4代，以雌成虫在树皮裂缝和树洞等处越冬。田间发生不整齐。雌成虫产卵前将虫体固定并分泌蜡质形成白色絮状卵囊，之后产卵其中，每一雌虫可产卵300～500粒，卵常成堆产在一起。在生长季节一般变为雌成虫后2周即开始产卵，在夏季产卵期为6～14天，卵期约为6～10天。1龄若虫期平均为15天，2、3龄若虫期各约为15天。该蚧多行孤雌生殖。卵孵化后若虫即爬出卵囊，喜群集在嫩叶背面中脉两侧、嫩芽、果蒂、果与果或叶接合处和叶片折叠处等比较荫蔽之处取食。它喜荫蔽潮湿环境，故在枝叶密集的柑橘园、网室和大棚栽培的苗木和幼树上发生多、危害重。其生长和繁殖的最适温度为22～25℃。它常和柑橘小粉蚧混合发生。它分泌的蜜露还易诱致蚂蚁上树妨碍天敌活动。

4. 防治方法

由于该虫常和柑橘小粉蚧混合发生，它们的生活习性也很相似，故其防治措施也基本上与柑橘小粉蚧相同，其天敌种类也基本相同。

十八、柑橘根粉蚧

柑橘根粉蚧属半翅目粉蚧科。我国台湾分布较多，近年在浙江、福建、江西和云南等省的少数柑橘园也有发生。其寄主有柑橘、莲子草、女贞、酢浆草和加拿大蓬等植物。

1. 为害症状

其雌成虫和若虫常群集在柑橘的须根和细根上部吸食汁液，造成根皮霉烂。严重时还可危害主根和大根的皮层，造成根部皮层和形成层死亡脱落。在土壤积水时它还可迁移到地面上 30 厘米的根颈的表皮吸食。受害树呈现缺肥（氮）黄化症状，枝叶抽发少而弱，叶片小而色淡，落花落果多（图 15-73）。

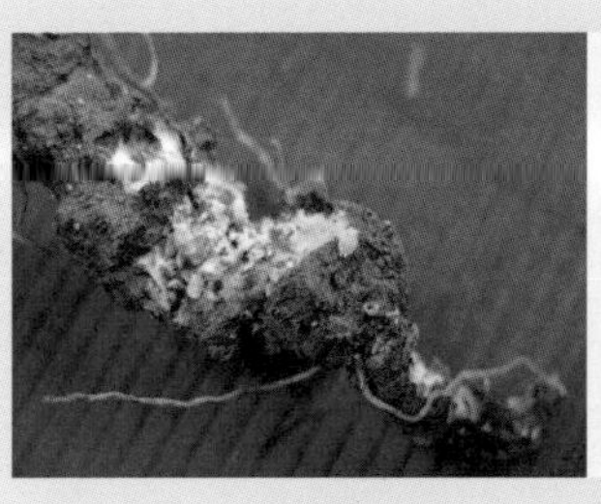

图 15-73 柑橘根粉蚧不同为害状

2. 形态特征

雌成虫体长 1.5 ～ 2.2 毫米，长椭圆形淡黄色，体表被有白色蜡粉，触角 5 节多毛。体背前后部各有背唇裂 1 个，第 3、4 腹节腹面各有 1 个圆形脐斑，前面 1 个较小，肛门环上有 6 根刚毛。雄成虫体长约 0.67 毫米，纺锤形，两端尖削，淡黄色，体上被白色蜡粉，触角和足淡黄色，触角 7 节念珠状，口器、眼和翅均退化，头部很小几乎全被胸部所覆盖。足发达，腹部 9 节（图 15-74）。卵椭圆形，乳白色，长约 0.25 毫米。初孵若虫形似雌成虫，触角 4 节。体上有白色蜡粉。

图 15-74 柑橘根粉蚧成虫

3. 发生特点

该虫在福建邵武 1 年发生 3 代，在江西南丰 1 年发生 3 ～ 4 代，均以若虫和少数未成熟雌成虫越冬。在邵武越冬若虫 3 月下旬变为初期成虫，未成熟雌成虫发育为成熟雌成虫，4 月上中旬越冬雌成虫开始产卵，4 月下旬至 5 月下旬为第一代产卵期，7 月下旬和 9 ～ 10 月分别为第 2、3 代产卵盛期。6 月、8 月和 9 ～ 11 月为各代若虫盛期，7 月下旬、9 月中下旬和次年 4 ～ 5 月为各代雌成虫盛发期。在江西南丰其各代若虫分别于 5 月上旬、7 月上中旬、8 月下旬至 9 月上旬和 10 月份以后盛发。其雄虫很少，故多行孤雌生殖。成虫产卵在细根上的卵囊内，1 个卵囊有卵数 10 粒至 100 余粒。该虫适宜的温度为 15 ～ 25℃，适宜的土壤含水量为 27.6% ～ 52.5%，因此它在土壤中栖息深度与土壤含水量有关，土壤含水量高则分布浅，土壤含水量低则分布深。若土壤积水该虫会大量死亡，因此多雨时它常向土表迁移，有时甚至会爬到距地表 30 厘米的主干表皮取食。雌成虫耐饥力强，无食物时可存活 6 ～ 19 天。

4. 防治方法

由于该虫分布范围有限，故应严格控制其传播蔓延。要对苗木严格检查禁止带虫苗木进入无虫区，一经发现应立即销毁。在越冬雌虫产卵前或在生长期间连日下大雨后，用 50% 辛硫磷 2000 ～ 3000 倍液和 40% 毒死蜱 3000 倍液等浇灌土壤根部和喷根颈部。挖除受害严重的植株及其根部销毁，并用辛硫磷和毒死蜱等药剂喷灌土壤杀死土中害虫。

十九、黑刺粉虱

黑刺粉虱，属半翅目粉虱科。我国各柑橘产区均有分布。除为害柑橘外，还可为害茶、油茶、梨、枇杷、苹果、柿、栗、龙眼、香蕉、橄榄、月季等多种植物。

1. 为害症状

黑刺粉虱主要为害叶片。以幼虫聚集叶片背面刺吸汁液，形成黄斑，其排泄物能诱发煤烟病，使枝叶发黑、枯死脱落，严重影响植株生长发育，枝梢抽发少而短小，降低产量。

2. 形态特征

① 成虫。体长 0.96 ～ 1.3 毫米，橙黄色，薄敷白粉。复眼肾形红色。前翅灰褐色，上有 6 个不规则的白斑；后翅较小，淡紫褐色（图 15-75）。

② 卵。新月形，长 0.25 毫米，有 1 小柄，直立附着在叶上，初乳白后变淡黄，孵化前灰黑色（图 15-75）。

③ 幼虫。共 3 龄，初孵淡黄色，随后变为黑色，体长 0.27 ～ 0.30 毫米。2 龄：雌虫长 0.39 ～ 0.43 毫米。3 龄：雌虫长 0.64 ～ 0.73 毫米。

④ 蛹。椭圆形，黑色。雌蛹壳长 0.98 ～ 1.3 毫米，雄蛹壳较小，漆黑有光泽，壳边锯齿状，周缘有较宽的白蜡边，背面显著隆起，胸部具 9 对长刺，腹部有 10 对长刺，两侧边缘雌有长刺 11 对、雄有 10 对（图 15-76）。

3. 发生特点

一年发生 4 ～ 5 代，以 2 ～ 3 龄幼虫在叶背越冬。在重庆越冬幼虫于 3 月上旬至 4 月上旬化蛹，3 月下旬至 4 月上旬大量羽化为成虫。成虫多在早晨露水未干时羽化，初羽化时喜欢荫蔽的环境，日间常在树冠内幼嫩的枝叶上活动，可借风力进行远距离传播。羽化后2～3天，便可交尾产卵，多产在叶背，散产或密集呈圆弧形。每雌产卵10～100粒不等。幼虫孵化后作短距离爬行后吸食。一生共蜕皮3次，2～3龄幼虫营固定为害，诱发煤烟病。5月至6月、6月下旬至7月中旬、8月上旬至9月上旬、10月下旬至11下旬是各代1～2龄幼虫盛发期，此时是化学防治关键时期。第1代发生相对整齐，因此生产上要特别重视第1代幼虫期防治。已发现的天敌有刺粉虱黑蜂、斯氏寡节小蜂、黄盾恩蚜小蜂、东方刺粉虱蚜小蜂、方斑瓢虫、刀角瓢虫、黑缘红瓢虫、黑背唇瓢虫、整胸寡节瓢虫、大草蛉、草间小黑蛛、芽枝霉、韦伯虫座孢菌等。

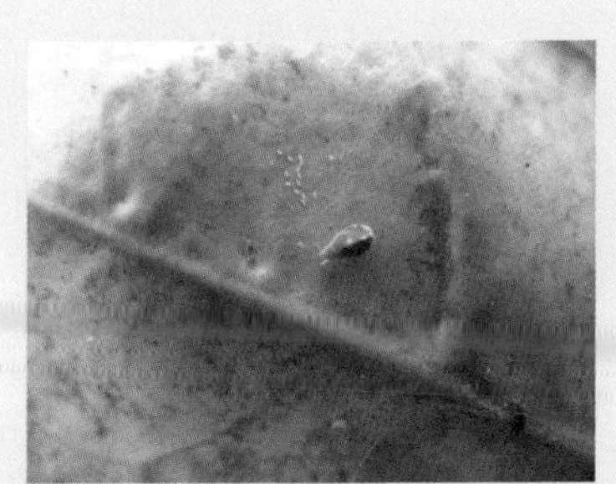

图15-75　黑刺粉虱成虫及卵

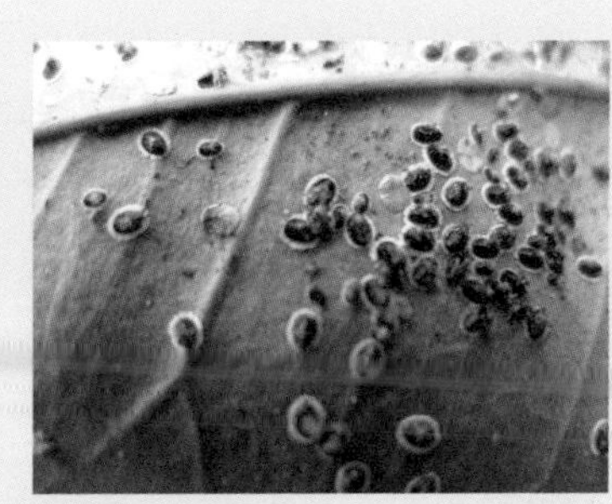

图15-76　黑刺粉虱受害叶及背面的蛹

4. 防治方法

① 剪除密集的虫害枝，使果园通风透光，加强肥水管理，增强树势，提高植株抗虫能力。

② 保护黑刺粉虱黑蜂和黄盾恩蚜小蜂等天敌。若果园天敌数量较多，能有效控制黑刺粉虱的为害，就不使用化学药剂。若天敌数量较少，可以从外地引入。

③ 化学防治。果园天敌不能有效控制黑刺粉虱为害，则应在幼虫盛发期喷药防治，第一代防治适期为越冬代成虫初见后40～50大。可选用99%矿物油200倍液、20%松脂酸钠100～200倍液、24%%阿维·螺虫4000～5000倍液、45%毒死蜱1200倍液等。矿

物油和除松脂酸钠的上述杀虫剂混用效果更佳，可适当降低使用浓度。发生严重的地区在成虫盛发期也可选用 10% 吡虫啉 2000 ～ 3000 倍液、3% 啶虫脒 1500 倍液、10% 烯啶虫胺 3000 ～ 5000 倍液进行防治。

二十、柑橘粉虱

柑橘粉虱，属半翅目粉虱科。又名橘黄粉虱、橘绿粉虱、通草粉虱，我国许多柑橘产区均有分布。寄主有柑橘、柿、栀子、女贞和丁香等。

1. 为害症状

主要为害柑橘叶片，嫩叶受害尤其严重，在叶片背面吸食诱致煤烟病，引起枯梢。少数果实也会受害，受害果实生长缓慢，以致脱落。

2. 形态特征

① 雌成虫。体长 1.2 毫米，黄色，被有白色蜡粉。翅半透明，亦敷有白色蜡粉。触角第 3 节较 4、5 两节和长，第 3 ～ 7 节上部有多个膜状感觉器。复眼红褐色，分上下两部，中有一小眼相连。

② 雄成虫。体长 0.96 毫米，阳具与性刺长度相近，端部向上弯曲。

③ 卵。椭圆形，长 0.2 毫米，宽 0.09 毫米，淡黄色，卵壳平滑，以卵柄着生于叶背面（图 15-77）。幼虫：初孵时，体扁平椭圆形，淡黄色，周缘有小突起 17 对。

④ 蛹。蛹壳略近椭圆形，自胸气道口至横蜕缝前的两侧微凹陷。胸气道明显，气道口有两瓣。蛹未羽化前蛹壳呈黄绿色，可见透见虫体，有两个红色眼点；羽化后的蛹壳呈白色，透明，壳薄而软，长 1.35 毫米，宽 1.4 毫米，壳缘前、后端各有 1 对小刺毛，背上有 3 对瘤状短突，其中 2 对在头部，1 对在腹部的前端。管状孔圆形，其后缘内侧有多数不规则的锐齿。孔瓣半圆形，侧边稍收缩，舌片不见。靠近管状孔基部腹面有细小的刚毛 1 对（图 15-78）。

图 15-77 柑橘粉虱成虫及卵

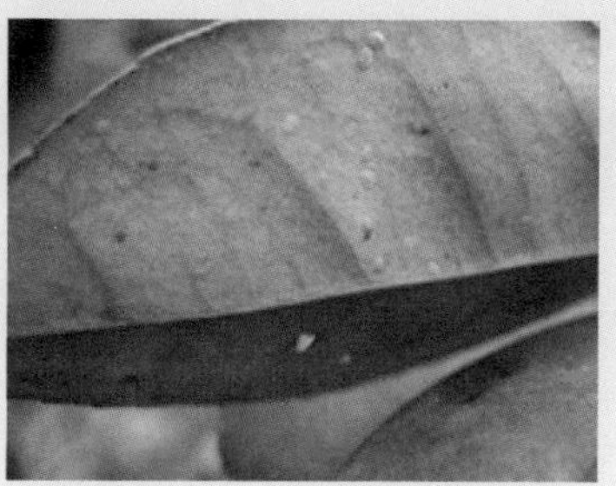
图 15-78 柑橘粉虱蛹和成虫

3. 发生特点

以幼虫及蛹越冬。一年发生 3 代，暖地可发生 6 代。在重庆，第 1 代成虫在 4 月间出现，第 2 代在 6 月间，第 3 代在 8 月间。卵产于叶背面，每头雌成虫能产卵 100 多粒。第一代幼虫 5 月中旬盛发。有孤雌生殖现象，所生后代均为雄虫。

4. 防治方法

农业防治和化学防治参照黑刺粉虱。粉虱座壳孢菌是柑橘粉虱最重要的寄生菌。橘园最好不要喷铜制剂和其他广谱杀菌剂。同时加强对捕食性瓢虫、寄生蜂等天敌的保护。有条件的地方，可人工移引刀角瓢虫，或在多雨季节，采集已被粉虱座壳孢寄生虫体的叶片，带至荫蔽潮湿的粉虱发生橘园散放，也可以人工培养粉虱痤壳孢孢子悬浮液在田间施用。

二十一、柑橘木虱

柑橘木虱属半翅目木虱科。在华南柑橘产区普遍发生，华东和西南局部地区也有分布，是传播黄龙病的媒介昆虫。

1. 为害症状

柑橘木虱主要以若虫为害新梢、嫩芽，春、夏、秋梢均严重为害。被害嫩梢幼芽十枯萎缩，新叶畸形卷曲。若虫取食处许多白色蜡丝，分泌排泄物能引起煤烟病，影响光合作用。

2. 形态特征

成虫体型小，自头顶至翅端长 2.4 毫米，全身青灰色，其上有小的灰褐色刻点，头顶突出如剪刀状，头部有三个黄褐色大斑，品字形排列；复眼赤色，单眼 2 个位于复眼内侧，赤色。触角 10 节，灰黄色，末端 2 节黑色。翅半透明，有灰黑色不规则斑点；腹部棕褐色，足灰黄色（图 15-79）。卵近梨形，橘黄色，顶端尖削，底有短柄插入植物组织内，使卵不易脱落。老熟若虫体长约 1.6 毫米，体扁似盾甲，黄色或带绿色，体上有黑色块状斑。翅芽半透明，黄色或带淡绿色（图 15-80）。

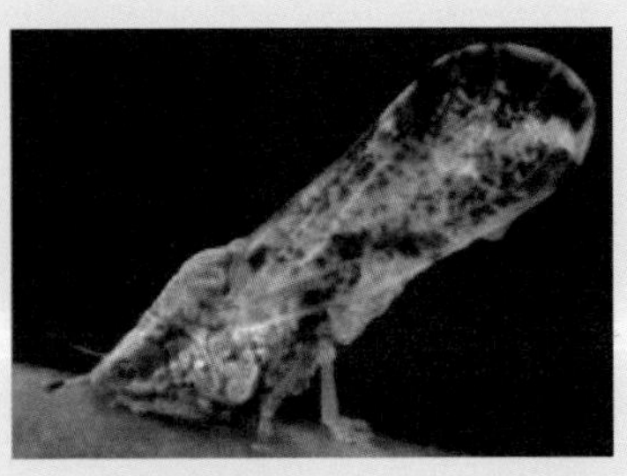

图 15-79 柑橘木虱成虫

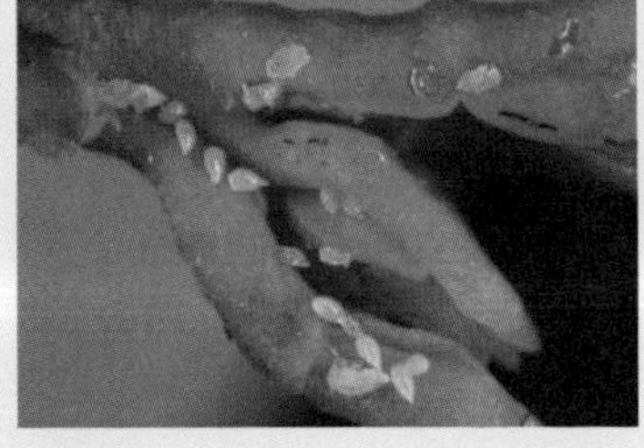

图 15-80 柑橘木虱卵及若虫

3. 发生特点

在柑橘周年有嫩梢发生的情况下，一年可发生 11 ～ 14 代，各代重叠发生。3 ～ 4 月开始在新梢嫩芽上产卵繁殖，为害各次嫩梢，以秋梢期虫量最多。苗圃和幼年树经常抽发嫩芽新梢，容易发生木虱为害。光照强度大，光照时间长，柑橘木虱成虫存活率高，繁殖量大，发生严重。木虱在 8℃以下时静止不动，14℃时能飞会跳，平时分散在叶背叶脉上和芽上栖息。18℃以上开始产卵繁殖，卵产于嫩芽缝隙处，每头最多能产卵 300 多粒。木虱只在柑橘嫩芽上产卵，没有嫩芽，初孵若虫也不能成活。在夏季，卵期为 4 ～ 6 天，若虫有 5 龄，各龄期多为3～4天，自卵至成虫需15～17天。成虫喜在通风透光好处活动，树冠稀疏、弱树发生较重。越冬代成虫寿命半年以上，其余世代30～50天。

4. 防治方法

① 加强肥水管理，增加树势。

② 搞好果园规划，合理布局。同一果园内尽量做到品种、砧木、树龄一致，使其抽梢一致。

③ 柑橘木虱在3月中旬开始活动，此时虫体较虚弱，需要重点防治1～2次。冬季和各次放梢期，萌芽后芽长5厘米时和新梢自剪前后及时喷药防治。可选择25克/升联苯菊酯800～1200倍液、22.4%螺虫乙酯4000～5000倍液、30%噻虫嗪4000～6000倍液、10%虱螨脲3000～5000倍液、100克/升吡丙醚1000～1500倍液、17%氟吡呋喃酮3000～4000倍液。注意以上药剂交替使用。

二十二、橘蚜

橘蚜属半翅目蚜科。各柑橘产区均有分布。除为害柑橘外，还可为害桃、梨、柿等。

1. 为害症状

成虫和若虫聚集在柑橘新梢、嫩叶、花蕾和花上吸食汁液，为害严重时常造成叶片卷曲、新梢枯死，同时诱发烟煤病，使枝叶发黑，影响光合作用。此外，橘蚜诱使蚂蚁吸食蜜露，妨碍天敌活动（图15-81、图15-82）。橘蚜还是衰退病的传播媒介。

2. 形态特征

分无翅和有翅两种。无翅胎生雌蚜体长1.3毫米，体漆黑色，复眼黑红色，触角6节，灰褐色，腹部后部两侧的腹管成管状，末端尾片乳突状，上生丛毛。有翅胎生雌蚜与无翅型相似，翅白色透明，前翅中脉分3个叉。无翅雄蚜与无翅雌蚜相似，体深褐色。卵黑色有光泽，椭圆形，长0.6毫米左右。若虫体褐色，有翅若蚜的翅芽在第3、4龄时已明显可见。

图 15-81 橘蚜受害枝

图 15-82 橘蚜受害叶片

3. 发生特点

一年发生 10 ～ 20 代不等，浙江黄岩一年发生 10 余代，在闽南可达 20 代以上。主要以卵在树枝上越冬。越冬卵到次年 3 月下旬至 4 月上旬孵化为无翅若蚜，即上新梢嫩叶为害，若虫成熟后即胎生若蚜，继续繁殖为害。每无翅胎生雌蚜一代最多可胎生若蚜 68 头。繁殖最适温度为 24 ～ 27℃。雨水多，温度过高或过低，均不利于蚜虫的发生，因此，橘蚜在春夏之交及秋季数量最多，为害最重，而夏季温度高，死亡率高，寿命短，生殖力低。如环境不适或虫口密度过大，即有大量有翅蚜迁飞到条件适合的其他植株上继续危害。

4. 防治方法

① 农业防治。冬季结合修剪，除去被害枝及有蚜卵枝，并毁灭。

② 保护利用天敌。蚜虫的天敌较多，有七星瓢虫、异色瓢虫、草蛉、食蚜蝇和蚜茧蜂等，有一定的控制作用，要尽量减少用药。

③ 在天敌少，蚜虫危害较重，新梢蚜害率达到 25% 时，开始使用下列对天敌毒性较低的药剂进行防治：10% 吡虫吡 2000 ～ 3000 倍液、3% 啶虫脒 1500 倍液、10% 烯啶虫胺 3000 ～ 5000 倍液、1.8% 阿维菌素 3000 倍液，每 10 天一次，连喷两次。尽量少用菊酯类和有机磷类广谱性杀虫剂，以免杀伤天敌。

二十三、橘二叉蚜

橘二叉蚜属半翅目蚜科，又称茶二叉蚜、可可蚜，我国各柑橘产区均有分布，还可为害茶、可可、咖啡等植物。

1. 为害症状

成虫、若虫吸食新梢、嫩叶的汁液，常造成枝叶卷缩硬化，不能正常抽发新梢，并能诱发煤烟病而使枝叶发黑，影响果实品质及产量（图 15-83）。

图 15-83 橘二叉蚜为害状

2. 形态特征

有翅胎生雌蚜体长 1.6 毫米，黑褐色，触角暗黄色，翅展 2.5 ～ 3.0 毫米，透明，前翅中脉 2 分叉，故名为二叉蚜，并可据此与橘蚜相识别，腹管黑色。无翅胎生雌蚜体长 2 毫米，暗褐色或黑褐色。有翅雄蚜和无翅雄蚜与雌蚜相似。若虫体长 0.2 ～ 0.5 毫米，淡黄色。

3. 发生特点

1 年发生 10 多代。多孤雌生殖。以无翅雌蚜或老龄若虫在树上越冬。3 ～ 4 月，越冬雌蚜开始活动取食和为害新梢嫩叶，以 5、6 月间繁殖最盛，为害最为严重。

4. 防治方法

同橘蚜。

二十四、绣线菊蚜

绣线菊蚜属半翅目蚜科，又称橘绿蚜。寄主植物有柑橘、苹果、沙果、海棠和多种绣线菊等。

1. 为害症状

以若虫和成虫群集在新梢的叶面吸取汁液，被害新梢叶片卷缩成簇，使新梢不能伸长甚至枯死，亦诱发煤烟病（图 15-84）。

2. 形态特征

① 成虫。有翅胎生雌蚜体长约 1.5 毫米，翅展 4.5 毫米左右，近纺锤形。头部、胸部、腹管、尾片黑色，腹部绿色或淡绿至黄绿色。腹管后斑大于前斑，第 1 ～ 8 腹节具短横带。口器黑色，复眼暗红色。触角 6 节，丝状，较体短，第 3 节有次生感觉圈 5 ～ 10 个，第 4 节有 0 ～ 4 个。体表网纹不明显。无翅胎生雌蚜体长 1.6 ～ 1.7 毫米，宽 0.94 毫米，长卵圆形，多为黄色，有时黄绿或绿色。头浅黑色，具 10 根毛。口器、腹管、尾片黑色。体表具网状纹。腹部各节具中毛 1 对，除第 1 节和 8 节有 1 对缘毛外，第 2 ～ 7 节各具 2 对缘毛。触角 6 节，丝状，无次生感觉圈，短于体躯，基部浅黑色，3 ～ 6 节具瓦状纹。尾板生毛 12 ～ 13 根（图 15-85）。

图 15-84　绣线菊蚜枝叶为害状

图 15-85　绣线菊蚜成虫

② 若虫。鲜黄色，复眼、触角、足、腹管黑色。无翅若蚜体小，腹部肥大，腹管短。有翅若蚜胸部较发达，具翅芽。

③ 卵。椭圆形，长 0.5 毫米，初淡黄至黄褐色，后漆黑色，具光泽。

3. 发生特点

以卵越冬，每年发生 10 ～ 20 代。春季，随寄主植物芽苞萌动转绿时，绣线菊蚜越冬卵开始孵化为干母，20 天左右干母成熟，产生干雌，雌蚜从春至秋都以孤雌胎生繁殖。绣线菊蚜为害柑橘属全年发生、秋季重发的类型。喜吸食 10 厘米以下新梢，无翅雌蚜常群集在叶面为害，当新梢伸长老化，长度超过 15 厘米后，或种群过于拥挤时，即大量发生有翅雌蚜，迁移到较幼嫩的新梢或其他寄主上为害。在福州，绣线菊蚜可在福橘冬梢上繁殖，并形成第一次高峰。4 ～ 6 月为害春梢和早夏梢，形成第二次高峰，虫口密度以 6 月为最大。7 月由于高温虫口密度迅速减少。8 ～ 12 月形成第三次高峰，为害秋梢和晚秋梢，且随着嫩梢的抽发转绿，虫口在高水平上波动。捕食蚜虫的天敌有：七星瓢虫、四斑月瓢虫、六斑月瓢虫、异色瓢虫、黑背小瓢虫、双斑隐胫瓢虫、大草蛉、长小食蚜蝇等及蚜霉寄生菌。这些天敌对蚜虫为害有较好的防治效果。

4. 防治方法

同橘蚜的防治方法。

二十五、长吻蝽

长吻蝽属半翅目蝽科，又名角肩蝽、橘大绿蝽。中国大多数柑橘产区均有分布。为害柑橘、苹果、梨等果树。

1. 为害症状

若虫和成虫吸食嫩梢、嫩叶和果实汁液（图 15-86），近成熟果实受害后，果皮一般不形成水渍状，刺孔不易被发现，受害部分渐渐变黄，受害果实常腐烂脱落。幼果受害后引起果实脱落，未脱落的果实表面生有疤痕，果实小而硬，水分少，味淡、品质下降。枝梢受害后，引起叶片枯黄、嫩枝干枯。

2. 形态特征

雌成虫体长 18.5 ～ 24.0 毫米，宽 15.0 ～ 17.5 毫米。雄成虫体长 16 ～ 22 毫米，宽 11.5 ～ 16.0 毫米。体长盾形，绿色，也有淡黄、黄褐或棕褐等色，前盾片及小盾片上绿色更深。复眼、触角、吻部末端、头部中侧片的线条、前盾片侧角上的粗点、侧接缘的节缝及刺、足部跗节及胫节的末端，均为黑色。头部中片和侧片等长。前盾片的侧角突出，稍阔而似翼，向上翘起，其角尖指向后方，故称角肩蝽。侧接缘每腹节角为刺状。吻长，向后伸，达于腹部末节，故称长吻蝽。腹面中间有隆起纵脊。雌虫腹部末端的生殖节中央分裂，雄虫则不分裂（图 15-87）。卵圆桶形，长 1.8 毫米，宽 1.5 毫米，灰绿色，卵盖周围有 25 个突起，卵盖中央较平，卵表面有贯串斜行的刻点。卵末端有胶质粘于叶上（图 15-88）。若虫共 5 龄，初孵若虫淡黄色，椭圆形，第 2 龄若虫体赤黄色，腹部背面有 3 个黑斑，第 3 龄若虫触角第四节端部白色，第 4 龄若虫前胸与中胸特别增大，腹部黑斑又增多 2 个，第 5 龄若虫体绿色。

图 15-86 若虫为害果实

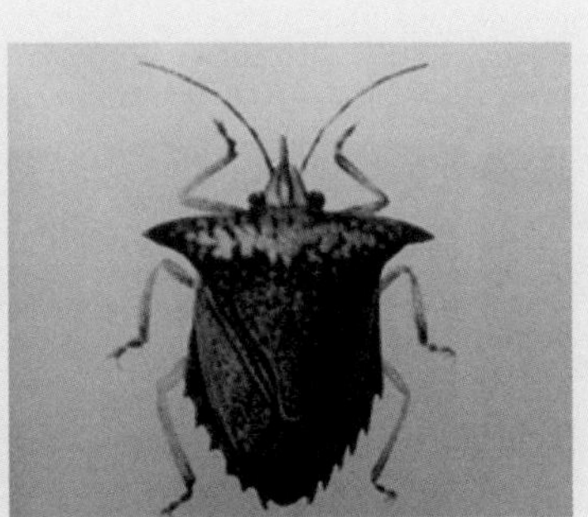

图 15-87 长吻蝽成虫

3. 发生特点

长吻蝽 1 年发生 1 代，成虫于 11 月中旬开始在果树枝叶茂密处，屋檐或石隙等荫蔽处越冬。第二年 5 月开始活动产卵，成虫一生产卵3次，每次产卵14粒左右，卵期5～6天，卵孵化率为92%～100%。若虫孵化后，第1龄集聚在一块，第2龄开始分散为害，若虫期40～50天。7～8月为低龄若虫发生盛期。成虫不好动，常栖息于果实上或叶间，若受惊扰，立即飞迁。成虫从11月越冬，往往到次年8月间开始死亡，寿命将近1年。

图15-88 长吻蝽卵

4. 防治方法

① 人工捕杀。清晨露水未干、长吻蝽活动力弱时，人工捕捉栖息于树冠外面叶片上的成虫和若虫。5～9月人工摘除未被寄生的叶上卵块，有寄生蜂的卵粒（卵盖下有一黑环）则留田间。

② 保护利用寄生蜂、螳螂和黄猄蚁等天敌，有条件的地方在5～7月人工繁殖平腹小蜂在橘园释放。

③ 药剂防治。1～2龄若虫盛期，寄生蜂大量羽化前对虫口密度大的果园进行挑治。用10%联苯菊酯乳油1500～2500倍液、20%甲氰菊酯或20%氰戊菊酯2000～3000倍液、10%吡虫啉2000～3000倍液、48%毒死蜱1500倍液。

二十六、麻皮蝽

麻皮蝽属半翅目蝽科，又名黄斑椿象，俗名放屁虫，我国各柑橘产区大都有分布，为害柑橘、桃、梨、苹果、李、梅、石榴、海棠等。

1. 为害症状

与长吻蝽相似。

2. 形态特征

雌成虫 19 ～ 23 毫米，雄成虫体长 18 ～ 22 毫米，体黑褐色。头比较长，颜色较深，有粗刻点。侧片与中片等长。有 1 条黄白线从中片尖端向后延伸，直贯前盾片的中央而达小盾片的基部。前盾片、小盾片均为棕黑色，有粗刻点，散布许多黄白小斑点。革质部棕褐色，有时稍现红色，刻点更细，除中部外，也散布了一些黄白色小点。膜质部棕黑色，稍长于腹。腹部背面深黑色。侧接缘黑白相间，白中带有黄色或微红色（图 15-89）。卵圆球形，直径为 1.5 毫米，淡黄色，顶端有 1 圈锯齿状刺。若虫黑褐色，胸部背面中央有淡黄色纵线（图 15-90）。

图 15-89　麻皮蝽成虫

图 15-90　麻皮蝽卵壳及初孵若虫

3. 发生特点

一年发生一代，以成虫在草丛或树洞、树皮裂缝及墙缝、屋檐下越冬，第二年气温升高开始活动取食，5～7月交配产卵，卵块常12粒聚在一处，多产于叶背，卵期4～6天，5月中下旬可见初孵若虫，7～8月羽化为成虫，为害至深秋，10月开始越冬。

4. 防治方法

参见长吻蝽。

二十七、柿广翅蜡蝉

柿广翅蜡蝉属半翅目广翅蜡蝉科。可为害柿、梨、桃等多种果树，还可为害经济林木、花卉、蔬菜、杂草等。近年来对柑橘的为害逐渐加重，在一些地区已经成为橘园主要害虫。

1. 为害症状

柿广翅蜡蝉不仅为害枝叶，而且为害果实，常以成、若虫群集于柑橘枝叶上刺吸汁液，叶片受害后卷曲皱缩，失去光泽，严重时枯萎。在枝叶上分泌有絮状白色蜡丝（图15-91）。果实被害后，果皮受害处有油状物渗出，油胞破裂，渗出透明油状物，且有口器刺伤的小黑点。

2. 形态特征

成虫体长10～12毫米，黑褐色。前翅三角形，外缘近顶角1/3处有一黄白色三角形斑，后缘直，静止时两翅并拢呈脊状。前翅腹面及后翅为黑褐色，带金属光泽。卵长0.2毫米，乳白色。若虫淡绿色，体被白色蜡质，尾部带有棉絮状白色蜡丝，静止时呈圆形或扇形，披于腹部背面（图15-92）。

3. 发生特点

以卵在寄主枝条、叶脉或叶柄的产卵痕内越冬。1年发生2代。第一代以4月下旬为卵盛孵期，6月上、中旬为成虫羽化高峰期。第二代以6月下旬到7月初为卵盛孵期，7月下旬到8月上旬为低龄若虫高峰期，成虫全天均可羽化，但以21时至次日10时羽化最盛。成、若虫均善于跳跃，成虫羽化后3～11天开始交配，每头雌虫一生可交配1～3次，雌虫交配后次日开始产卵。产卵时，先用产卵器将嫩梢、叶柄或叶背主脉的皮层刺破，然后将卵产入木质部，再分泌白色棉絮状蜡质覆盖物。柿广翅蜡蝉性喜温暖干旱，最适发育气温24～32℃，相对湿度50%～68%。

图15-91 枝条取食处白色絮状蜡丝

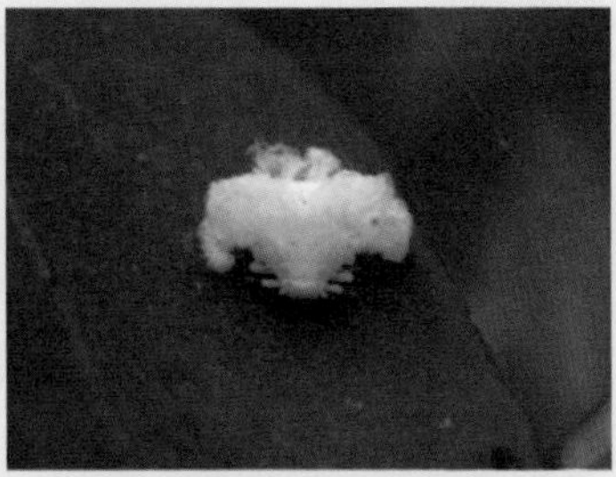

图15-92 柿广翅蜡蝉若虫

4. 防治方法

① 橘园安置黑光灯，诱杀成虫，压缩虫口基数。

② 冬季结合修剪，剪除有卵块的受害枝条和叶片，并集中烧毁。

③ 药剂防治。可用20%吡虫啉2500～3000倍液、20%甲氰菊酯2000～3000倍液、48%毒死蜱1000倍液等防除若虫。

二十八、黑蚱蝉

黑蚱蝉属半翅目蝉科，俗名知了，分布广泛，我国各柑橘产区基本上都有分布。可为害柑橘、樱花、元宝枫、槐树、榆树、桑树、女贞、桃、梨、苹果、樱桃、杨柳、洋槐等多种果树及树木。

1. 为害症状

若虫在土壤中刺吸植物根部。成虫产卵时将产卵器插入枝条组织内形成“爪”状卵窝，产卵其中，由于产卵器刺伤柑橘枝条表皮使其养分输送受阻，进而引起枝条干枯死亡，影响树势，降低果实产量（图15-93）。

2. 形态特征

雄成虫体长 44 ～ 48 毫米，体漆黑而具有光泽，被金色微毛，翅展约 125 毫米。复眼淡黄褐色，头中央及颊的上方有红黄色斑纹。中胸背板宽大，中央有黄褐色“X”形隆起，体背有金黄色绒毛。翅透明，翅脉浅黄或黑色。雄虫腹部第 1 ～ 2 节有鸣器，腹板长达腹部之半。雌成虫体长 38 ～ 44 毫米，无鸣器，有听器（图 15-94）。卵长椭圆形，微弯一端略小，乳白色。若虫形态略似成虫，黄褐色，缺鸣器和听器，翅芽发达。

图 15-93 黑蚱蝉枝叶受害状

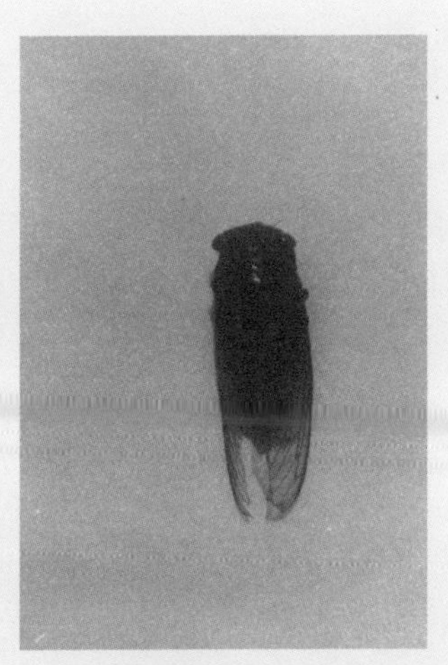

图 15-94 黑蚱蝉成虫

3. 发生特点

12 ～ 13 年发生一代，以若虫在土壤中或以卵在寄主枝条内越冬。若虫在土壤中刺吸植物根部，为害数年，老熟若虫在雨后傍晚钻出地面，爬到树干及植物茎干上蜕皮羽化。一年当中，6 月上旬老熟若虫开始出土羽化为成虫，6 月中旬至 7 月中旬为羽化盛期。绝大多数在夜间羽化。尤以夜间 8 ～ 10 时最多。一般平均气温达 22℃以上，始见蚱蝉鸣叫。成虫寿命 60 ～ 70 天。羽化的成虫经 15 ～ 20 天后才交尾产卵，6 月上旬成虫即开始产卵，6 月下旬末到 8 月为产卵盛期，9 月后为末期。卵窝大部分以直线排列，少数为弯曲排列或螺旋状排列，每个枝条上卵穴数量一般为 20 ～ 50 穴，多者可达 105 穴。每一卵窝有卵 5 ～ 6 粒。每一产卵枝平均有卵 100 余粒。每雌产卵量可达 500 ～ 600 粒。在橘园主要产在直径为 4 ～ 5 毫米的枝条上，大于 7 毫米、小于 2 毫米的枝梢产卵很少。卵期长达 10 个月左右，于次年 5 月中旬开始孵化，5 月下旬至 6 月初为卵孵化盛期，6 月下旬终止。孵化后的若虫由枝条落入土中生活，秋后向深土层移动越冬，来年随气温回暖，上移刺吸为害。

4. 防治方法

由于黑蚱蝉具有一定迁飞为害的能力，连片种植果园统一行动，才会取得较好的防治效果。

① 结合冬季和夏季修剪，剪除被产卵而枯死的枝条，同时还要剪除橘园附近林木上的产卵枝，以消灭其中大量尚未孵化入土的卵粒，剪下枝条集中烧毁。由于蚱蝉卵期极长，利用其生活史中的这个弱点，坚持数年，收效显著。此方法是防治此虫最经济、有效、安全简易的方法

② 老熟若虫足端无爪间突，不能在光滑面上爬行。在树干基部包扎塑料薄膜，可阻止老熟若虫上树羽化，滞留在树干周围可人工捕杀或放鸡捕食。

③ 利用成虫有趋光和赴火的习性，在 6 ～ 7 月的夜间，在 1 公顷内装 2 只 40 瓦的黑光灯，可以诱杀部分成虫。或在黑蚱蝉成虫盛发时，夜间于橘园空地堆柴生火，同时振动枝干，蚱蝉自然赴火而亡。

二十九、星天牛

成虫又名花牯牛、白星天牛、牛头夜叉，幼虫又叫盘根虫、抱脚虫、围头虫、蛀木虫、脚虫或烂根虫等。属鞘翅目，天牛科。寄主较多，为害柑橘、茶、无花果、枇杷、苹果、梨、樱桃、杏、桃、李、核桃、杨等。国内均有分布；国外分布于日本、缅甸、朝鲜等。

1. 为害症状

成虫啃食枝条嫩皮，食叶成缺刻；成虫将卵产在柑橘根颈或主根的树皮内，幼虫迂回蛀食韧皮部，并推出粪屑，堵塞虫道，数月后蛀入木质部，并向外蛀1通气排粪孔，危害轻者植株部分枝叶变黄干枯，削弱树势，严重时造成根颈环割切断养分和水分输送而枯死。产卵处有泡沫状汁液流出（图15-95）。

2. 形态特征

成虫体长19～39毫米，漆黑有光泽。触角丝状11节，第3～11节各节基半部有淡蓝色毛环。前胸背板中央有3个瘤突，侧刺突粗壮。鞘翅基部密布黑色颗粒，翅表面有排列不规则的白色毛斑，每翅20余个，形成不规则的5横行，十分醒目。小盾片和足跗节有淡蓝色细毛（图15-96）。本种与光肩星天牛的区别在于鞘翅基部有黑色小颗粒，而后者鞘翅基部光滑。卵长椭圆形，长约5～6毫米，宽约2.2～2.4毫米。初产时白色，以后渐变为浅黄白色至黄色。老熟幼虫长45～70毫米，乳白色至淡黄色，头部褐色，长方形，中部前方较宽，后方缢缩；额缝不明显，上颚较狭长，黑色，单眼1对，棕褐色；触角小，3节，第3节近方形。前胸背板前方有1对黄褐色飞鸟形斑纹，后方有1块黄褐色凸形大斑纹。中胸腹面、后胸和1～7腹节背腹面均有长圆形移动器。胸足退化。蛹纺锤形，长30～38毫米，初淡黄色后黑褐色。

图15-95 星天牛树干受害状

图15-96 星天牛成虫

3. 发生特点

南方1年发生1代，均以幼虫于木质部内越冬。翌春在虫道内做蛹室化蛹，蛹期18～45天。4月下旬至5月上旬开始羽化，5～6月为盛期。羽化后经数日才出树洞，成虫晴天中午活动和产卵，交配后10～15天开始产卵。卵产在主干上，以距地面3～6厘米内较多，产卵前先咬破树皮呈“L”或“T”形伤口达木质部，产1粒卵于伤口皮下，产卵处表面隆起且湿润有泡沫，5～8月为产卵期，6月最盛。每雌可产卵70余粒，卵期9～15天。孵化后蛀入皮层，多于根颈部迂回蛀食，粪屑积于虫道内，约2个月后方蛀入木质部，并向外蛀1通气排粪孔，排出粪屑堆积于基部，虫道内亦充满粪屑，幼虫为害至11～12月陆续越冬。

4. 防治方法

① 4～6月在成虫发生期白天中午捕杀成虫；夏至前后在主干基部发现星天牛产卵处后，可用小铁锤对准刻槽锤击，锤死或用小刀等削除以杀死其中的卵或初孵幼虫；或用40%噻虫啉3000～4000倍液涂抹产卵痕，毒杀幼虫。也可用钢丝刺杀或钩出幼虫。

② 用生石灰1份、清水4份，搅拌均匀后，自主干基部围绕树干涂刷0.5米高，可以防止星天牛成虫产卵。

③ 在有木屑及粪屑堆积处，用细铁丝钩从通气排粪孔钩出粪屑，然后塞入1～2个4.5%高效氯氰菊酯10～50倍液浸过的药棉球或注入4.5%高效氯氰菊酯1000～1500倍液，施药后用湿泥封口，使其中的幼虫滞息死亡。

④ 星天牛的天敌发现不多，在浙江发现卵寄生蜂一种；蚂蚁搬食幼虫，蠼螋取食幼虫和蛹。此外，发现幼虫体上有一种寄生菌，可加以利用。

三十、褐天牛

褐天牛别名橘天牛、橘褐天牛、黑牯牛、牵牛虫、桩虫、干虫、老木虫。属鞘翅目，天牛科。主要寄主为柑橘类植物，也可危害吴茱萸、厚朴、枳壳、木瓜、忍冬、菠萝、葡萄、花椒等。广泛分布于重庆、四川、云南、贵州、广西、陕西、浙江、江西、福建、广东、台湾、海南、香港等地。

1. 为害症状

成虫产卵于距地面33厘米以上的树干和主枝的树皮裂缝和孔口处，幼虫孵化后蛀食木质部，蛀孔处外部常附着黄褐色胶状成团粪屑。木质部蛀道纵横交错，形成许多孔洞，妨碍水分和养分输送，造成树势衰弱，干旱易干枯死亡或被大风吹折断（图15-97）。

2. 形态特征

成虫黑褐色，具光泽，体长26～51毫米，宽10～14毫米，被覆灰黄色短绒毛。头顶复眼间有1条深纵沟，额区的沟纹呈“（　）”形。雄虫触角超过体长1/2～2/3，雌虫触角与体长相近或略短。前胸背板多脑纹状皱褶，侧刺突尖锐，鞘翅肩部隆起。鞘翅两侧近乎平行，末端斜切（图15-98）。卵长约2～3毫米，椭圆形，初产为乳白色，逐渐变黄，孵化前为灰褐色。卵壳上具网状纹和细刺状突起，上端具乳头状突起。老熟幼虫体长46～80毫米，淡黄色或乳白色，扁圆筒形。前胸背板浅褐色，横列棕色的宽带4段（图15-99）。蛹长40～50毫米，淡黄色，形似成虫。翅芽叶片状，伸达第3腹节后缘。

3. 发生特点

2～3年完成1代，以成虫或当年幼虫、2年生幼虫在虫道中越冬。翌年4月开始活动，5～8月产卵。初孵幼虫蛀食为害皮层，约经60天即蛀入木质部危害，经过2年到第3年5～6月化蛹后羽化为成虫，成虫白天潜伏，夜晚活动。活跃于枝干间，交尾、产卵。每处产卵1粒或2粒，老树皮层粗糙、侧枝分叉处、多凹陷处卵粒较多。幼壮树受害轻，老弱树受害重。虫粪的形状特征可辅助判别幼虫的大小，一般粪屑呈白色粉末状且附着在被害处的为小幼虫；粪屑呈锯屑状且散落在地面的，为中等幼虫；粪屑呈粒状的为大幼虫；若虫粪中混杂粗条状木屑，则表明幼虫已老熟，开始作室化蛹。

图 15-97 褐天牛为害状

图 15-98 褐天牛成虫

图 15-99 褐天牛幼虫

4. 防治方法

① 加强果园管理，促使果树生长旺盛，树干光滑，使之不利于褐天牛产卵和生存。枝干上的孔洞用黏土堵塞。在成虫产卵前用石灰浆刷主干、主枝，阻止成虫产卵。除去枝干裂皮和苔藓等使其不利于产卵。

② 成虫盛发期，于闷热的晴天夜晚，捕捉成虫。

③ 夏至前后，5～7月，在枝干孔口附近用刀削除流胶或刷除裂皮，可刮除卵和初孵幼虫。

④ 钩杀或药杀，同星天牛。

三十一、绿橘天牛

绿橘天牛又称光盾绿天牛、橘光绿天牛、柑橘枝绿天牛、枝天牛，幼虫又名吹箫虫、枝尾虫。属鞘翅目，天牛科。主要以幼虫蛀害多种芸香科植物，偶见危害核桃和枸橘。我国分布在四川、重庆、云南、广东、广西、福建、浙江、江苏、江西、安徽、陕西、海南、台湾等地；国外在印度及东南亚多国均有分布。

1. 为害症状

成虫产卵于小枝丫处或叶柄与嫩枝的叉口处，幼虫孵出后即蛀入小枝，向下蛀食枝条，并隔段距离向外蛀开1个通气排粪孔。危害早期出现叶黄、梢枯现象，枝条易被风吹断（图15-100）。

图15-100 绿橘天牛受害枝叶状

2. 形态特征

成虫体墨绿色，体长24～27毫米，宽6～8毫米，有金属光泽，腹面绿色并有银灰色绒毛。鞘翅墨绿色，满布细密刻点和皱纹。触角第 5 ～ 10 节端部有尖刺（图 15-101）。卵长扁圆形，黄绿色。老熟幼虫体长 46 ～ 55 毫米，圆柱形，橘黄色，前胸背板前区红褐色，后区淡黄色。蛹为裸蛹，体长 19 ～ 25 毫米，宽 6 毫米，黄色。

图 15-101 绿橘天牛成虫

3. 发生特点

在四川、广东、福建等南方地区 1 年 1 代。以幼虫在寄主蛀道（枝梢）中越冬。成虫于 4 月中旬～ 5 月初开始出现，盛发于 5 ～ 6 月。晴天中午活动最甚，飞行距离远。成虫羽化出洞后，取食寄主嫩叶补充营养，交尾后多选择寄主嫩绿小枝的分叉处，或叶柄与嫩枝的分叉处产卵，每处产卵 1 粒。晴暖天气产卵较多。6 月中旬至 7 月上旬为卵盛孵期。幼虫孵出后从卵壳下蛀入小枝条，先向上蛀食，被害枝梢枯死，再向下钻蛀，从小枝蛀入大枝。枝条中幼虫蛀道每隔一定距离向外蛀一洞孔，犹如箫孔，用作排泄物之出口，故俗称“吹箫虫”。洞孔的大小与数目则随幼虫的成长而渐增。最后一个洞孔下方的不远处，即为幼虫潜居处所，据此可以追踪幼虫之所在。

4. 防治方法

剪除被幼虫危害而枯死的小枝以杀死小枝中的幼虫，其他防治措施同褐天牛。

三十二、爆皮虫

爆皮虫又名柑橘锈皮虫、橘长吉丁虫、锈皮虫，我国热带和亚热带柑橘产区均有分布，主要分布于浙江、江西、湖北、湖南、重庆、四川、广东、广西、福建和台湾等地区，寄主植物仅限柑橘类。

1. 为害症状

成虫取食柑橘嫩叶，主要以幼虫为害主干与主枝皮层，受害处开始呈流胶点，后迂回蛀食形成层，并排出木屑充塞虫道，使形成层中断，树皮与木质部分离，树皮爆裂，阻碍养分和水分输送，导致树衰弱，致使全株或主枝枯死（图 15-102）。

图 15-102　爆皮虫树干为害状

2. 形态特征

① 成虫体长 7 ～ 9 毫米，古铜色有金属光泽，触角锯齿状 11 节，复眼黑色，前胸背板与头等宽且密被细皱纹，鞘翅紫铜色密布小刻点，上有由黄白色绒毛组成的花斑（图 15-103）。

② 卵扁平椭圆形，长 0.5 ～ 0.6（0.7 ～ 0.9）毫米，乳白色至土黄色。

③ 幼虫。扁平细长，乳白至淡黄色。体表多褶皱，头小，褐色，口器黑褐色，前胸特别膨大，中、后胸小，腹部9节呈正方形，但后缘略宽，前8节各有一对气孔。腹部末端有一对硬的黑褐色尾叉，尾叉末端钝圆，老熟时长16～21毫米，幼虫共4龄，1龄虫体长1.5～2毫米，2龄虫体长2.5～6毫米，3龄虫体长6～14毫米，4龄虫体长12～20毫米（图15-104）。

图15-103 爆皮虫成虫

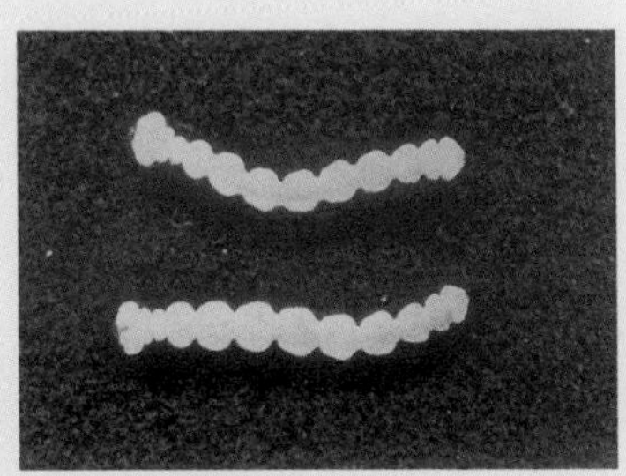

图15-104 爆皮虫幼虫

④ 蛹。扁圆锥形，长约9～13毫米，乳白色至蓝黑色，有金属光泽。

3. 发生特点

爆皮虫每年发生1代，少数两年一代（个别地区2代，核对），多数以老熟幼虫在木质部越冬，少数低龄幼虫可在韧皮部越冬，次年4月上旬成虫开始羽化，后在洞内潜伏7～8天，咬破树皮外出，4月下旬为化蛹盛期。第一批成虫于5月下旬为出洞盛期。6月中、下旬为产卵盛期，7月上、中旬为卵孵化盛期。后期出洞较集中的两批成虫分别在7月上旬和8月下旬。成虫出洞后约1周开始交尾，其后1～2天产卵，卵多产在树干皮层的细小裂缝处。初孵幼虫危害处树皮表面呈现芝麻状的油浸点，随后有泡沫状的流胶物出现。

4. 防治方法

① 春季成虫出树前清除枯枝残桩，集中烧毁消灭虫源。

② 成虫出树洞前刮除枝干裂皮，用40%噻虫啉1500倍液涂刷枝干。

③ 幼虫孵化初期刮除被害处胶粒和一层薄皮，然后使用菊酯类或噻虫啉进行毒杀。

④ 加强栽培管理，做好柑橘园抗旱、防涝、施肥、防冻及防治其他病虫害等工作，使树势生长旺盛，提高抗虫性。

三十三、溜皮虫

溜皮虫又叫柑橘缠皮虫、串皮虫。分布于浙江、福建、广西、广东、贵州、湖南、四川、重庆等地，仅危害柑橘类植物。

1. 为害症状

幼虫蛀食柑橘树直径2～3厘米的枝条，在皮层（韧皮部）和木质部之间从上而下蛀食树皮，成螺旋形蛀道，阻碍养分和水分输送，蛀道两边树皮可随树体生长而愈合。严重时每树上可达数百条幼虫，树势衰弱，甚至造成幼树死亡（图15-105）。

2. 形态特征

① 成虫体长9～11毫米，宽2.5～3.0毫米，全体黑色，腹面绿色；头部具纵行皱纹。前胸背板有较粗的横列皱纹。翅鞘上密布细小刻点，并有不规则的白色细毛形成的花斑。触角锯齿状，11节。复眼黄褐色，肾脏形（图15-106）。

② 卵馒头形，直径1.7毫米，初产时乳白色，渐变黄色，孵化前变为黑色。

③ 幼虫老熟时，体长23～26毫米，体扁平，白色。前胸特别膨大，黄色，中央有一条纵带，中央隆起，各节前狭后宽呈梯形，腹部末端有黑褐色钳形突起1对。

④ 蛹纺锤形，体长9～12毫米，宽约3.7毫米，先为乳白色，羽化前呈黄褐色。

3. 发生特点

一年发生1代，以幼虫在树枝木质部越冬。4月中旬开始化蛹，

5月上旬开始羽化，5月下旬开始出洞，6月上旬为出洞盛期，迟者可到7月出洞。成虫出洞后5～6天交尾。交尾后1～2天产卵。卵产于树枝表皮外，常有绿色物覆盖。卵期15～24天，平均19.4天。由于成虫出现期有早有晚，故其产卵、孵化、幼虫活动期不齐。初孵幼虫取食处表面有泡沫状流胶。以后沿枝蛀食形成螺旋形虫道，时间久了受害处表皮开裂形成明显的溜道，溜道两边树皮可愈合。夏天羽化的成虫于5～6月产卵，幼虫危害时间较长，喜在小枝条上危害。虫道形态复杂，常缠成螺旋状。幼虫在7月上旬危害甚烈，7月下旬前后潜入木质部，翌年5～6月羽化为成虫。

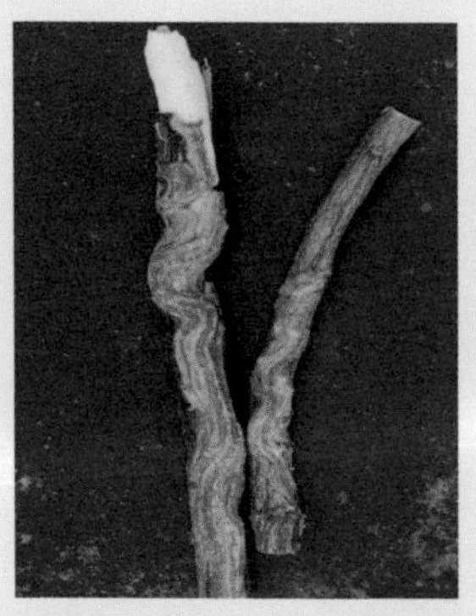

图15-105 溜皮虫枝条为害状

图15-106 溜皮虫成虫（左雄、右雌）

4. 防治方法

① 冬季清园剪除虫枝，集中焚烧销毁。

② 刺杀幼虫。用小刀在有泡沫状流胶液处刮杀初孵幼虫。或在已入木质部幼虫的最后一个螺旋弯道内寻找半月形的进口孔处，顺螺旋纹方向转45°角，距进孔口约1厘米处，用尖钻刺杀幼虫。

③ 毒杀成虫。5月中旬成虫尚未出洞前，在幼虫进口处周围1.5厘米范围内，涂抹药剂。

④ 树冠喷药。在成虫出洞高峰期，用2.5%溴氰菊酯乳油3000倍液，连同枝干在内喷洒一次。

三十四、柑橘潜叶甲

柑橘潜叶甲又名橘潜斧、橘潜叶虫、潜叶绿跳甲、红色叶跳虫等，主要分布在浙江、江苏、江西、湖北、湖南、四川、福建、重庆等地。寄主仅柑橘。

1. 为害症状

成虫于叶背面取食叶肉和嫩芽，仅留叶面表皮，被害叶上多透明斑（图 15-107）；幼虫蛀入嫩叶中取食，使嫩叶上出现不规则弯曲虫道，虫道中间有一条由排泄物形成的黑线。被幼虫为害的叶片不久便萎黄脱落。每年 5、6 月份为害较重（图 15-108）。

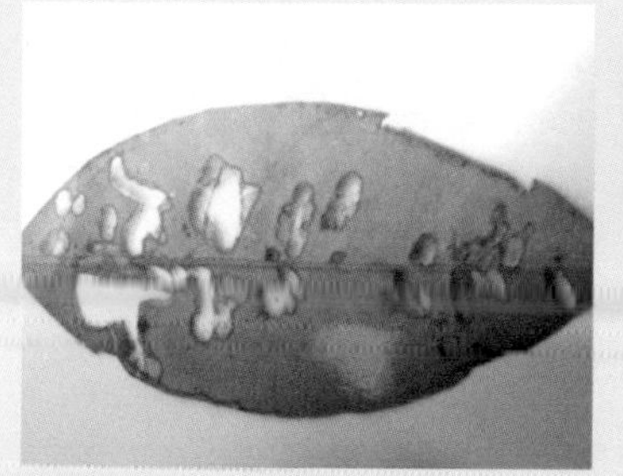

图 15-107 柑橘潜叶甲成虫为害状

图 15-108 柑橘潜叶甲幼虫为害状

2. 形态特征

① 成虫体长 3 ～ 3.7 毫米，宽 1.7 ～ 2.5 毫米，椭圆形。头、前胸背板和足黑色，鞘翅及腹部均为橘黄色。触角丝状，11 节。前胸背板遍布小刻点，鞘翅上有纵列刻点 11 行。足黑色，中、后足胫节，各具 1 刺，跗节 4 节，后足腿节膨大（图 15-109）。

② 卵椭圆形，长 0.68 ～ 0.86 毫米，宽 0.29 ～ 0.46 毫米，黄色，表面有六角形或多角形网状纹。

③ 幼虫蜕皮 2 次共 3 龄，成熟后体长 4.7 ～ 7.0 毫米，深黄色。触角 3 节。前胸背板硬化，胸部各节两侧圆钝，从中胸起宽度渐减。

各腹节前狭后宽，梯形。胸足3对，灰褐色，末端各具深蓝色微呈透明的球形小泡（图15-110）。

图15-109 柑橘潜叶甲成虫

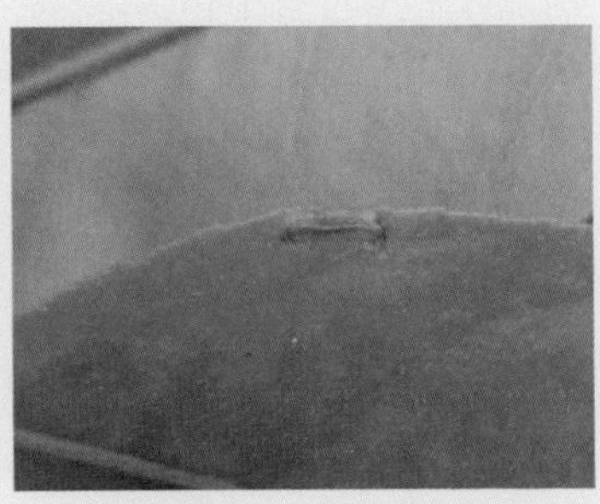
图15-110 柑橘潜叶甲幼虫

④ 蛹体长3～3.5毫米、宽1.9～2.0毫米，淡黄至深黄色。头部向腹部弯曲，口器达前足基部，复眼肾脏形，触角弯曲。

3. 发生特点

一年发生1代，以成虫越冬越夏，越冬成虫翌年4月上旬开始活动和产卵，4月下旬幼虫盛发，5月上、中旬化蛹，5月下旬至6月上旬成虫羽化，约10天后即开始蛰伏。成虫群居，喜跳跃，有假死习性，取食嫩芽嫩叶，卵产于嫩叶叶背或叶缘上。每雌虫平均产卵300粒左右，卵期4～11天。幼虫孵化后，即钻入叶内，蜿蜒前行取食。新鲜的虫道中央，有幼虫排泄物所成的黑线1条。幼虫共蜕皮3次，经12～24天。幼虫老熟后多随叶片落下，咬孔外出，在树干周围松土中作蛹室化蛹，入土深度一般3厘米左右。蛹期7～9天。成虫在10℃以下时，要在10点后才爬出土面，12℃以上时则终伏在枝叶上，越冬成虫取食嫩叶，使之呈缺刻状，当年羽化成虫先取食叶片背面表皮，再食叶肉，残留叶面表皮成薄膜状圆孔，活动不久，随即交配，有多次交配习性。柑橘潜叶甲的幼虫在嫩叶内生活。幼虫孵化后爬行1～2厘米，经半小时至1小时后，即从叶背面钻入叶内，向前取食叶肉，残留表皮，形成隧道，虫体清晰可见。幼虫一生可危害叶片2～6张，造成隧道3～6个，幼虫蜕皮后，遇气候不适或食料不足，常出孔迁移，危害别的叶片。

4. 防治方法

4月上旬～5月中旬成虫活动和幼虫为害盛期各防治1次。可使用20%甲氰菊酯乳油/水乳剂2000～3000倍液、25克/升溴氰菊酯乳油1500～2500倍液、20%氰戊菊酯乳油10000～20000倍液、45%毒死蜱乳油1000～2000倍液。此外，作为防治的辅助措施，可摘除被害叶，扫除新鲜落叶，清除地衣和苔藓，中耕松土灭蛹等。

三十五、恶性叶甲

恶性叶甲又名恶性橘啮跳甲、黑叶跳虫、黑蚤虫、黄滑虫等。属鞘翅目叶甲科。恶性叶甲分布广，历史上曾造成严重为害，主要分布在江苏、浙江、江西、福建、湖南、广西、广东、陕西、四川、重庆、云南等地，寄主为柑橘类。

1. 为害症状

成虫取食嫩叶、嫩茎、花和幼果；幼虫食嫩芽、嫩叶和嫩梢，其分泌物和粪便污染致幼嫩芽、叶枯焦脱落，嫩梢枯死（图15-111）。成虫取食柑橘幼果，导致果实脱落或产生疤痕。以春梢受害最重。

图15-111 恶性叶甲受害叶片

2. 形态特征

① 成虫体长2.8～3.8毫米，长椭圆形，蓝黑色有光泽。触角基

部至复眼后缘具1倒“八”字形沟纹，触角丝状黄褐色。前胸背板密布小刻点，鞘翅上有纵刻点10行，胸部腹面黑色，足黄褐色，后足腿节膨大，善于跳跃。胸部腹面黑色，腹部腹板黄褐色（图15-112）。

② 卵长椭圆形，长0.6毫米，乳白至黄白色，外有一层黄褐色网状黏膜。

③ 幼虫体长6毫米，头黑色，体黄白色。前胸盾半月形，中央具1纵线分为左右两块，中、后胸两侧各生一黑色突起，胸足黑色。体背面有黏液粪便黏附背上（图15-113）。

图15-112 恶性叶甲成虫

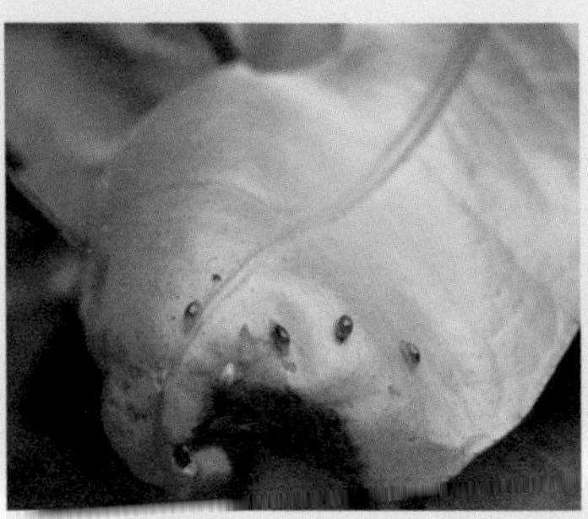

图15-113 恶性叶甲幼虫

④ 蛹长2.7毫米，椭圆形，初黄白后橙黄色，腹末具2对叉状突起。

3. 发生特点

一年生3～7代，均以成虫在树皮裂缝、地衣、苔藓下及卷叶和松土中越冬。春梢抽发期越冬成虫开始活动，3代区一般3月底开始活动。各代发生期：第1代3月上旬到6月上旬，第2代4月下旬到7月下旬，第3代6月上旬到9月上旬，第4代7月下旬至9月下旬，第5代9月中旬至10月中旬，第6代11月上旬，部分发生早的可发生第7代。均以末代成虫越冬。全年以第1代幼虫为害春梢更重，以后各代发生甚少，夏、秋梢受害不重。成虫善跳跃，有假死性，卵产在叶上，以叶尖（正、背面）和背面叶缘较多，产卵前先咬破表皮成

1 小穴，产 2 粒卵并排穴中，分泌胶质涂布卵面。初孵幼虫取食嫩叶叶肉残留表皮，幼虫共 3 龄，老熟后爬到树皮缝中、苔藓下及土中化蛹。

4. 防治方法

① 清除越冬和化蛹场所，结合修剪，彻底清除树上的霉桩、苔藓、地衣，堵树洞，消灭苔藓和地衣可用松脂合剂，春季用 10 倍液、秋季用 18 倍液或结合介壳虫防治。

② 成虫和老熟幼虫可采用震落搜集捕杀；根据幼虫有爬到主干及其附近土中化蛹的习性，在主干上捆扎带有大量泥土的稻草，诱集幼虫化蛹，在成虫羽化前集中烧毁。

③ 化学防治，第一代幼虫孵化率达 40% 时开始喷药，药剂可选用 20% 甲氰菊酯乳油 / 水乳剂 2000 ～ 3000 倍液、2.5% 鱼藤酮乳油 160 ～ 320 倍液、25 g/L 溴氰菊酯乳油 1500 ～ 2500 倍液、20% 氰戊菊酯乳油 10000 ～ 20000 倍液、45% 毒死蜱乳油 1000 ～ 2000 倍液。

三十六、金龟子类

金龟子属鞘翅目金龟科。其幼虫统称蛴螬。我国各地均有分布。为害柑橘的金龟子有 10 多种，其主要种类有铜绿金龟子、茶色金龟子和花潜金龟子（图 15-114 ～图 15-116）。金龟子多为杂食性害虫。寄主有柑橘、苹果、梨、桃、龙眼、荔枝、柳和桑等许多种。

1. 为害症状

铜绿金龟子和茶色金龟子成虫取食柑橘叶片、嫩梢、花蕾和花等，将叶片咬成缺刻或孔洞，咬断花梗；花潜金龟子成虫主要取食花，引起落花而降低坐果率，幼虫取食土中嫩根、刚萌发种子和幼苗根茎造成死苗。

2. 形态特征

① 铜绿金龟子。成虫体长 18 ～ 21 毫米，宽 8 ～ 10 毫米，铜绿色有光泽。前胸密布细刻点，体侧绿黄色，前缘明显凹入，前缘角尖

锐，后缘角钝圆。鞘翅铜绿色有光泽，翅上有 3 条纵脊。体腹面黄褐色密生细毛，足基节和腿节黄褐色，胫节和跗节红褐色。跗节 5 节。卵初产时长椭圆形，乳白色，长 1.8 ～ 2.5 毫米。幼虫称蛴螬，体长 30 ～ 33 毫米。

图 15-114 茶色金龟子

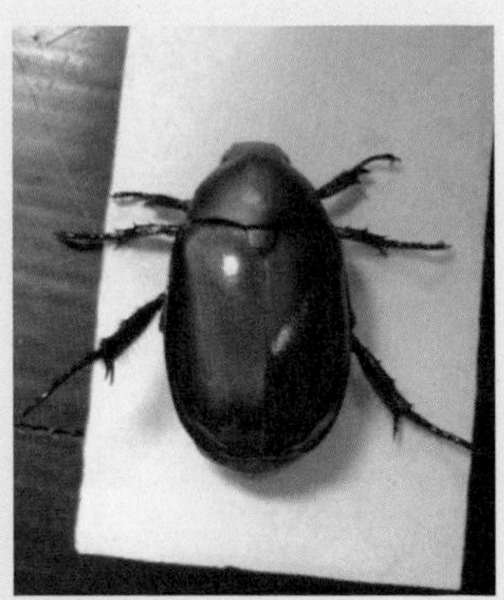
图 15-115 铜绿金龟子

图 15-116 花潜金龟子

② 茶色金龟子。成虫体长 15 ～ 17 毫米、宽 8 ～ 10 毫米。茶褐色，体密布灰色绒毛。鞘翅上有 4 条不明显纵线。腹面黑褐色有绒毛。卵椭圆形长 1.7 ～ 1.9 毫米。幼虫体长 13 ～ 16 毫米，乳白色。

③ 花潜金龟子。成虫体长 13 毫米。深绿色，鞘翅上有红色和黄色斑纹。卵球形，白色，长约 1.8 毫米。幼虫长约 22 毫米，乳白色，头黑褐色，足细长。

3. 发生特点

① 铜绿金龟子。1 年发生 1 代，以幼虫在土中越冬。5 月中旬出现成虫，5 月下旬至 7 月中旬为成虫发生和为害盛期。成虫白天潜伏在土面和树干等的隐蔽处，傍晚开始取食和交配，次日清晨又潜伏不动。成虫有趋光性和假死性。成虫寿命约 1 个月，卵产于土中，卵期 7 ～ 11 天。一雌一生可产卵 40 粒。成虫活动的适宜条件为 25℃以上和 70% ～ 80% 相对湿度。以晴天闷热无雨夜晚活动最甚，低温和雨天少活动。

② 茶色金龟子。1 年发生 2 代，以幼虫在土中越冬。成虫于 5 月开始出土，6 ～ 7 月为盛发期，是主要的危害时期。第一代成虫 6 月初开始产卵，6 月中旬开始孵化。第 2 代成虫 8 月初出现，幼虫于 9 ～ 10 月开始越冬。

③ 花潜金龟子。1 年发生 1 代，以幼虫在土中越冬。当柑橘开花时金龟子成虫群集花上取食花蜜，舔食子房影响结果，有时还会给果实造成疤痕。

4. 防治方法

冬春季翻土以杀死土中幼虫，果园内放养鸡鸭用以啄食成虫；成虫盛发时在地面铺塑料薄膜，摇动树干使成虫坠落其上再捕杀；成虫危害严重时进行树冠喷药防治：20% 甲氰菊酯乳油 / 水乳剂 2000 ～ 3000 倍液、20% 氰戊菊酯乳油 10000 ～ 20000 倍液、25 克 / 升溴氰菊酯 1500 ～ 2500 倍液等。

三十七、象鼻虫类

象鼻虫又名象甲，属鞘翅目象鼻虫科。我国柑橘栽培区均有分布。各地区危害种群不同。如广东以大绿象鼻甲虫为主，浙江和福建以泥翅象甲（灰象甲）为主，四川和重庆则两者均有。象鼻虫可危害柑橘、桃、梨和大豆等多种植物。

1. 为害特征

成虫咬食柑橘叶片、嫩梢、花蕾和幼果，造成叶片孔洞或缺刻，咬断新梢和幼果果梗造成落花落果。

2. 形态特征

① 泥翅象甲。成虫体长 8.0 ～ 12.5 毫米，体表覆盖灰白色鳞片，复眼黑褐色，口吻长、大，中央有一条沟，前胸背板上有许多不规则的细小瘤状突起，头和前胸背板中有一条明显的黑色纵带。鞘翅基部灰白色，翅上有一近球状的褐色斑纹（图 15-117）。卵长筒形，初为乳白色，后为灰黑色，长 1.5 毫米。幼虫长 11 ～ 13 毫米，黄白色，头黄褐色，无足。蛹淡黄色，头爱向前弯曲，腹末有 1 对黑褐色刺突。

② 大绿象鼻虫。成虫体长 15 ～ 18 毫米，体表有绿、黄、棕和灰色等闪闪发光的鳞片和灰白色绒毛。鞘翅以肩部附近最宽向后渐变窄，鞘翅上有 10 行细刻点排成的纵沟（图 15-118）。

图 15-117　泥翅象甲成虫

图 15-118　大绿象鼻甲成虫

3. 发生特点

泥翅象甲每年发生 1 代。以成虫及幼虫在土中越冬。成虫于 3 月开始活动和上树取食。有假死性。3～8月均可见成虫，4月为盛发期，前期主要取食春梢嫩叶，5 月开始取食幼果。卵多产在两重叠叶片之间，在近叶片边缘处排成卵块，每个卵块的卵数不等。卵于 4 月下旬开始孵化为幼虫后，从叶片上掉入 10 ～ 15 厘米的土层取食植物根部和土中腐殖质。大绿象鼻虫：1 年发生 1 代，以成虫和幼虫在土中越冬。4 月中旬成虫开始出土活动，6 月后达盛期，田间 7 ～ 9 月可见较多的成虫活动和取食。成虫有假死性和群集性。

4. 防治方法

成虫出土上树为害前用宽塑料薄膜包围树干一圈，以阻止成虫上树，如在薄膜上涂一层黏胶效果较好，并每天检查薄膜下树干上是否有虫子以进行捕杀；冬春翻土可杀死土中越冬成虫和幼虫；利用成虫假死性，在地面铺塑料薄膜再摇动树子，使虫子掉到地面进行捕杀，在成虫出土期可用 26% 联苯・螺虫酯 5000 ～ 6000 倍液、20% 甲氰菊酯乳油 / 水乳剂 2000 ～ 3000 倍、25 克 / 升溴氰菊酯 1500 ～ 2500 倍液、20% 氰戊菊酯乳油 10000 ～ 20000 倍液喷洒地面。在成虫取食盛期，如虫口量大也可用上述药剂和浓度喷洒树冠，效果较好。

三十八、潜叶蛾

柑橘潜叶蛾，俗称绘图虫、鬼画符等。属鳞翅目潜蛾科。分布于长江以南各省区。

1. 为害症状

以幼虫蛀入柑橘嫩梢、嫩叶和果实表皮层下取食，形成银白色的弯曲隧道，受害叶片卷曲、变形，易于脱落，影响树势和来年开花结果。被害叶片常常是害虫（螨）的越冬场所，其造成的伤口有利于柑橘溃疡病菌的侵入（图 15-119）。

2. 形态特征

成虫体长 1.5 ～ 1.8 毫米，翅展 4 ～ 5.3 毫米。头部平滑，银白色，触角丝状，前胸被银白色毛。前翅披针形，翅基部有两条褐色纵纹，翅中部有 Y 字形黑纹；翅尖有一个黑色圆斑，大斑之内有一较小白斑。后翅银白色。针叶形，缘毛极长。足银白色。雌蛾腹末端近于圆筒形，雄蛾末端较尖细（图 15-120）。卵椭圆形，白色透明，底部平而呈半球形突起，长 0.3 ～ 0.6 毫米。初孵幼虫浅绿色，体尖细。

3 龄幼虫虫体黄绿色，4 龄幼虫虫体乳白色，略带黄色，虫隧道明显加宽（图 15-121）。预蛹长筒形，长约 3.5 毫米。蛹纺锤形，初化蛹时淡黄色，后渐变深褐色。

图 15-119　果实和枝梢受害状

图 15-120　潜叶蛾成虫

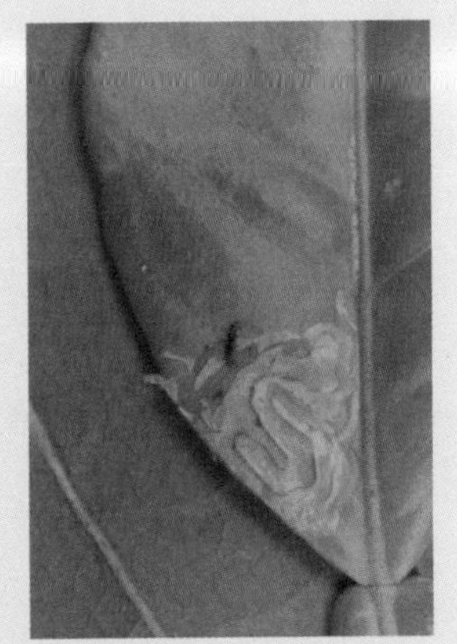

图 15-121　潜叶蛾幼虫及为害状

3. 发生特点

一年发生 9 ～ 15 代，世代重叠，以蛹或老熟幼虫在晚秋梢或冬梢叶缘卷曲处越冬。4月下旬越冬蛹羽化为成虫，5月即可在田间为害，7～8月夏、秋梢抽发盛期为害最重。成虫白天潜伏在叶背或杂草丛中，傍晚6～9时产卵。雌虫选择在0.5～2.5厘米的嫩叶背面中脉两侧产卵，幼虫孵化后从卵底潜入嫩叶或嫩梢表皮下蛀食，形成弯曲的隧道。隧道白色、有光亮，有1条由虫粪组成的细线。4龄幼虫不再取食，多在叶缘卷曲处化蛹。潜叶蛾适宜的温度为20～28℃，26～28℃温度条件下发育快，夏、秋季雨水多有利于嫩梢抽发，为害比较严重，幼树和苗木受害较重，秋梢受害重。

4. 防治方法

① 农业防治。适时抹芽控梢，摘除过早或过晚抽发不整齐的嫩梢，减少其虫口基数和切断食物链。放梢前半月施肥，干旱灌水使夏、秋梢抽发整齐，以利于集中施药。冬季清园，结合修剪清除被害枝叶。

② 生物防治。9月以后重庆地白星啮小蜂、寡节小蜂等寄生性天敌数量较多，应注意保护。在广东捕食性天敌有草蛉和蚂蚁。

③ 化学防治。多数新梢长0.5～2厘米时施药，7～10天1次，连续2～3次。使用药剂有1.8%阿维菌素水乳剂/乳油1500～4000倍液、10%虫螨腈悬浮剂1500～2000倍液、5%（50克/升）虱螨脲悬浮剂1500～2500倍液、25%除虫脲可湿性粉剂2000～4000倍液、50克/升氟啶脲乳油2000～4000倍液、20%氰戊菊酯乳油10000～20000倍液、20%甲氰菊酯乳油/水乳剂1200～10000倍液、20%吡虫啉可湿性粉剂2500～3000倍液、20%啶虫脒可湿性粉剂12000～16000倍液。

三十九、拟小黄卷叶蛾

拟小黄卷叶蛾，又名柑橘褐带卷夜蛾、吊丝虫、柑橘丝虫。属鳞翅目卷叶蛾科。分布于我国各柑橘产区。除为害柑橘类果树外，还为害龙眼、荔枝、茶、花生、桑、大豆、桃、梨、枇杷、石榴、板栗、银杏、柳、棉花等30多种植物。

1. 为害症状

以幼虫为害柑橘的嫩芽、嫩叶、花蕾和果实。常将数张幼嫩叶片或将叶片与果实缀合在一起，躲藏于其中取食；开花期蛀食花蕾后，花蕾不能正常开放；危害果实常从果蒂处钻蛀进入，幼果被蛀食后大量脱落，蛀食即将成熟的果实，使病菌从伤口处入侵，从而腐烂脱落。

2. 形态特征

成虫为黄褐色小蛾，雌成虫长 8 毫米，翅展 18 毫米；雄成虫体较小，翅展 17 毫米。前翅黄色，翅上有褐色基斑、中带和端纹；后翅淡黄色，基角及外缘附近白色，前翅的 R5 脉共长柄，这特征区别于其他卷叶蛾类。雄虫前翅后缘近基角处有近方形的黑褐色纹，两翅并拢时呈六角形斑点，可以此花纹与雌虫区别（图 15-122）。卵椭圆形，初产时淡黄色，后变深黄褐色，孵化时褐色，卵粒呈鱼鳞状排列成卵块，上覆盖胶质薄膜（图 15-123）。幼虫体黄绿色，初孵幼虫体长 1.5 毫米，老熟幼虫体长 11 ～ 18 毫米。除第一龄幼虫头部黑色外，皆为黄色。头壳和前胸背板黄色或淡黄白色，胸足淡黄褐色（图 15-124）。蛹纺锤形，黄褐色，长 9 毫米，宽 1.8 ～ 2.3 毫米（图 15-125）。

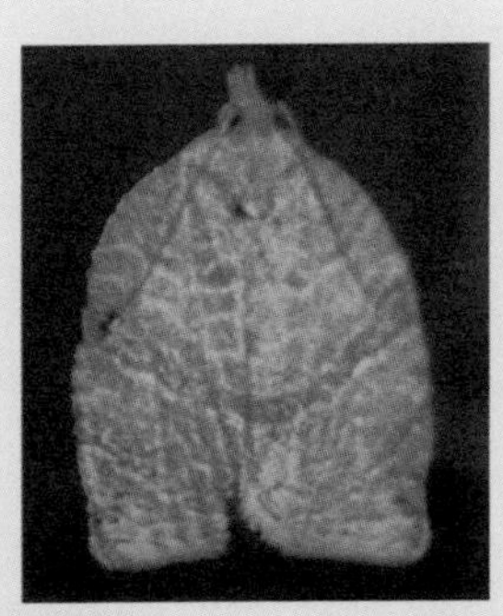

图 15-122　拟小黄卷叶蛾成虫

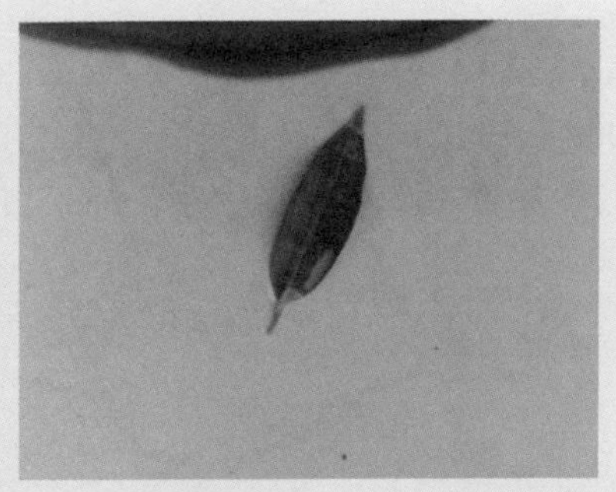

图 15-123　拟小黄卷叶蛾卵块

3. 发生特点

1 年发生 7 ～ 9 代，世代重叠。多以老熟幼虫在潜叶蛾等为害的卷叶内或杂草中越冬。次年3月中、下旬化蛹，羽化为成虫。成虫多在清晨羽化，羽化当日或2～3天后交尾，交尾后当日或2～4日后产卵。成虫夜间活动，日间栖息于柑橘叶上，静伏不动。趋光性较强；喜食糖醋及发酵物，不取食补充营养物也能正常交尾产卵。卵多产于叶正面，每雌产1～7个卵块，平均2～3个卵块，每卵块有卵3～152粒，平均54～64粒。产卵有向光性，喜在粗糙处产卵。幼虫非常活泼，遇惊扰后常迅速向后爬行或吐丝下垂，遇风便飘散迁移他枝危害。每头幼虫可转移危害幼果多达十几个。拟小黄卷叶蛾卵期5～6天，幼虫期14～25天，蛹期5～7天，成虫寿命1周左右。幼虫一生蜕皮3～5次，一般5龄。以第2代在第一次生理落果后5～6月严重为害幼果，引起大量落果；5～8月转而为害嫩叶，9～12月果实即将成熟，转而蛀果，引起果实腐烂。

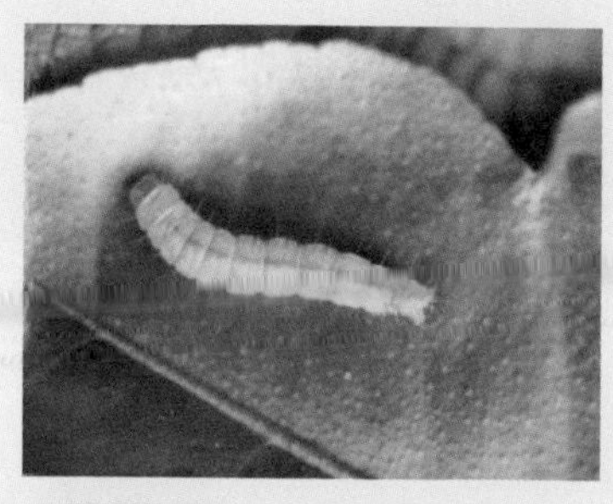

图15-124 拟小黄卷叶蛾幼虫

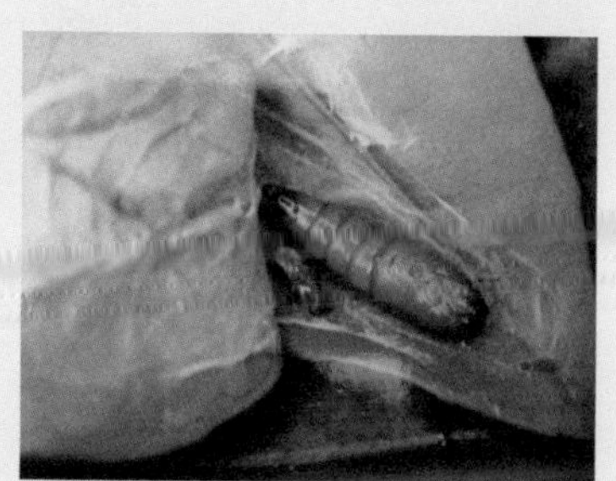

图15-125 拟小黄卷叶蛾蛹

4. 防治方法

① 橘园不宜种植豆科等间作物。

② 冬季清扫橘园枯枝落叶和杂草，清除越冬幼虫和蛹，减少越冬虫源。

③ 在5～8月，人工摘除卵块，捕捉幼虫、蛹。

④ 在成虫发生高峰期，将糖酒醋液（红糖∶黄酒∶醋∶水=1∶2∶1∶6）盘置于柑橘园，溶液深1.5厘米，距地面1米处，诱杀成虫，每公顷30盘。

⑤ 在发生严重的橘园，在 4 ～ 5 月产卵期间释放松毛虫赤眼蜂控制 1 代和 2 代卵，每亩每次 2.5 万头，连放 3 ～ 4 次。

⑥ 在谢花后期、幼果期或果实成熟前的幼虫盛孵期，喷药防治幼虫，每隔 5 ～ 7 天喷 1 次，防治 1 ～ 2 次。药剂可选用 16000 单位 / 毫克苏云金杆菌可湿性粉剂（每亩用 150 ～ 250 克）、20% 甲氰菊酯乳油 / 水乳剂 2000 ～ 3000 倍液、25 克 / 升溴氰菊酯乳油 1500 ～ 2500 倍液、20% 氰戊菊酯乳油 10000 ～ 20000 倍液、45% 毒死蜱乳油 1000 ～ 2000 倍液等。同时注意保护寄生蜂、胡蜂、绿边步行虫、核多角体病毒等天敌。

四十、褐带长卷叶蛾

褐带长卷叶蛾又名柑橘长卷蛾、茶淡黄卷叶蛾、茶卷叶蛾、咖啡卷夜蛾。属鳞翅目卷叶蛾科。幼虫为害柑橘、龙眼、茶树、板栗、枇杷、梨、苹果、咖啡等多种植物。我国各柑橘区均有分布。

1. 为害症状

幼虫吐丝将几片叶结成包，在其中取食叶肉，留下一层表皮，形成透明枯斑，后随虫龄增大，食叶量大增，蚕食成叶和蛀果，潜伏于两果实接触处啃食果皮，蛀入果实。幼果和成熟果实均可受害，常引起落果。

2. 形态特征

成虫全体暗褐色，雌虫体长 8 ～ 10 毫米，翅展 25 ～ 28 毫米；雄虫体略小。胸部背面黑褐色，腹面黄白色。前翅暗褐色，翅基部黑褐色斑纹约占翅长 1/5。雌蛾前翅近长方形，翅尖深褐色；雄蛾前翅前缘基部有一近圆形突出部分，休息时反折于肩角。后翅淡黄色。雌虫前翅长于腹部，雄虫前翅较短仅遮盖腹部，具宽而短的前缘褶，向翅背面卷折成圆筒形（图 15-126）。卵椭圆形，淡黄色，多粒卵排列呈鱼鳞状，上方覆有胶质薄膜。幼虫共 6 龄。体长 1.2 ～ 23 毫米，6 龄虫体长 20 ～ 23 毫米，黄绿色。头部黑至深褐色，前胸背板颜色 1 龄为绿色，其他各龄为黑色（图 15-127）。雌蛹长 12 ～ 13 毫米，雄蛹长 8 ～ 9 毫米，黄褐色。

图 15-126 褐带长卷叶蛾成虫

图 15-127 褐带长卷叶蛾幼虫

3. 发生特点

该虫在一年发生 4 ～ 6 代。以幼虫在柑橘卷叶或附近杂草中越冬。越冬幼虫于早春先在嫩叶嫩梢、花蕾、幼果或叶上取食一段时间后化蛹，继而羽化。重庆以第二代在第一次生理落果后危害严重。成虫在清晨羽化，白天静伏于枝叶上，夜间活动，略具趋光性。卵多产于叶面主脉附近或叶面稍凹下部分。卵块鱼鳞状排列呈椭圆形，成虫寿命长的可达 13 天，短的仅 3.5 天，平均 8 天。通常每头雌虫产卵 2 块，卵数 150 ～ 220 粒。各代卵期 6 ～ 12 天不等。幼虫期平均 12.1 ～ 21.5 天，越冬幼虫长达 177 天。越冬代幼虫多在老叶间化蛹。部分幼虫可在落果中化蛹，其他均在老叶间化蛹。蛹期 5 ～ 9 日。幼虫共 6 龄。幼虫趋嫩且活泼，吐丝连结 3 ～ 5 片叶，藏居其中，受惊即吐丝下坠逃跑。芽叶稠密的发生较多，5 ～ 6 月多雨高湿利其发生，秋季干旱发生轻。

4. 防治方法

同拟小黄卷叶蛾。

四十一、拟后黄卷叶蛾

拟后黄卷叶蛾又名褐黄卷叶蛾、褐卷叶蛾、苞头虫、裙子虫。鳞翅目卷叶蛾科。寄主植物除柑橘外，还有苹果、李、桃、柿、茶叶、黄豆等。分布于重庆、四川、福建、广东、广西等地。

1. 为害症状

以幼虫吐丝将1叶折合或缀合3～5片叶，藏在其中食害嫩叶；有时可将一个嫩梢叶吃光或钻蛀幼果，引起落果，幼虫危害近成熟果，常引起腐烂脱落（图15-128）。

2. 形态特征

成虫体和翅黄褐色。雌成虫体长约8毫米，翅展18～20毫米，前翅具褐色网状纹。静止时，翅外形似裙子，故称"裙子虫"。雄成虫略小。前翅花纹复杂，前缘近基角处深褐色，近顶角前方有指甲形黑褐色纹，其后下方有一浅褐色纹斜向臀角；后缘近基部有似梯形的深褐色纹，两翅相连时，在中部形成长方形纹（图15-129）。卵椭圆形，深褐色，长径约0.8毫米，横径约0.6毫米，常由140～200粒卵排列形成卵块，卵块两侧各有1列黑色鳞毛。老熟幼虫长约22毫米，头、前胸背板红褐色，前胸背板后缘两侧黑色。胴部黄绿色。前、中足黑褐色，后足浅黄色。蛹体长约11毫米，宽2.7毫米，红褐色（图15-130）。

图15-128 拟后黄卷叶蛾嫩梢受害状

图15-129 拟后黄卷叶蛾成虫

3. 发生特点

每年发生6代。以幼虫在杂草丛中或卷叶内越冬。5月下旬幼虫开始食害嫩梢。在重庆于5月中旬和6月上旬各有一次高峰期；在广东于4、5月与拟小黄卷叶蛾、褐带长卷叶蛾混合发生，为害幼果，引起落果，5月下旬转移为害嫩叶，吐丝将1叶折合或3～5叶片缀合成包，藏在其中为害，9 月开始转移为害果实，造成落果。

图 15-130 拟后黄卷叶蛾蛹

4. 防治方法

同拟小黄卷叶蛾防治。

四十二、小黄卷叶蛾

小黄卷叶蛾又名苹果卷叶蛾、棉褐带卷蛾、茶小卷蛾、茶叶蛾、桑斜纹卷叶蛾。鳞翅目卷叶蛾科。除柑橘类外还为害梨、苹果、桃、李、杏、樱桃、醋栗、棉、茶、桑等果树和经济作物。我国各柑橘产区均有发生。

1. 为害症状

危害嫩梢、嫩叶、花蕾和果。危害症状与拟小黄卷叶蛾相似。

2. 形态特征

成虫体长 6 ～ 10 毫米，黄褐色；前翅有两条深褐色斜纹形似“h”状，外侧比内侧的一条细；雄成虫体较小，体色稍淡，前翅有前缘褶（图 15-131）。卵扁平，椭圆形，淡黄色，数十粒至上百粒排成鱼鳞状（图 15-132）。初孵幼虫淡绿色；老龄幼虫头较小，前胸背板淡黄色，胸腹部翠绿色，体长 13 ～ 15 毫米；雄虫腹部背面有 1 对性腺，腹末有臀栉 6 ～ 8 根。蛹体长 9 ～ 11 毫米，黄褐色。

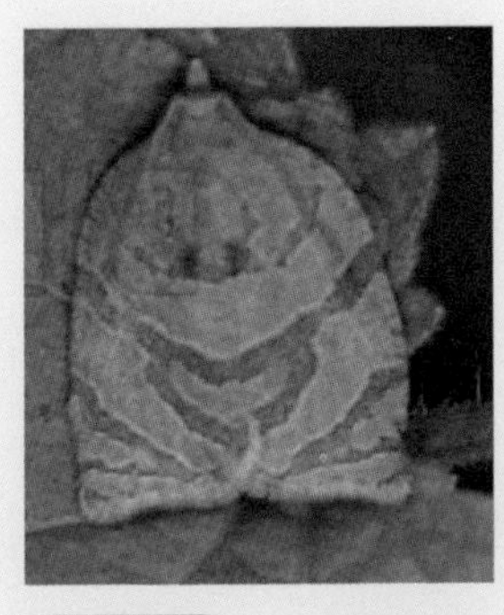
图 15-131 小黄卷叶蛾成虫

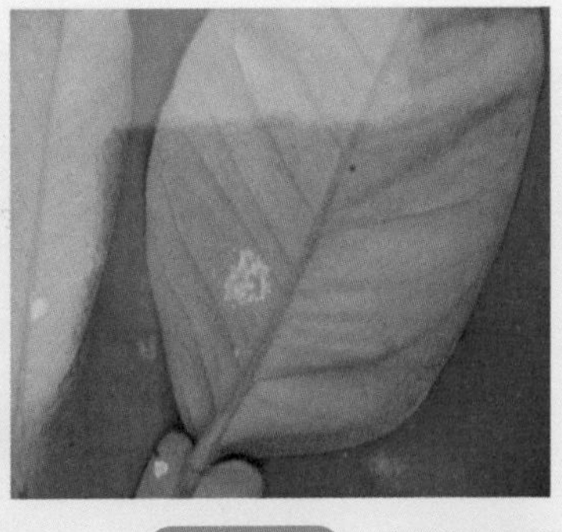
图 15-132 小卷叶蛾卵

3. 发生特点

一年发生 6 ～ 7 代，多以幼虫越冬，当冬季气温较高时幼虫也能活动取食。4 月中、下旬成虫羽化，雌虫常在清晨和晚间 7 ～ 9 时羽化，而雄虫则在上午 9 ～ 11 时和午后 3 ～ 5 时羽化。成虫白天潜伏在林间，晚上活动，晚 9 ～ 11 时最活跃，具趋光性和趋化性，但飞行力弱。成虫羽化后的当日就可交尾，交尾常在傍晚 7 时以后和清晨 9 时以前，交尾 4 ～ 6 小时后产卵，每雌可产 1 ～ 3 个卵块，共约 300 ～ 400 粒，卵块常产在叶片上。初孵幼虫活泼，借吐丝和爬行分散，将叶片缀合在一起，藏在其中取食嫩叶和幼果，共 5 龄。

4. 防治方法

同拟小黄卷叶蛾。

四十三、海南油桐尺蠖

海南油桐尺蠖又名大尺蠖、柑橘尺蠖、量尺虫，属鳞翅目尺蛾科。是柑橘、油桐和茶树的重要害虫，也是典型的暴食性害虫。该虫食性复杂，主要分布在福建、河南、安徽、江西、湖南、四川、重庆、浙江、广东和广西等省（区市）。

1. 为害症状

幼虫取食柑橘叶片，常将叶片吃成缺刻，甚至吃光整株叶片，只存凸枝和部分叶片主脉，呈扫帚状，严重降低植株光合能力，削弱养分供应，影响树势等（图 15-133）。

2. 形态特征

雌成虫体长 22 ～ 25 毫米，翅展 60 ～ 65 毫米，雄蛾体型略小，体灰白色。体长 19 ～ 21 毫米，翅展 52 ～ 55 毫米。雌成虫触角丝状，雄成虫触角羽毛状，前后翅灰白色，前后翅均杂有灰黑色小斑点，有 3 条黄色波状纹，雄成虫中间 1 条不明显。足黄色，腹末有黄褐色毛一束（图 15-134）。卵椭圆形，直径 0.7 ～ 0.8 毫米，青绿色，堆成卵块，上有黄色绒毛覆盖。幼虫共 6 龄，初孵时灰褐色，2 龄后变成绿色，4 龄后有深褐、灰褐和青绿色等，常随环境而变化，老熟时体长 60 ～ 75 毫米，头部密布棕色小点，顶部两侧有角突，前胸背板及第八腹节背面有两个瘤状突起。腹足两对，气门紫红色（图 15-135）。蛹长 22 ～ 26 毫米，黑褐色。

3. 发生特点

海南油桐尺蠖在广西北部及福建等地每年发生 3 代，以蛹在土中越冬。3 月底至 4 月初羽化。4 月中旬至 5 月下旬第一代幼虫发生，7 月下旬至 8 月中旬第二代幼虫发生，9 月下旬至 11 月中旬第三代幼虫发生。以第二代、第三代危害最严重。成虫在雨后土壤含水量大时出土，昼伏夜出，飞翔力强，有趋光性，卵成块产于叶背，每只蛾产卵一块，每块有卵 800 ～ 1000 粒。初孵出的幼虫常在树冠顶部的叶尖直立，幼虫吐丝随风飘散为害。较大幼虫常在枝条分杈处搭成桥状，或贴在枝条上，很像树枝。活动性不强，行走时拱成桥形。低龄幼虫较为集中，老熟幼虫在晚间沿树干爬至地面寻找化蛹场所。一般多在主干周围 50 ～ 60 厘米范围内的疏松浅层土壤中化蛹。

图 15-133 海南油桐尺蠖幼虫为害状

图 15-134 海南油桐尺蠖成虫

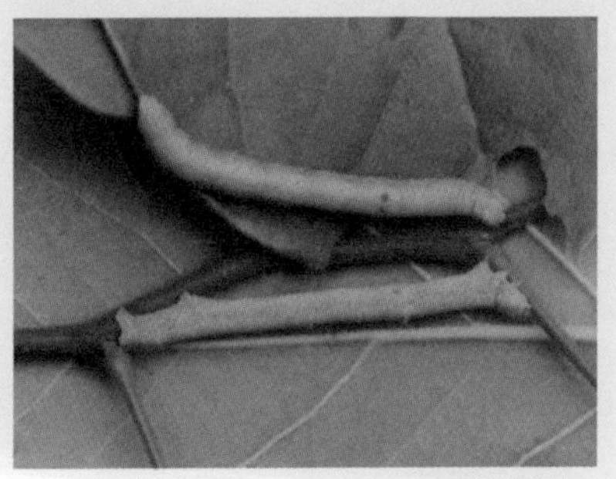

图 15-135 海南油桐尺蠖幼虫

4. 防治方法

① 农业防治。在各代蛹期，于主干周围 50 ～ 60 厘米、1 ～ 3 厘米深的表土中翻挖；或结合冬季深翻挖蛹，人工捕杀与刮除卵块。成虫、幼虫体型大，目标显著，成虫喜在背风面停息不动，而幼虫常撑在枝条的分杈处长久不动，宜在上、下午用树枝捕打；幼虫受惊动后有垂直下坠的习性，在树下铺薄膜震树枝，使幼虫掉落其上，集中杀灭或让家禽啄食。在老熟幼虫未入土化蛹前，用塑料薄膜铺设在主干周围，并铺湿度适中的松土 6 ～ 10 厘米厚，诱集幼虫化蛹，集中消灭。

② 物理防治。每 2 公顷（30 亩）土地设一盏频振式杀虫灯诱杀成虫。

③ 化学防治。第一、二代的 1 ～ 2 龄幼虫期是全年防治的关键期，此期幼虫多在树冠顶部活动，可选用以下农药进行喷洒：2.5% 溴氰菊酯乳油或 20% 氰戊菊酯乳油 2000 ～ 3000 倍液。

四十四、大造桥虫

大造桥虫又名棉大造桥虫、寸寸虫。属鳞翅目尺蛾科。危害柑橘、棉花、黄豆、豇豆、白扁豆、辣椒、丝瓜、石榴、银杏、樱桃、冬青、柳、云南樟和白花美人蕉等植物。分布于浙江、江苏、四川、广西、福建和吉林等省（自治区）。

1. 为害症状

幼虫蚕食柑橘叶片和幼果，造成缺刻和果实脱落，致使树势下降，产量降低（图 15-136）。

图 15-136　大造桥虫幼虫为害状

2. 形态特征

① 成虫。雌蛾体长 16 ～ 20 毫米，雄蛾约 15 毫米，体色变异大，常为浅灰褐色，散布黑褐色与淡黄色鳞片。雌蛾触角为暗灰色，呈鞭

状，雄蛾为淡黄色，呈羽状。前、后翅近中室端各有一个不规则的星状斑，内、外横线为暗褐色（图 15-137）。

② 卵。长椭圆形，青绿色。

③ 幼虫。老熟幼虫体长约 40 毫米，体圆筒形，黄绿色。第 2 腹节背面有 1 对较大的棕黄色瘤突，第 8 腹节也有同样的瘤突 1 对，但较小（图 15-138）。

④ 蛹。体长 14 ～ 19 毫米，棕褐色至深褐色，有光泽。

图 15-137 大造桥虫成虫

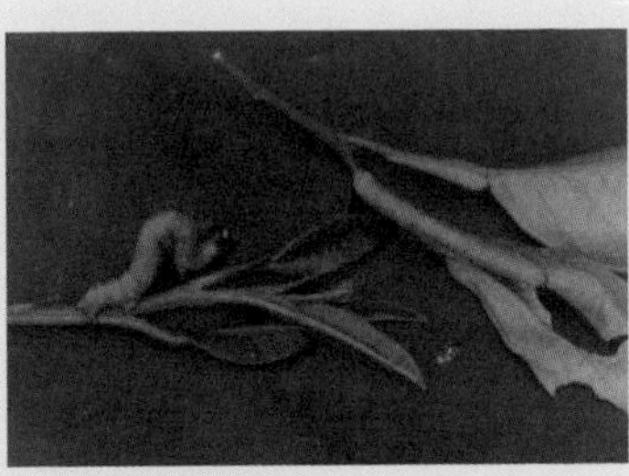

图 15-138 大造桥虫幼虫

3. 发生特点

大造桥虫在长江一带每年发生 4 ～ 5 代。各代幼虫发生期分别为：第一代 5 月上、中旬，第二代 6 月中、下旬，第三代 7 月中、下旬，第四代 8 月中、下旬，第五代 9 月中旬至 10 月上旬。在浙江黄岩地区观察，发现 6 月下旬至 7 月上旬有较多的大造桥虫幼虫为害柑橘，9 月下旬虫数明显减少，10 月上旬仅能采到极少数幼虫，全年以 7 月至 9 月上旬幼虫最多，危害柑橘最烈。成虫在阴雨天土壤湿润时羽化出土，晚上活动，飞翔力弱，趋光性强，交尾后 1 ～ 2 天内即可产卵，卵常数十粒集中呈块状。初孵幼虫群集性较强，常吊于所吐丝上随风飘移。初龄幼虫取食嫩叶叶肉，留下表皮。平时以腹足与尾足立在小枝上，极像小断枝。长大后取食叶片成缺刻，平时常在枝叶间搭成桥状。老熟幼虫活动性增强，常沿树干爬下，入土化蛹。卵期 5 ～ 8 天，幼虫期 18 ～ 20 天，蛹期 8 ～ 10 天。在浙江黄岩地区发现大造桥虫的天敌寄生蜂有 3 种，对幼虫寄生率极高，很有利用前途。

4. 防治方法

参见油桐尺蠖。

四十五、蓑蛾类

蓑蛾又名袋蛾、避债蛾和口袋虫，属鳞翅目蓑蛾科。我国分布较广。它是一类杂食性害虫。可取食柑橘、茶、苹果、梅、樟、板栗和油桐等几十种植物。柑橘园的袋蛾主要有大袋蛾、茶袋蛾、小袋蛾和白囊袋蛾等 4 种。

1. 为害症状

它们的幼虫常取食柑橘小枝的树皮使枝条枯死，或将叶片吃成缺刻或孔洞。使树势生长衰弱，降低果实产量，小袋蛾还啃食果实表皮引起果实腐烂脱落。

2. 形态特征

形态特征见表 15-1。

表 15-1　4 种袋蛾形态特征

虫名虫态	大袋蛾	茶袋蛾	小袋蛾	白囊袋蛾
成虫	雌体长 25 毫米，淡黄色，无翅。体多茸毛，足退化，在袋囊中生活，雄蛾体长 15 ～ 20 毫米，翅展 35 ～ 40 毫米，黑褐色，触角羽状，前翅深褐色，有 4 ～ 5 个半透明斑	雌体长 12 ～ 16 毫米，蛆状，头黄褐色，腹部黄白色，无翅，足退化，在袋囊中生活，雄蛾体长 11 ～ 15 毫米，翅展 22 ～ 30 毫米，淡褐色，触角羽状，前翅深近翅尖处有一透明斑，中央有长方形透明斑	雌体长 7 毫米，蛆状，无翅，在袋囊中生活，雄蛾体长 4 毫米，前翅黑色，后翅银灰色，有光泽	雌体长 9 毫米，在袋囊中生活，无翅，雄蛾体长 4 毫米，前、后翅透明，体被白色鳞毛

续表

虫名虫态	大袋蛾	茶袋蛾	小袋蛾	白囊袋蛾
卵和幼虫	卵椭圆形，淡黄色，长0.9～1毫米。幼虫在3龄后雌、雄明显不同，雌体肥大，长24～40毫米，头部赤褐色，胸部背板黄褐色，背部两侧各有1个赤褐色斑，腹足和尾足退化，雄长17～24毫米，头部赤褐色，中央有一个白色人字纹	卵椭圆形，长0.8毫米，乳黄色。幼虫体长16～26毫米，头部黄褐色，有黑褐色斑纹，胸腹部黄色，胸部背面有两条褐色纵纹，两侧各有1褐斑	卵椭圆形，米色。幼虫体长约8毫米，乳白色，雄体略小，中、后胸硬皮板褐色，分为4块，中央两块较大	幼虫体长约25毫米，红褐色，中、后胸背面硬皮板分为两块，上有深红色斑纹
护囊和蛹	护囊长40～60毫米，囊外附有1～2片树叶或排列不整齐的枝梗，雌蛹长28～32毫米，赤褐色，无翅芽，雄蛹长18～23毫米，暗褐色有翅芽	雌护囊长约30毫米，雄的长约25毫米，有许多平行排列整齐的小枝梗附在外面。雌蛹长14～18毫米，纺锤形，深褐色，无翅芽，雄蛹长13毫米，深褐色，有翅芽	护囊长7～12毫米，雌虫的较雄虫的大，囊表面附有细碎叶片或枝皮，其口附近有丝一条，雄蛹长4.5～6毫米，雌蛹长5～7毫米	护囊长30毫米，护袋完全用丝编织，其质地紧密，白色，表面不附梗、叶、碎片

3. 发生特点

大袋蛾在长江沿岸1年发生1代，在华南发生2代，以幼虫越冬。茶袋蛾1年发生1～2代，台湾可发生3代，以幼虫越冬。小袋蛾1年发生2代，以幼虫越冬。白囊袋蛾1年发生1代，亦以幼虫越冬，次年3～4月幼虫开始取食。雌成虫羽化后仍在袋内，雄蛾羽化后飞到雌虫袋口交配，卵产在袋内，幼虫孵出后再爬出袋外吐丝下垂，随风飘移或爬行到枝叶上吐丝做护囊终身躲在囊中取食。其护囊随虫体增大而增大，取食时头伸出袋口，叶片吃完后虫体随袋移动。茶袋蛾和白囊袋蛾在春季为害重，大袋蛾和小袋蛾7～9月为害重。幼虫喜光，多集中在树冠外围取食，1 月幼虫在袋内越冬。

4. 防治方法

① 农业防治。结合修剪人工摘除护囊或剪除有护囊的枝条，烧毁或踩死袋内幼虫。

② 物理防治。对有趋光性的，用频振式杀虫灯诱杀成虫。

③ 生物防治。大袋蛾的天敌有伞裙追寄蝇、大腿小蜂、黑点瘤姬蜂、南京扁股小蜂、多角体病毒、鸟类和蚂蚁等；茶袋蛾天敌有：蓑蛾瘤姬蜂、大腿小蜂、黄瘤姬蜂、桑蟥聚瘤姬蜂、鸟类、线虫和细菌等，药剂防治和摘除虫袋时应注意保护。

④ 药剂防治。为害重时最好在低龄幼虫发生期喷药防治。药剂种类和浓度参见青刺蛾的防治。

四十六、青刺蛾和黄刺蛾

刺蛾类又名痒辣子和毛辣虫。属鳞翅目刺蛾科。我国南北许多地区均有分布。寄主有柑橘、梨、苹果、柳、梧桐、桃、柿、枣、核桃、杨和乌桕等。

1. 为害症状

幼虫取食柑橘叶，低龄幼虫常取食叶肉留一层表皮，大龄幼虫则将叶片吃成缺刻仅留下叶脉。使叶片受害处干枯，幼虫体上的刺毛对人体有毒，接触后皮肤痒痛难忍，甚至红肿。

2. 形态特征

① 青刺蛾。成虫体长 10 ～ 19 毫米，头、胸背面青绿色，腹部黄色，前翅青绿色、翅基角褐色。外缘有淡黄色宽带，带内、外各有一条褐色纵纹。卵扁平，长椭圆形淡黄绿色，排列成块状，幼虫长 21 ～ 27 毫米，淡绿色，头部有 1 对黑斑，体背有两排橙红色刺毛。腹部末端有 4 个黑色瘤状突起。蛹体长 13 ～ 16 毫米，椭圆形，其茧壳坚硬灰褐至黄褐色。

② 黄刺蛾。成虫体长 10 ～ 17 毫米，体黄色，复眼黑色，前翅黄色，其外缘棕褐色呈扇形，其间有两条深褐色斜纹，每翅上有两个

褐色小点。后翅淡黄色（图 15-139）。卵扁平椭圆形，黄色，常几粒几十粒产在一起。幼虫老熟时长约 25 毫米，淡黄绿色，背面有紫褐色前后宽中间细的大斑。每体节上有 4 个突起，其上长有淡黄色枝刺，胸部上的 6 根和臀节上的 2 根特别大（图 15-140）。蛹长 13 毫米，椭圆形，黄褐色，其茧壳坚硬，上有黑褐色纵纹。

3. 发生特点

① 青刺蛾。每年发生 2 ～ 3 代，以幼虫在土中结茧越冬。4 月下旬至 5 月上中旬化蛹，5 月下旬至 6 月上旬羽化为成虫，第一、二代幼虫分别于 6 ～ 7 月和 7 月下旬至 9 月出现，成虫期 3 ～ 8 天，卵期 5 ～ 7 天，幼虫期 25 ～ 35 天，蛹 5 ～ 96 天。成虫夜间活动，有趋光性，卵块在叶背面，初孵幼虫先静止在卵壳附近不取食，2 龄后取食叶肉，4 ～ 5 龄常群集取食，以后分散取食，6 龄后常自叶缘向叶内取食，幼虫老熟后在树干下部结茧化蛹。

② 黄刺蛾。每年发生 1 代，以老熟幼虫在树干茧内越冬。6 月中旬化蛹，6 月中旬至 7 月中旬为成虫发生期，卵常产于叶背，幼虫孵出后常集中在一起取食后逐渐分散为害。7 月中旬至 8 月为幼虫发生期，9 月以后开始越冬。

图 15-139 黄刺蛾成虫

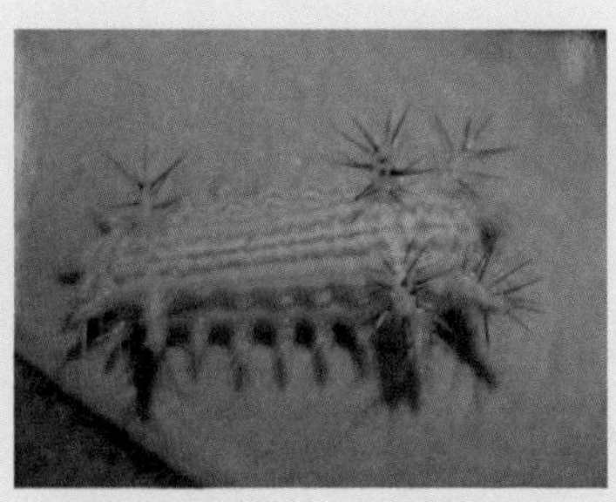
图 15-140 黄刺蛾幼虫

4. 防治方法

① 农业防治。消灭越冬虫茧，结合修剪除去枝条上的虫茧，冬

春翻土挖出土中虫茧予以消灭，摘除有幼虫叶片以消灭幼虫。

② 物理防治。在6～8月利用成虫趋光性，夜间用灯光引诱青刺蛾成虫进行杀灭。

③ 药剂防治。在幼虫发生期用苏云金杆菌可湿性粉剂（8000国际单位）400～600倍液、20%甲氰菊酯乳油或2.5%溴氰菊酯乳油或20%氰戊菊酯乳油2000～3000倍液、48%毒死蜱乳油1000～1200倍液、80%敌敌畏乳油或90%敌百虫晶体800～1200倍液喷雾，均有很好的效果。

四十七、褐刺蛾和扁刺蛾

褐刺蛾（又名桑刺蛾和毛辣子）和扁刺蛾均属于鳞翅目刺蛾科。我国四川、重庆、江苏、浙江、江西、福建、湖南、湖北、广东、台湾和广西等地区均有分布。褐刺蛾寄主有柑橘、桑和法国梧桐等许多种植物。扁刺蛾的寄主有柑橘、茶、桃、李、油桐和梧桐等数10种植物。

1. 为害症状

褐刺蛾幼虫咬食柑橘叶片成缺刻或吃掉叶片仅留叶柄。扁刺蛾幼虫除取食柑橘叶片外还取食柑橘果实表皮，引起果实腐烂脱落（图15-141）。其小幼虫常将叶背表皮吃去留下叶肉，高龄幼虫将叶片吃成缺刻或孔洞甚至吃掉叶片大半。它们的幼虫都对人的皮肤有毒，引起皮肤痛痒和红肿。

2. 形态特征

① 褐刺蛾。成虫体长15毫米，褐色，前翅褐色，其前缘近三分之二处起到内缘尖角和臀角处有深褐色弧线两条，后翅褐色。卵扁平椭圆形，黄色，长约2毫米。成长幼虫体长约33毫米，黄色，亚背线红色，背线和侧线天蓝色，各节上有2对刺突，其上着生红棕色刺毛（图15-142）。蛹长约16毫米，卵圆形，黄褐色，茧壳鸟蛋形，淡灰褐色，表面有褐色小点。

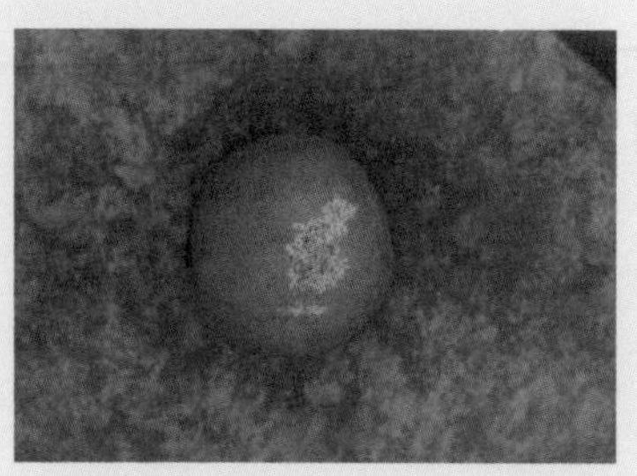
图 15-141 扁刺蛾幼虫为害状

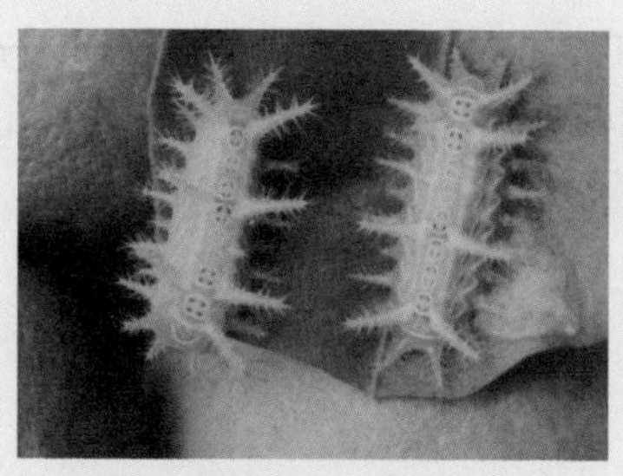
图 15-142 褐刺蛾幼虫

② 扁刺蛾。雌成虫体长 13 ～ 18 毫米，雄虫体长约 10 毫米，体褐色，前翅浅灰褐色，前缘近 2/3 处到内缘有褐色横纹 1 条，雄蛾前翅中室末端有一黑点，后翅淡黄色（图 15-143）。卵扁平，长椭圆形，淡黄绿色，长约 1.1 毫米。成长幼虫体长 21 ～ 26 毫米，扁平，长椭圆形，翠绿色，背部各节有 4 个刺突，背中央后前方的两侧各有一个红点（图 15-144）。蛹长约 14 毫米，黄褐色至黑褐色，鸟蛋形，茧子淡黑褐色坚硬。

图 15-143 扁刺蛾成虫

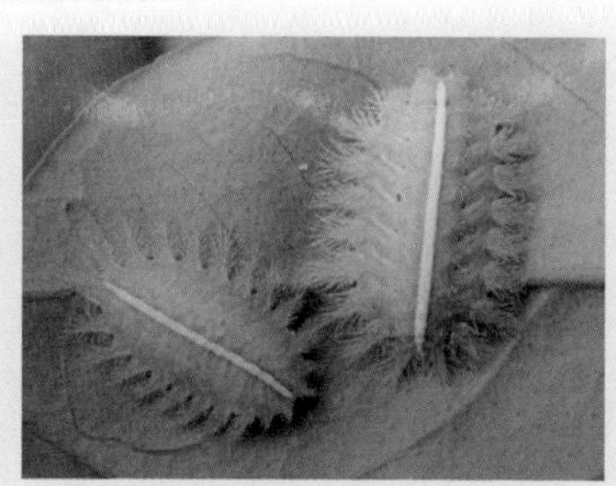
图 15-144 扁刺蛾幼虫

3. 发生特点

① 褐刺蛾。每年发生 2 代，以幼虫在果木附近 3.3 ～ 6.6 厘米土中结茧越冬。次年 6 月上中旬出现成虫，第一代幼虫于 6 月下旬至 7 月初发生，8 月上旬出现第一代成虫，成虫寿命 5 ～ 15 天，羽化后

1～2天即可交配产卵，卵期约为一周。第二代幼虫8月中旬至9月中下旬出现，是主要危害时期。9月下旬后开始越冬。成虫白天潜伏夜间活动，成虫有趋光性。

② 扁刺蛾。一年发生2代，个别有3代，亦以老熟幼虫在土中结茧越冬，越冬代成虫于5月中旬至6月中旬出现，卵单产在叶上，第一代产卵期在5月中旬至6月下旬。第一代幼虫于5月下旬至7月下旬出现，第一代成虫于7月中旬至8月下旬出现，7月中旬至8月下旬产卵。第二代幼虫于7月下旬至次年4月出现。初孵幼虫取食叶片表皮形成透明斑，大幼虫吃叶片成缺刻。小幼虫还取食果实表皮引起果实腐烂脱落。

4. 防治方法

同青刺蛾和黄刺蛾。扁刺蛾的天敌有寄生蝇、寄生真菌和病毒等，其幼虫和蛹染病率很高。

四十八、柑橘凤蝶

柑橘凤蝶又名橘黑黄凤蝶、金凤蝶、春凤蝶，属鳞翅目凤蝶科，该虫分布于我国各柑橘区。

1. 为害症状

柑橘凤蝶以幼虫为害柑橘的芽、嫩叶、新梢，初龄时取食成缺刻与孔洞状，稍大时常将叶片吃光，只残留叶柄。苗木和幼树受害最重，尤以山区发生较多，影响枝梢抽生。

2. 形态特征

成虫分春型和夏型两种（图15-145）。春型雌虫：体长21～28毫米，翅展69～95毫米。翅黑色，斑纹黄色。胸、腹部背面有黑色纵带直到腹末。前翅三角形黑色，外缘有8个月牙形黄斑。后翅外缘有6个月牙形黄斑。臀角有一橙黄色圆圈，其中有小黑点。前翅近基部的中室内有4条放射状黄纹；翅中部从前缘向后缘有7个横形的黄斑纹；向后依次逐渐变大。夏型个体较大，黄斑纹亦较大，黑色部分较少。卵直径约1.5毫米，圆球形、初产时淡黄色，渐变为深黄色，孵化前淡紫色至黑色（图 15-146）。初孵幼虫暗褐色，有肉状突起，头、尾黄白色极似鸟类。老熟幼虫体长 38 ～ 42 毫米，鲜绿色至深绿色，后胸前缘有一齿状黑线纹，其两侧各有 1 个黑色眼状纹，眼斑间有深褐色带相连；体侧气门下方有白斑 1 列，4 条斜纹细长，灰黑色，有淡白色边；臭角腺黄色，有肉状突起（图 15-147）。蛹体长 30 ～ 32 毫米，初化蛹时淡绿色，后变为暗褐色，腹面带白色（图 15-148）。

图 15-145 柑橘凤蝶成虫

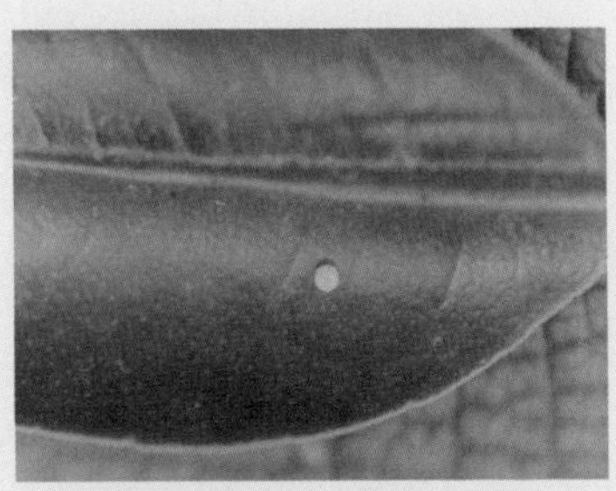
图 15-146 柑橘凤蝶卵

图 15-147 柑橘凤蝶老熟幼虫

图 15-148 柑橘凤蝶蛹

3. 发生特点

该虫在江西、重庆一年发生 4 代，广东、福建 5 ～ 6 代均以蛹在枝梢上越冬。翌年春暖羽化成成虫。成虫日间活动，飞翔于花间，采蜜、交尾，卵散产于柑橘嫩芽或嫩叶背面；卵期约一周，初孵幼虫为害嫩叶，在叶面上咬成小孔，稍长后将叶食成锯齿状，第五龄幼虫食量大，一日能食叶 5 ～ 6 片，遇惊动时，迅速伸出前胸前缘黄色的臭角，放出强烈的气味以拒避敌害。老熟幼虫选在易隐蔽的枝条或叶背，吐丝作垫，以尾足抓住丝垫，然后吐丝在胸腹间环绕成带缠在枝条上以固定，蛹的颜色常因化蛹环境而异。

4. 防治方法

① 人工捕杀。清晨露水未干时，人工捕杀成虫；白天网捕成虫，其次在新梢抽发期捕杀卵、幼虫和蛹。

② 生物防治。保护利用卵和幼虫寄生蜂凤蝶赤眼蜂或寄生蛹的凤蝶金小蜂和广大腿小蜂，另外，多种鸟类是柑橘凤蝶的天敌。

③ 药剂防治。在幼虫发生量大时，16000IU/ 毫克苏云金杆菌可湿性粉剂（每亩用 150 ～ 250 克）、1.8% 阿维菌素水乳剂 / 乳油 / 可湿性粉剂 1500 ～ 3000 倍液、20% 甲氰菊酯乳油 / 水乳剂 2000 ～ 3000 倍液、25 克 / 升溴氰菊酯乳油 1500 ～ 2500 倍液、20% 氰戊菊酯乳油 10000 ～ 20000 倍液、45% 毒死蜱乳油 1000 ～ 2000 倍液。

四十九、玉带凤蝶

玉带凤蝶又名白带凤蝶、黑凤蝶、缟凤蝶，属鳞翅目凤蝶科。寄主植物除柑橘外，还有花椒、山椒等芸香科植物。我国各柑橘产区均有分布。

1. 为害症状

玉带凤蝶幼虫为害柑橘和芸香科植物，蚕食嫩叶和嫩梢，常造成树势衰弱，初龄幼虫食成缺刻与孔洞，稍大常将叶片吃光，大量发生时果园嫩梢均可受害，严重时新梢仅剩下叶柄和中脉，影响枝梢的抽发，产量降低（图 15-149）。

2. 形态特征

成虫体长 25 ～ 32 毫米，翅展 90 ～ 100 毫米，黑色。雄虫前翅外缘有黄白色斑点 7 ～ 9 个，从前向后逐渐变大，后翅中部从前缘向后缘横列着7个大型黄白色斑纹，横贯前后翅，形似玉带。后翅外缘呈波浪形，尾突长如燕尾（图15-150）。雌蝶有二型，一型色斑与雄蝶相似，另一型后翅外缘具半月形红色小斑点6个，在臀角处有深红色眼状纹，中央有4个大型黄白色斑。卵直径约1.2毫米，圆球形，初产时淡黄白色，后变为深黄色，近孵化时变为灰黑色（图15-151）。第1、2龄幼虫为黄白色至黄褐色，3龄黑褐色，4龄鲜绿色。老熟幼虫体长34～44毫米，深绿色。后胸前缘有齿状黑纹，其两侧各有黑色眼状纹，第2腹节前缘有黑带1条，第4、5节两侧具斜形黑、褐色间以黄绿紫灰各色的斑点花带1条，臭腺紫红色（图15-152）。蛹长32～35毫米，灰黑、灰黄、灰褐色或绿色。

图15-149 玉带凤蝶为害状

图15-150 玉带凤蝶成虫

图15-151 玉带凤蝶卵

图15-152 玉带凤蝶老熟幼虫

3. 发生特点

长江流域每年发生 4 ～ 6 代，以蛹在枝梢间越冬，世代重叠。3 ～ 4 月成虫出现，4 ～ 11 月均有幼虫发生，以 5 月中下旬、6 月下旬、8 月上旬和 9 月下旬为发生高峰期。幼虫期在重庆第 2 代 15 天，第 3 代约 12 天，第 4 代约 20 天，部分可完成第 5 代，其幼虫期约 28 天。成虫白天飞翔于林间庭园，吸食花蜜或雌雄双双飞舞，相互追逐、交尾，交尾后当日或隔日产卵，卵单粒附着在柑橘嫩叶及嫩梢顶端，每雌产卵 5 ～ 48 粒。初孵幼虫取食叶肉，沿着叶缘啮食，常将叶肉吃尽仅剩下主脉或叶柄，受到惊动或干扰时迅速翻出臭角，挥发出芸香科的气味，以保护自卫，吓退敌害。5 龄幼虫每昼夜可食叶 5 ～ 6 片，对幼苗、幼树和嫩梢为害极大。老熟幼虫在枯枝、叶上吐丝垫固着尾部，再系丝于腰间，悬挂在附着物上化蛹。

4. 防治方法

同柑橘凤蝶。

五十、鸟嘴壶夜蛾

鸟嘴壶夜蛾又名葡萄紫褐夜蛾、葡萄夜蛾，属鳞翅目夜蛾科。寄主植物除柑橘外，还有梨、苹果、桃、葡萄、番茄、龙眼、荔枝、木防己、芒果、无花果、榆、黄皮等。该虫在浙江、江西、湖北、四川、云南、台湾、广东、广西、重庆等地区均有发生和为害。

1. 为害症状

成虫吸食柑橘果实汁液，被害柑橘果实表面有绣花针刺状小孔，刚取食后小孔有果汁流出，2 天后果皮刺孔处海绵层出现直径 1 厘米左右的淡红色圆圈，随后果实腐烂脱落，影响果实产量和品质（图 15-153）。

2. 形态特征

成虫体长 23 ～ 26 毫米，翅展 49 ～ 51 毫米。头部和前胸赤橙色，中、后胸褐色，腹部黄褐色有许多鳞毛，其喙向前突出。前翅紫褐色，翅尖向外缘显著突出似鹰嘴形；外缘中部向外突出，后缘中部向内凹入较深，自翅尖斜向中部有 2 根并行的深褐色线纹；肾形纹较明显；后翅淡褐黄色，外半部色较深，缘毛淡褐色，端区微呈褐色。前后翅的反面均为粉橙色。足赤橙色（图 15-154）。卵扁球形，高约 0.61 毫米，直径约 0.76 毫米，表面密布纵纹，初产时黄白色，孵化前变为灰黑色。老熟幼虫体长 46 ～ 58 毫米，前端较尖，体灰褐色，或灰黄色，背腹面由头至尾各有一灰黑色纵纹，头部有 2 个黄边黑点，第二腹节两侧各有一个眼状纹。

3. 发生特点

鸟嘴壶夜蛾在湖北武汉和浙江黄岩每年发生 4 代，以成虫、幼虫或蛹越冬。9 ～ 10 月为害柑橘最盛，成虫以晴天无风夜晚最多，每日黄昏开始入园取食，以 22 ～ 24 时最多，后逐渐减少，天亮后很难发现。

图 15-153　鸟嘴壶夜蛾成虫果实为害状

图 15-154　鸟嘴壶夜蛾成虫

4. 防治方法

① 在山区或近山区新建果园时，最好少种早熟品种；最好栽培晚熟品种，尽量避免混栽不同成熟期的品种及多种果树。

② 人工捕捉。在晚上用手电筒照射进行捕杀成虫。

③ 物理防治。在 10 亩柑橘园中设 40 瓦金黄色荧光灯或其他黄色灯 6 盏（也可用白炽灯），对吸果夜蛾有一定驱避作用。在果实成

熟初期，用香茅油纸片于傍晚均匀悬挂在树冠上拒避成虫。方法是用吸水性好的纸，剪成约 5 厘米 ×6 厘米的小块，滴上香茅油，于傍晚挂在树冠外围，5 ～ 7 年的树，每株挂 5 ～ 10 片，次晨收回放入塑料袋密封保存，次日晚上加滴香茅油后继续挂出。

④ 果实套袋。对价格较高的品种，果实成熟期可套袋保护。早熟品种一般在 8 月中旬至 9 月上旬进行。

⑤ 化学防治。20% 甲氰菊酯乳油 / 水乳剂 2000 ～ 3000 倍液、25g/L 溴氰菊酯乳油 1500 ～ 2500 倍液、20% 氰戊菊酯乳油 10000 ～ 20000 倍液、45% 毒死蜱乳油 1000 ～ 2000 倍液。

五十一、枯叶夜蛾

枯叶夜蛾又称通草木叶蛾、通草枯叶夜蛾、番茄夜蛾，属鳞翅目夜蛾科。我国各柑橘区都有。寄主范围广，以成虫吸食柑橘、苹果、桃、梨、枇杷、荔枝、芒果、葡萄、无花果等果实果汁，该虫是四川和重庆发生的优势种。

1. 为害症状

成虫吸食柑橘健果汁液，以口针刺破果面，插入果肉内吸食，刺孔处流出汁液，伤口软腐呈水浸状，并逐渐扩大软腐范围，或出现干疤状；果皮内层的海绵组织呈红色晕环；果瓤腐烂，颜色变浅，果实提前脱落。也有的果实受害后外表症状不明显，早期不易发现。

2. 形态特征

成虫体长 35 ～ 42 毫米，翅展 98 ～ 112 毫米。头胸棕褐色，腹部背面橙黄色。触角丝状。前翅枯叶色，形似枯叶状，沿翅脉有 1 列黑点，顶角至后缘凹陷处有 1 条黑褐色斜线，肾形纹黄绿色。后翅橘黄色，前缘中部有 1 个牛角形粗大黑斑与肾形黑斑相对（图 15-155）。卵扁球形，乳白色，底面平，卵壳外面有六角形网状花纹。老熟幼虫体长 60 ～ 70 毫米，身体黄褐色或黑色。

3. 发生特点

每年发生 2 ～ 3 代，第 1 代发生于 6 ～ 8 月，第 2 代 8 ～ 10 月，

9月至次年5月为越冬代，多以幼虫越冬，也有蛹和成虫越冬。成虫高峰多在秋季。成虫夜间活动，黄昏后飞入果园为害，天黑时逐渐增多，天明后隐蔽，晴天无风夜晚最活跃。在四川，成虫于9月下旬开始为害柑橘，10月中旬达到高峰；在广东其高峰期在9月中、下旬。气温在20℃时取食最盛，10℃时不甚活动，8℃时则停止活动。

4. 防治方法

同鸟嘴壶夜蛾。

图16-166 枯叶夜蛾成虫

五十二、嘴壶夜蛾

别名桃黄褐夜蛾，属鳞翅目夜蛾科。我国南北方均有发生，是苏浙等地吸果夜蛾中的优势种。国外日本、朝鲜、印度等有发生。成虫吸食近成熟和成熟的柑橘、芒果、桃、葡萄、梨、苹果、李、杏等多种果实。

1. 为害症状

同枯叶夜蛾。

2. 形态特征

成虫体长16～21毫米，翅展36～40毫米，体褐色。头部红褐色，下唇须鸟嘴形，腹部背面灰色；前翅棕褐色，外缘中部突出成角状，角内侧有 1 个三角形红褐色纹，后缘中部凹陷，翅尖至后缘有深色斜“h”纹，肾形纹隐约可见；后翅褐灰色，端部和翅脉黑色。雌蛾触角丝状，雄蛾触角单栉齿状，前翅色较浅（图 15-156）。卵扁圆形，初产时乳黄色，以后出现棕红色花纹，卵壳上有较密的纵走条纹。老熟幼虫体长 30 ～ 52 毫米，漆黑色，各体节两侧在黄色斑纹处，间有大小数目不等的白色或橙红色斑，排列成纵带。蛹体长 17 ～ 20 毫米，赤褐色。

图 15-156 嘴壶夜蛾成虫

3. 发生特点

该虫以幼虫和蛹越冬，田间各虫态极不整齐，幼虫全年可见。浙江黄岩一年发生 4 代，广州 6 代。成虫略具假死性。白天潜伏，夜晚飞来果园吸食，以针状喙刺入果内吸食汁液，以 20 ～ 24 时最多，晴天无风夜晚最盛。山地和近山地果园受害重；各种果树或柑橘品种混栽的受害重；早熟、皮薄受害重，中熟次之，晚熟很轻，早熟温州受害最重。在四川，成虫于 9 月至 11 月到柑橘园为害成熟果，以 10 月上、中旬为害最烈，主要为害锦橙、脐橙等甜橙类，橘类受害较轻；在浙江 9 ～ 10 月数量最多，以早熟的温州蜜柑受害最重；广东以 10 月中旬至 11 月上旬为害最烈，以早熟雪柑受害最重，其次为中熟椪柑和甜橙，晚熟的蕉柑受害轻。白天在杂草、间作物、篱笆、墙洞和树干等处潜伏，黄昏时为活动高峰。温度 16℃以上虫口较多，13℃以下显著减少，10℃时很难发现。

4. 防治方法

同鸟嘴壶夜蛾。

五十三、桃蛀螟

桃蛀螟又名桃斑螟、桃蠹螟、桃蛀野螟等，幼虫俗称桃实虫、桃蛀心虫。属鳞翅目，螟蛾科。全国各地都有分布。寄主范围广泛，主要为害桃、李、梨、高粱、向日葵、玉米等多种作物。

1. 为害症状

该虫以幼虫蛀入柑橘果实内，取食果瓤排出粪便在果实内，并逐渐向外挤出，蛀孔外亦堆满虫粪，此时脐橙果实症状表现为脐部周围变白，且突起状明显，剥开可见果内充满白色虫粪，不久果实即大量脱落；有些果实即使能够成熟，其内质已被危害而无法食用，或在贮运期间腐烂（图 15-157）。

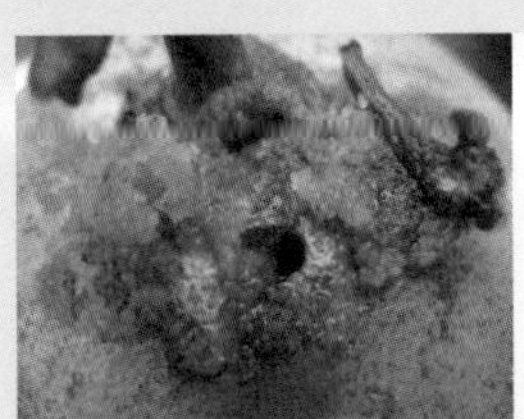
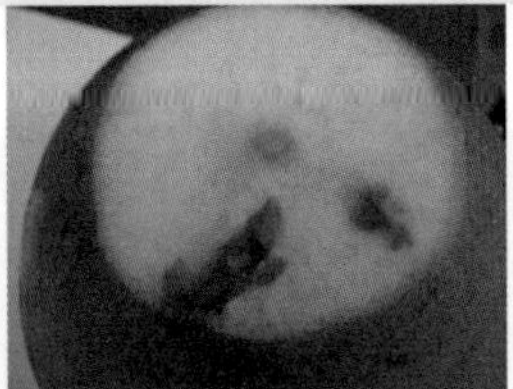

图 15-157 桃蛀螟不同为害状

2. 形态特征

成虫体长 12 ～ 13 毫米，橙黄色，胸、腹、翅上均被有许多黑色斑点，似豹纹，翅展 20 ～ 25 毫米，黄白色。前翅斑点 25 ～ 28 个，后翅十余个；腹部背面黄色，第 1 节和 3 ～ 6 节各有 3 个黑斑，第 7 节只有 1 个，第 2、8 节无黑斑；雄蛾第 9 节末端黑色，腹末较钝，有黑色毛丛（图 15-158）。卵椭圆形，长约 0.6 毫米，宽 0.4 毫米左右，初产时乳白色，以后逐渐变为米黄色，再变为暗红褐色。幼虫体长

22 毫米，体色多变，有淡褐、浅灰、浅灰蓝、暗红褐色等，腹面多为淡绿色。头壳深红褐色，前胸背板黑褐色，腹部各体节毛片明显，第 1 ～ 8 节上有黑褐色毛片 6 个，成 2 横列，前排 4 个椭圆形，前排中间 2 个较大，后排 2 个长方形。蛹体长 12 ～ 14 毫米，宽 3 毫米，初淡黄绿后变褐色或深红褐色，外被灰白色椭圆形薄茧。

图 15-158 桃蛀螟成虫

3. 发生特点

长江流域发生 4 ～ 5 代。田间发生不整齐，有世代重叠现象。第 1 代一般在 4 月中旬出现，主要为害桃、李、梨果，第 2 代则转移到玉米上为害，玉米收获后，6 ～ 7 月时柑橘类果实成为其第 3 代寄主，以后加深为害或再转移到晚季玉米上取食，而后以老熟幼虫在树皮缝隙内或玉米、高粱秸秆等处越冬。成虫羽化后白天静伏于背阴暗处，夜间 8 ～ 10 点交尾、产卵和取食。经补充营养才产卵，卵单产在较早成熟的果实上，一般 1 果只产 1 粒，偶有 2 粒。幼虫孵出不久即从脐部蛀入，蛀入后即取食果瓤。不久果实即大量脱落。

4. 防治方法

① 农业防治。应清除越冬幼虫，焚烧果园周围玉米、高粱秸秆、

残株，并刮除树干翘皮，使幼虫裸露出来冻死。同时果园内和周围尽量不栽桃蛀螟的前茬寄主玉米、高粱等作物。应及时捡拾落果、摘除受害果并集中加以销毁。

② 物理防治。由于桃蛀螟成虫趋光性强，可从其成虫刚开始羽化时（即未来得及产卵之前），晚上在果园附近或园内悬挂频振式诱虫灯进行诱杀。

③ 生物防治。桃蛀螟的天敌主要有绒茧蜂、广大腿小蜂、抱缘姬蜂、黄眶离缘姬蜂等多种寄生蜂，防治柑橘各种病虫害时应当注意加以保护，少用广谱性农药。

④ 化学防治。重庆橘园一般在玉米收获后，即应对果园进行巡查，在卵孵化期间进行喷药防治。药剂可选用 45% 毒死蜱乳油 1200 倍液、20% 甲氰菊酯乳油 2000 ～ 3000 倍液、10% 虫螨腈 1500 ～ 2000 倍液或 20% 啶虫脒 12000 ～ 16000 倍液等。最好 7 ～ 10 天后再喷施一次。

五十四、柑橘大实蝇

柑橘大实蝇又名柑蛆、黄果虫，其受害果又称蛆柑。属双翅目实蝇科。我国四川、贵州、云南、湖北、湖南、重庆、陕西和广西等省（区市）均有分布。危害柑橘类的果实。

1. 为害症状

雌成虫将卵产于柑橘幼果的果瓤中，由于产卵行为的刺激，在果皮表面形成一个小突起，突起周边略高，中心略凹陷，称之为产卵痕。卵在果瓤中孵化成幼虫，取食果肉和种子；受害果未熟先黄，黄中带红，变软，后落果、腐烂。若果实中幼虫较少，则果实不落，仅果瓤受害腐烂（图 15-159）。

2. 形态特征

成虫体长 12 ～ 13 毫米，黄褐色。胸背无小盾片前鬃，也无翅上鬃，肩板鬃仅具侧对，中对缺或极细微，不呈黑色，前胸至中胸背板中部有栗褐色倒“Y”形大斑 1 对，腹基部狭小，可见 5 节，腹部背面中央有一黑色纵纹与第 3 节前缘的一黑色横纹交叉呈“十”字形。

第 4 和第 5 腹节前虽有黑色横纹，但左右分离不与纵纹连接（图 15-160）。产卵器长、大，基部呈瓶状，基部与腹部约等长，其后方狭小部分长于第 5 腹节。卵长椭圆形，乳白色，一端稍尖细，另端较圆钝，中部略弯曲，长 1.2 ～ 1.5 毫米。幼虫蛆形，前端小尾端大而钝圆，乳白色，口钩黑色常缩入前胸内，老熟时长 14 ～ 18 毫米。蛹椭圆形，黄褐色，长 8 ～ 10 毫米。

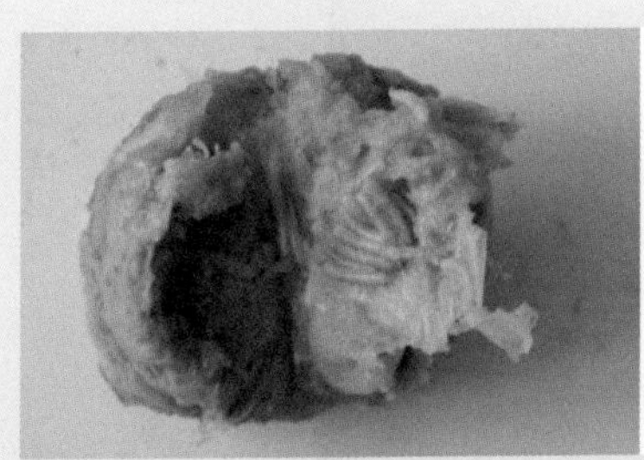
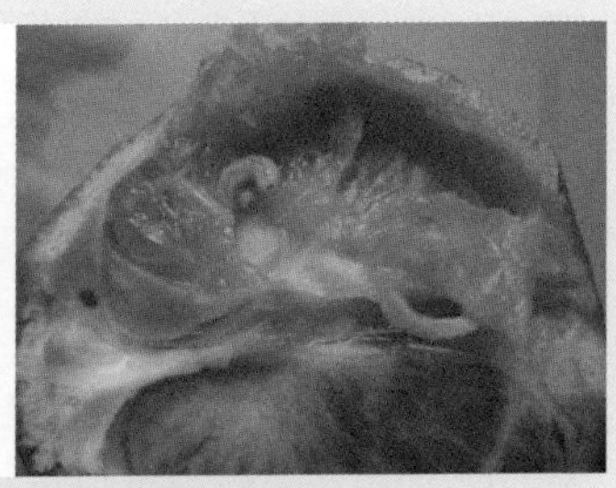

图 15-159 柑橘大实蝇幼虫及为害状

图 15-160 柑橘大实蝇成虫

3. 发生特点

该虫一年发生一代，以蛹在土中越冬。越冬蛹于 4 ～ 5 月上旬晴天羽化为成虫。成虫出土后先在地面爬行待翅展开后便入附近有蜜源处（如桃林和竹林等）取食蜜露作为补充营养，直至产卵前才飞入橘园产卵，6 月上旬至 7 月中旬为产卵期，6 月中旬为盛期。7 ～ 9

月卵在果中孵化为幼虫蛀食果肉，9 月下旬至 10 月中下旬幼虫老熟，脱果入土，在土中 3.3 ～ 6.6 厘米处化蛹。成虫晴天中午活动最甚，飞翔较敏捷，常栖息叶背面和草丛中。成虫一生多次交配，羽化后一个月左右才开始产卵，卵多产于枝叶茂密的树冠外围的大果中。甜橙产卵痕多在果腰处，呈乳突状，橘子产卵痕多在果脐部，不明显，柚子则多在果蒂部微下凹。卵期约 1 个月，果内有幼虫 5 ～ 10 头。受害果多在 9 ～ 10 月脱落。阴山和土壤湿润果园及附近蜜源多的果园受害重。树冠枝叶茂盛的树子外围大果受害多。土壤含水量低于 10%或高于 15%均会造成蛹大量死亡。远距离传播主要靠带虫果实、种子及带土苗木。甜橙和酸橙受害较重。

4. 防治方法

① 不要从发生区引进果实、种子和带土苗木。

② 9 ～ 10 月摘除刚出现症状的果实深埋。

③ 成虫羽化始盛期选用 0.087% 甲氨基阿维菌素苯甲酸盐浓饵剂 100 ～ 200 毫升 /667 米 ^{2}、0.1% 阿维菌素浓饵剂 180 ～ 270 毫升 /667 米 ^{2}、1% 噻虫嗪饵剂 80 ～ 100 克 /667 米 ^{2}、1% 吡虫啉饵剂 5 ～ 10 克 /50 米 ^{2} 诱杀成虫，幼虫入土时选用 20% 氰戊菊酯乳油 10000 ～ 20000 倍液地面喷雾。

④ 释放辐射不育雄虫降低虫口。

⑤ 冬季翻耕园土，可杀死部分越冬蛹；成虫发生期可用糖酒醋液诱杀成虫。

五十五、橘小实蝇

橘小实蝇又名东方果实蝇、黄苍蝇，属双翅目实蝇科。我国广东、广西、湖北、湖南、四川、重庆、贵州、云南、福建和台湾等地均有分布。寄主有柑橘、芒果、香蕉、杨桃、枇杷、番石榴、桃、梨、李、番茄、辣椒和茄子等 250 余种植物。

1. 为害症状

成虫产卵于柑橘果实的瓤瓣和果皮之间，产卵处有针刺状小孔和汁液溢出，凝成胶状，产卵处渐变成乳突状的灰色或红褐色斑点。卵孵化后幼虫蛀食果瓣使果实腐烂脱落。

2. 形态特征

雌成虫体长约 7 毫米、翅展 16 毫米，雄成虫体长 6 毫米、翅展 14 毫米，黄褐至深褐色，复眼间黄色，3 个单眼黑色排列成三角形，颊黄色（图 15-161）。触角具芒状，角芒细长而无细毛，触角第 3 节为第 2 节的 2 倍。胸部背面中央黑色而有明显的 2 条柠檬黄色条纹，前胸背板鲜黄色，中后胸背板黑色。翅透明，翅脉黄色，翅痣三角形。腹部黄至赤褐色，雄虫腹部为 4 节，雌虫腹部为 5 节，产卵管发达，由 3 节组成。3 ～ 5 腹节背面中央有显著黑色纵纹与第二节的黑色横纹相交成“T”字形。卵菱形，乳白色，稍弯曲，一端稍细而另一端略钝圆，长约 1.0 毫米。1 龄幼虫体长 1.2 ～ 1.3 毫米，半透明；2 龄幼虫乳白色长约 2.5 ～ 2.8 毫米；3 龄幼虫橙黄色，圆锥形，长 7.0 ～ 11 毫米，共 11 节，口钩黑色。蛹椭圆形，淡黄色，长约 5.0 毫米，由 11 节组成。

图 15-161　橘小实蝇成虫

3. 发生特点

该虫 1 年发生 3 ～ 5 代，田间世代重叠，同一时期各虫态均可见。成虫早晨至中午前羽化出土，但以 8 时前后出土最多，成虫羽化后经性成熟后方能交配产卵，产卵前期夏季为 20 天，春、秋季为 25 ～ 60 天，冬季为 3 ～ 4 个月。产卵时以产卵器刺破果皮将卵产于果瓣和果皮之间，每孔产卵 5 ～ 10 粒，雌成虫一生可产卵

200 ～ 400 粒，产卵部位以东向为多。橘小实蝇在梅州柑橘园 6 月下旬至 9 月上旬为产卵期，7 月下旬为产卵盛期，9 月下旬受害果开始脱落，10 月下旬为脱落盛期。夏季卵期约 2 天，冬季约 3 ～ 6 天。幼虫期夏季 7 ～ 9 天，秋季 10 ～ 12 天，冬季 15 ～ 20 天。幼虫孵出后即钻入果瓣中为害，致使果实腐烂脱落。幼虫蜕皮 2 次老熟后即脱果钻入约 3.0 厘米土层中化蛹。幼虫少，受害轻的果实暂不脱落。

4. 防治方法

同防治柑橘大实蝇的方法。另外可在 2.0 毫升甲基丁香酚原液中加毒死蜱滴于橡皮头内，将其装入用矿泉水瓶制成的诱捕器内挂于离地 1.5 米的树上，每 60 米挂一个，每 30 ～ 60 天加一次性诱剂诱杀成虫。

五十六、蜜柑大实蝇

蜜柑大实蝇又名日本蜜柑蝇，属双翅目实蝇科。我国广西、台湾、四川、山东、安徽和江苏等地少数柑橘园有分布。仅为害柑橘类的果实和种子。系国内和国际植物检疫对象。

1. 为害症状

成虫产卵在果实的瓤瓣内，产卵孔圆形或椭圆形，孔口多不封闭，孔口边缘多为灰白色，少数褐色或黑褐色，产卵孔周围有不明显的淡黄色晕圈。多数产卵孔有黄色胶质溢出，呈露珠状后脱落，并有龟裂纹。幼虫孵出后即取食果肉和种子，受害果在 10 月份前后未熟先黄而脱落，但果实多不腐烂。

2. 形态特征

雌成虫体长 10 ～ 12 毫米，雄成虫体长 9.9 ～ 11 毫米 ，体黄褐色（图 15-162）。头部黄褐色，单眼三角区黑色，触角黄褐色，触角与角芒等长，角芒暗褐色。胸部背板红褐色，中央有“人”字形的褐色纵纹。胸部有肩板鬃 2 对、背侧鬃 2 对、小盾鬃 1 对。翅膜质透明，翅痣和翅端斑黑褐色。腹部背面黄褐色，从基部至第 5 腹节后缘有黑色纵纹与第 3 节前缘黑色横纹相交呈“十”字形。产卵管长度约等于腹部第二至五节长度之和，其后端狭小部分短于腹部第五背板。卵乳白色椭圆形，略弯，长 0.9 ～ 1.5 毫米。幼虫初孵时乳白色，老熟时黄白色，老熟时长 12 ～ 15 毫米，口钩发达，呈黑色。蛹椭圆形，鲜黄色至黄褐色，长 8 ～ 10 毫米。

图 15-162　蜜柑大实蝇成虫

3. 发生特点

在广西一年发生一代，主要以蛹在土中越冬，也有少数幼虫在果中越冬。成虫于 4 月中旬开始出土，5 月上、中旬达盛期，6 月中旬为末期。6 月中旬至 9 月中旬产卵，7 月下旬至 8 月中旬达盛期。卵于 7 月下旬至 11 月孵化，8 月下旬至 9 月下旬为幼虫盛发期。幼虫于 10 月上旬开始脱果入土，10 月下旬至 12 月中旬达盛期。成虫在雨后晴天 8 ～ 13 时出土，此时活动最盛。羽化后经 2 个月才出现产卵盛期。成虫常以蚜虫和蚧类的蜜露为补充营养，对糖酒醋液有趋性。土壤疏松，含水量中等的均有利于其成虫出土。成虫一般在晴天产卵，产卵于果实腰部，一处产卵 1 ～ 2 粒。卵期 40 ～ 50 天，1 果通常有 1 ～ 3 头幼虫。受害果多不腐烂。幼虫脱果后即钻至 3.3 ～ 6.6 厘米土层中化蛹，少数蛹在果中。

4. 防治方法

参照柑橘大实蝇防治。

五十七、花蕾蛆

花蕾蛆又名橘蕾瘿蝇、柑橘瘿蝇、包花虫，其受害花称灯笼花和算盘子，属双翅目瘿蚊科。我国各柑橘产区均有分布。仅为害柑橘类。

1. 为害症状

成虫在花蕾现白直径约2～3毫米时从花蕾顶部将卵产于花蕾中，卵孵化后幼虫食害花器，使花瓣短缩变厚，花蕾呈白色圆球形，花瓣上有分散小绿点。受害花蕾的花丝呈褐色，花柱周围有许多黏液以增强它对干燥环境的适应力。花蕾松散而不能开放和结果，直接降低果实产量（图 15-163）。

图 15-163 正常花蕾与畸形花蕾对比

左边两个为正常花蕾；右边两个为畸形花蕾

2. 形态特征

雌成虫体长 1.5 ～ 1.8 毫米，翅展 4.2 毫米，暗黄褐色，周身密被黑褐色柔软细毛。头扁圆形，复眼黑色，无单眼，触角细长 14 节念珠状，每节膨大部分有 2 圈放射状刚毛。前翅膜质透明被细毛，在强光下有金属闪光，翅脉简单。足细长黄褐色，腹部 10 节，但仅能见到 8 节，每节有黑褐色细毛一圈。第 9 节成针状产卵管。雄成虫略小，体长 1.2 ～ 1.4 毫米，翅展 3 ～ 5 毫米，触角哑铃状，黄褐色。腹部较小，有抱握器 1 对。卵长椭圆形无色透明，长约 0.16 毫米。老熟幼虫长纺锤形，橙黄色，长约 3.0 毫米。前胸腹面有一黄褐色“Y”形剑骨片。1 龄幼虫较小无色，2 龄体长 1.6 毫米略带白色。蛹纺锤形，黄褐色，长约 1.6毫米，快羽化时复眼和翅芽变为黑褐色，外有一层长约 2.0 毫米黄褐色的透明胶质蛹壳。

3. 发生特点

该虫 1 年中发生 1 代，个别 1 年 2 代，以幼虫在土中越冬。发生时期因各地区和每年的气温不同而异，在重庆一般 3 月下旬至 4 月初柑橘现蕾时成虫出土，出土盛期往往随雨后而来，刚出土成虫先在地面爬行，白天潜伏于地面，夜间交配产卵，成虫出土后 1 ～ 2 天即可交尾产卵，产卵后成虫很快死亡。卵期 3 ～ 4 天，顶端疏松的花蕾最适产卵，卵产在子房周围。4 月中下旬为卵孵化盛期，幼虫食害花器使花瓣增厚变短，花丝花药成褐色。幼虫共 3 龄，1 龄期为 3 ～ 4 天，2 龄期 6 ～ 7 天。幼虫在花蕾中生活约 10 天，即爬出花蕾弹入土中越夏越冬。一个花蕾中最少有幼虫 1 ～ 2 头，最多可达 200 余头。蛹期 8 ～ 10 天。阴雨有利于成虫出土和幼虫入土，故阴湿低洼果园、阴山和隐蔽果园、沙壤土果园和现蕾期多阴雨天气均有利于其发生。干旱等天气不利于发生。

4. 防治方法

① 关键是在成虫出土（花蕾现白）和幼虫入土期进行地面施药。药剂有 45% 毒死蜱 1000 ～ 2000 倍液、20% 甲氰菊酯乳油 / 水乳剂 2000 ～ 3000 倍液、20% 氰戊菊酯乳油 10000 ～ 20000 倍液、25g/L 溴氰菊酯乳油 1500 ～ 2500 倍液。

② 在成虫羽化出土前用塑料薄膜覆盖果园地面闷死成虫阻止其上树产卵，还可控制杂草。幼虫入土前摘除受害花蕾深埋或煮沸以杀灭幼虫。冬春翻土可杀死土中部分幼虫和蛹。

五十八、橘实雷瘿蚊

橘实雷瘿蚊又名橘瘿蚊，属双翅目雷瘿蚊科。已知在我国四川、湖南、广东、广西和贵州等地区的少数柑橘园有发生。仅为害柑橘类。

1. 为害症状

其成虫产卵于柑橘果实果蒂附近，幼虫孵化出即蛀入果实的海绵层取食，使果实腐烂脱落，但不蛀食果肉，此点不同于实蝇为害（图

15-164）。

2. 形态特征

成虫体长 2.5 ～ 3.1 毫米，翅展 4.12 ～ 5.20 毫米。头、胸部棕黄色，复眼黑色，腹部红褐色。触角细长，共 14 节，每节上着生环毛，前胸背板和腹部有棕色长毛。翅透明，被细毛，在强光下有紫色金属光泽。足细长，黑黄两色相间，并着生细毛。雌成虫产卵管较细长。雄成虫体略小，其抱握器短，形如鹰嘴。卵椭圆形初为乳白色，后为淡褐色，近孵化时卵上出现 1 个红点。幼虫体扁纺锤形，体红色，头部淡棕色。胸部有三角形红色斑纹。末端有 4 个突起，前胸背面有黑褐色 Y 状骨片。腹部有黄色斑纹（图 15-165）。蛹红褐色至暗褐色，体长 2.5 ～ 3.0 毫米。

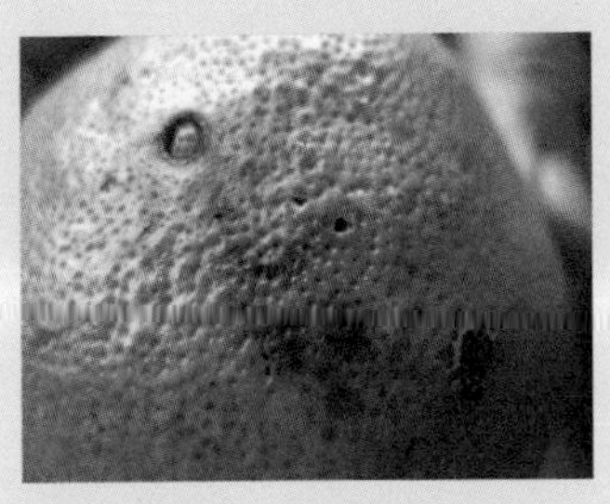

图 15-164　橘实雷瘿蚊果实为害状

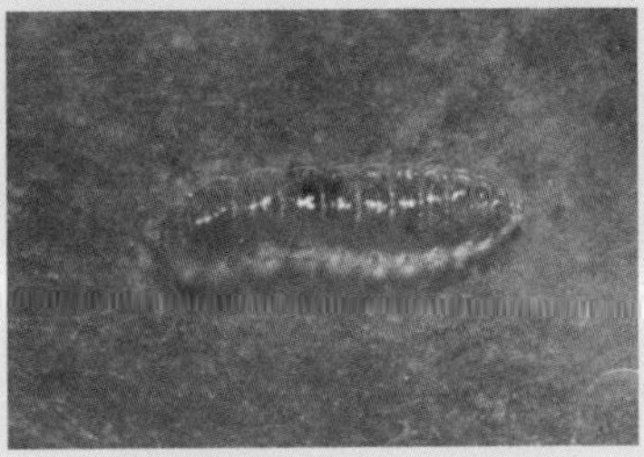

图 15-165　橘实雷瘿蚊幼虫

3. 发生特点

该虫 1 年发生 1 代，以幼虫在土中越冬。5 月上旬化蛹，成虫 6 月上旬开始羽化出土，7 月份达盛期，9 月份为出土末期。成虫一般多在下午羽化出土，羽化后 1 ～ 2 天即交尾产卵，成虫白天多潜伏于隐蔽处，交尾产卵多在晚上。卵多产在果蒂附近，呈集团性不规则散产，每头成虫平均可产 30 ～ 50 粒卵，幼虫孵出后即在卵壳附近活动，经第一次蜕皮后才分散蛀入果实海绵层取食。1 果实内平均有幼虫 25 头以上，多的达 134 头。幼虫在果内蛀食 70 ～ 90 天即脱果入土。受害果一般在 10 月份腐烂脱落。

4. 防治方法

① 严禁带虫果和带土有虫苗木外运。

② 摘除虫果，捡拾虫果煮沸杀死果中幼虫，冬季深翻园土可杀死部分土中幼虫。

③ 成虫羽化出土期用 50% 辛硫磷或 40% 毒死蜱 1000 ～ 2000 倍液，20% 甲氰菊酯或 20% 杀灭菊酯或 2.5% 溴氰菊酯 2000 ～ 3000 倍液喷施地面。7 ～ 10 天 1 次，连续喷 2 ～ 3 次，防治效果较好。

五十九、柑橘蓟马和茶黄蓟马

蓟马属缨翅目，蓟马科。我国为害柑橘的蓟马各地种类不同。主要有柑橘蓟马、茶黄蓟马、花蓟马、稻蓟马、橙黄蓟马、温室蓟马、台湾花蓟马和中国蓟马等多种，最主要的是柑橘蓟马、茶黄蓟马和花蓟马。

1. 为害症状

茶黄蓟马和柑橘蓟马取食柑橘嫩叶、嫩枝和幼果（图 15-166、图 15-167）。危害早而重的嫩梢呈丛生状芽，受害轻的嫩梢生长衰弱，瘦长而扭曲，受害处表面呈灰白或灰褐色，在其上抽生的梢短而弱。嫩叶受害处多在中脉附近或叶缘。未展开时受害叶多向正面纵卷，叶狭长呈柳叶状，叶硬脆而不脱落，表面呈灰白或灰褐色，无光泽，与跗线螨为害症状相似。果实以直径 4 厘米以下的幼果受害重。受害果呈灰白色，像覆盖一层浓米汤状灰白色膜，用指甲可刮去薄膜，严重影响果实外观。

2. 形状特征

① 柑橘蓟马。成虫体长约 1.0 毫米，纺锤形，淡橙黄色，腹部较圆，体有细毛，触角 8 节，头上的毛较长，前翅有 1 条纵脉，翅上缨毛很细。卵肾形，长 0.18 毫米。幼虫 1 龄体小，颜色略淡；2 龄幼虫大小与成虫相似，无翅，未成熟时椭圆形，琥珀色，经预蛹（3 龄）和蛹（4 龄）羽化为成虫。

② 茶黄蓟马。雌成虫体 0.8 ～ 1.0 毫米，头、胸部橙黄色，头部前缘和中胸背板前缘灰褐色，前翅灰色，复眼突出，单眼鲜红色呈三

角形排列。触角8节，第一节黄色，其余为灰褐色。雄成虫体长0.7毫米。卵淡黄色，肾形。幼虫体似成虫，初孵时乳白色后为淡黄色。经预蛹和蛹羽化为成虫。

图15-166 受害果实

图15-167 叶片受害状

3. 发生特点

① 柑橘蓟马。1年发生7～8代，以卵在新叶组织内越冬，个别成虫也可越冬。次年3～4月越冬卵孵化为幼虫，取食嫩叶、嫩芽和幼果，4～10月均可见虫体，但以谢花至幼果直径4厘米时危害最重。1～2代发生较整齐，以后世代重叠。其1龄幼虫死亡较多，2龄幼虫是主要的为害虫态，也是重点防治时期。幼虫老熟后在地面或树皮裂缝内化蛹。成虫晴天中午最活跃。每雌一生可产卵25～75粒，完成一代约2～3周，主要为害期为4～6月（开花至幼果），气温达17℃以下便停止活动。柠檬和脐橙受害重，实生苗受害重，嫁接苗轻。

② 茶黄蓟马。1年发生5～8代，主要以蛹越冬。第一代成虫于5月达高峰，第2代于6月中下旬达高峰，以后世代重叠。成虫产卵于幼嫩组织内，幼虫吸食汁液，2龄后在树皮裂缝和地表枯叶中化蛹。温州蜜柑果顶部受害多，柚等受害处则多在果蒂部。亦以5～6月危害果蒂重。

4. 防治方法

① 柑橘园附近不种茶、葡萄和花生等寄生植物。地面盖塑料薄膜阻止成虫出土。

② 在开花至幼果期，5% ～ 10% 的花、叶或幼果上平均有虫 1 ～ 2 头或 20% 的 1.8 厘米直径的幼果上有虫时进行防治。可使用 80 亿孢子 / 毫升金龟子绿僵菌可分散油悬浮剂 1000 ～ 2000 倍液、25% 噻虫嗪水分散粒剂 4000 ～ 5000 倍液、20% 吡虫啉可溶液剂 2500 ～ 3000 倍液、20% 啶虫脒可湿性粉剂 12000 ～ 16000 倍液、10% 虫螨腈悬浮剂 1500 ～ 2000 倍液。

③ 保护利用钝绥螨、捕食椿象和各种捕食蜘蛛等天敌。

六十、蝗虫类

蝗虫又称蚱蜢或蚂蚱，属直翅目蝗科，我国南北方均有，以北方发生危害重。其寄主广泛，主要有玉米、高粱、水稻、小麦、竹子、芦苇、大豆、甜菜、甘蔗和柑橘等 100 多种植物，是粮食、蔬菜、棉花和果树的重要害虫。在我国取食柑橘的蝗虫有短额负蝗、东亚飞蝗、棉蝗、日本黄脊蝗和中华稻蝗等 10 余种，前两种较普遍。

1. 为害症状

成虫和若虫啃食柑橘叶片、小枝、树皮和果实。叶片被吃成缺刻或孔洞，严重时也被吃光，甚至整株树叶被吃光，缺乏食料时还啃食小枝树皮，阻碍水分和养分输送，有时被害树皮裂开，引起流胶和腐烂，使枝叶干枯脱落。幼果受害处常造成下凹疤痕，损坏外观，有时还会落果，将成熟果实咬成大洞引起果实腐烂脱落（图 15-168）。

2. 形态特征

① 东亚飞蝗。雌成虫体长 39.5 ～ 51.2 毫米，雄体略小。体绿或黄褐色。前胸背板中隆线发达。前翅褐色有光泽，翅常超过后足胫节的中部，有暗色斑纹。雌成虫后足胫节长 19 ～ 28.7 毫米。卵呈圆柱形微弯，长 6.5 毫米，卵块圆柱形。若虫（蝗蝻）1 龄体长 4.9 ～ 10.5

毫米，灰黑色，触角 14 节。3 龄体长 16 ～ 21.2 毫米，头和前胸背板两侧红褐色，余为黑色，触角 20 ～ 21 节。5 龄长 25.7 ～ 39.6 毫米，头胸部红褐色更显著，触角 24 ～ 25 节（图 15-169）。

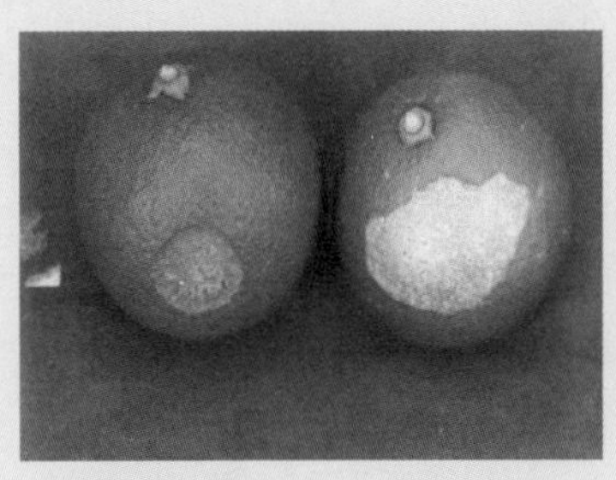

图 15-168 果实受害状

图 15-169 东亚飞蝗

② 短额负蝗。雌成虫体长约 32 毫米，前翅长 26.5 ～ 28.0 毫米。体淡绿至褐色，有淡黄色疣状突起。头尖，颜面斜度很大，与头呈锐角，额面隆起狭长状，中间有纵沟。触角剑状。额较短，自头顶端至复眼前缘的长度为两复眼前缘间宽度的 1.8 倍（图 15-170）。卵长椭圆形，黄褐至深黄色，长 2.9 ～ 3.8 毫米。若虫共 5 龄，1 龄长 0.3 ～ 0.5 厘米，草绿略带黄色；5 龄时前胸背面向后面突出较大，形似成虫。

图 15-170 短额负蝗成虫

3. 发生特点

① 东亚飞蝗。在四川 1 年 2 代，广州 1 年 3 ～ 4 代，以卵在

土中越冬。在湖南越冬卵于5月中旬变为若虫称夏蝻，夏蝻约经35～40天变为夏蝗，夏蝗盛发于6月中下旬，夏蝗约经15～20天开始产卵，7月上旬为盛期。第2代蝗蝻（秋蝻）于7月下旬出现，秋蝗于8月下旬至9月中旬出现，之后15天左右即交配产卵于4～6厘米深的疏散土层中的白色卵囊中，喜在白天8～10时和17～19时取食活动，阴雨、大风和夜晚少活动。

② 短额负蝗。浙江1年2代以卵在土中越冬，多在16～18时产卵，1卵块有25～101粒卵。成虫和若虫善跳跃，以11时以前和15～17时取食最盛。其他时间多潜伏在杂草和作物内。

4. 防治方法

① 冬季翻挖园土杀灭卵块；捕捉成、若虫；园内放养鸡鸭啄食害虫。

② 药剂防治。盛发期用20%溴氰菊酯10000～20000倍液、20%甲氰菊酯2000～3000倍液或20%噻虫嗪4000～5000倍液喷雾，效果较好。

六十一、同型巴蜗牛

同型巴蜗牛又名小螺蛳、旱螺蛳，属软体动物门，腹足纲，有肺目，巴蜗牛科。我国各柑橘产区和山东、内蒙古及河北等地均有分布。它是杂食性动物，可取食多种果树、林木、蔬菜、花卉和粮油作物，它还取食食用菌类和土壤中的腐殖质。

1. 为害症状

其成螺和幼螺均可取食柑橘叶片、树皮和果实。常将叶片叶肉吃掉留下网状表皮使表皮变褐干枯，有时叶片上还留下褐色粪便，也可将叶片吃成缺刻或孔洞。取食小枝树皮时常将其树皮刮食一圈使其养分和水分输送受阻使小枝枯死。在雨水多、数量大时还常聚集主干树皮上取食。在秋季果实成熟时常将果实刮食成大的孔洞，引起果实腐烂脱落。它分泌的黏液常在爬行过的表面留下亮光状痕迹（图15-171）。

图 15-171 同型巴蜗牛为害柑橘状

2. 形态特征

同型巴蜗牛成螺高 12 毫米、宽 16 毫米，黄褐色至红褐色，算盘珠状，螺壳 5.5 ～ 6 层，螺层周围及缝合线上常有 1 条褐色带，壳口为马蹄形，触角 2 对，眼着生于第 2 对触角顶端（图 15-172）。软体灰白色，长约 35 毫米，腹足扁平。卵球形乳白至灰白色，直径 0.8 ～ 1.4 毫米。幼螺体较小，外壳淡灰色，软体乳白色，外形似成螺。

图 15-172 成螺

3. 发生特点

该蜗牛 1 年发生 2 代，以成螺在石块、土壤缝隙间、落叶和树皮下等处越冬。越冬期间壳口被一层白膜封住，3 月中下旬开始活动，第一代 4 月中旬至 5 月下旬发生。第 2 代 8 月中旬至 10 月中旬发生。该蜗牛为异体受精，交配产卵期分别在 3 月下旬至 5 月上旬和 8 月上旬至 9 月。交配后 4 ～ 30 天开始产卵，卵成堆产于疏松潮湿土壤和石缝中及落叶下面。一头雌螺一生可产卵 3 ～ 5 次，共可产卵 150 ～ 274 粒，卵期为 5 ～ 20 天，孵化后幼螺约经 3 ～ 4 个月发育为成螺。幼螺以土壤中腐殖质为食，成螺则危害植物的地上部分，也可食腐殖质。晴天白天潜伏在阴暗潮湿处，阴雨天和夜晚取食，一般夜晚 9 ～ 12 时活动最甚。一年中夏秋季发生多为危害重，尤其多阴雨天气活动危害重。一年危害时间约 200 天。幼体多群集取食，成螺则多分散活动。果园阴湿、管理粗放、园中土块大缝隙多的受害重。温州蜜柑果实受害重，甜橙则较轻。

4. 防治方法

① 果园放养鸡鸭啄食蜗牛。

② 在蜗牛盛发期早晨和傍晚进行人工捕捉杀死；在蜗牛产卵期进行中耕翻土晒卵；在盛发期傍晚在果园内每 3 ～ 5 米堆一堆青草诱集蜗牛取食，次晨在草下捕杀蜗牛。

③ 晴天傍晚在植株附近地面撒石灰粉或草木灰。

④ 用 8% 克蜗灵颗粒剂 1 千克混合 10 ～ 15 千克细土撒施防治效果也好。

第三节　天敌害虫与防治

一、澳洲瓢虫和红点唇瓢虫

1. 捕食对象

澳洲瓢虫是专食性昆虫，它只捕食吹绵蚧，其成虫和幼虫均食吹绵蚧的各虫态，是吹绵蚧特效天敌，它是目前生物防治最成功的典范

（图 15-173）。红点唇瓢虫及其盔唇瓢虫属瓢虫（如湖北红点唇瓢虫等）主要捕食矢尖蚧、糠片蚧、桑盾蚧、米兰白轮蚧、柿绒粉蚧等多种蚧类，其成虫和幼虫均捕食蚧类害虫，一头成虫或幼虫一天可捕食矢尖蚧 7 ～ 120 余头（图 15-174）。

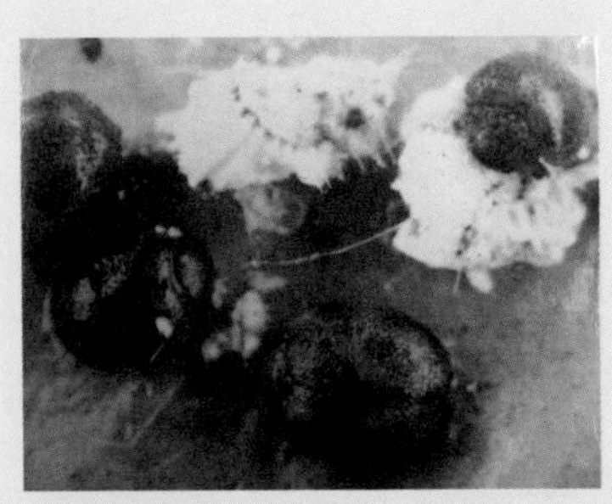

图 15-173 澳洲瓢虫捕食吹绵蚧

图 15-174 红点唇瓢虫成虫、幼虫捕食矢尖蚧

2. 形态特征

两种昆虫均为鞘翅目瓢虫科昆虫。

（1）澳洲瓢虫　成虫体近圆形拱起，体长约 4 毫米，头部黑色，触角红色，复眼黑褐色，前胸背板红色，后缘有黑色宽带。鞘翅红色，沿鞘翅缝有黑色纵纹，在鞘翅中央纵纹向两侧延伸成黑斑，鞘翅 2/3 处有斧形黑斑，前缘有一肾形黑斑。卵长椭圆形粉红色，长约 0.6 毫米。老熟幼虫红褐色，长约 5.0 毫米（图 15-175）。

（2）红点唇瓢虫　成虫体近圆形拱起，体长 3.3 ～ 4.4 毫米，鞘翅黑色，中央各有一横置的红黄色至红色长圆形斑，背面黑色而有光泽，腹部黄色，足黑色。其近似种湖北红点唇瓢虫仅是其外生殖器与其有区别。卵椭圆形，淡红色。幼虫体红褐色，全身披刺毛，头黑褐色（图 15-176）。

3. 发生特点

（1）澳洲瓢虫　在重庆北碚 1 年约发生 8 代，多以成虫越冬。次年3月成虫开始活动和产卵，5～11月为盛发期，卵多产于吹绵蚧腹面和背面，初孵幼虫常聚集取食卵粒，稍大后则分散取食害虫各虫态。在吹绵蚧缺乏时幼虫常自相残杀。

图15-175 澳洲瓢虫蛹和成虫

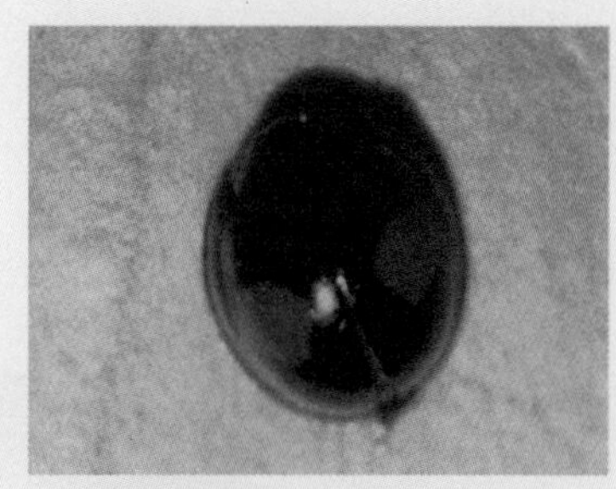
图15-176 红点唇瓢虫成虫

（2）红点唇瓢虫 在重庆1年约发生4代，以成虫越冬。次年3月上旬开始活动，4～10月是其活动盛期，1头幼虫或成虫1天平均食矢尖蚧1～2龄若虫17～120头。其卵多产在矢尖蚧雌成虫介壳处，尤其介壳的孔口处最多。

4. 饲养繁殖和引移释放技术

由于澳洲瓢虫是专食性昆虫，它只能用吹绵蚧来饲养，目前多在室内进行越冬保种饲养，由于它原产澳洲早春和冬季在室内要升温繁殖，其繁殖适温在25℃左右。由于它繁殖快，在有吹绵蚧时只要引移少量放于吹绵蚧多的园内，便会很快将害虫消灭。远距离引种多用木箱或纸盒等容器装运，但箱（盒）内必须要有足够饲料，容器要封好，以防止缺食时自相残杀或逃逸，放虫时最好集中放于害虫多的树上以利于繁殖。在室内用马铃薯繁殖桑盾蚧后再用以繁殖红点唇瓢虫，以在20～25℃温度和每日12小时以上光照条件下，桑盾蚧和红点唇瓢虫繁殖快、繁殖量最大。田间释放时按瓢虫、矢尖蚧1∶（100～200）的益害比释放瓢虫经济效益好。两种天敌释放后在害虫未消灭之前果园最好不施用有机磷和拟除虫菊酯类广谱杀虫剂以免伤害天敌，降低防治效果。

二、日本方头甲和整胸寡节瓢虫

1. 捕食对象

日本方头甲主要捕食矢尖蚧、糠片蚧、褐圆蚧、黑点蚧、桑盾蚧、琉璃圆蚧、红圆蚧、柿绵蚧和米兰白轮蚧等蚧类害虫，还可捕食柑橘红蜘蛛等害螨（图 15-177）。整胸寡节瓢虫的主要捕食对象是矢尖蚧、糠片蚧、黑点蚧、长白蚧、褐圆蚧和桑盾蚧等害虫，具体捕食种类与日本方头甲相近，但它不捕食柑橘红蜘蛛。

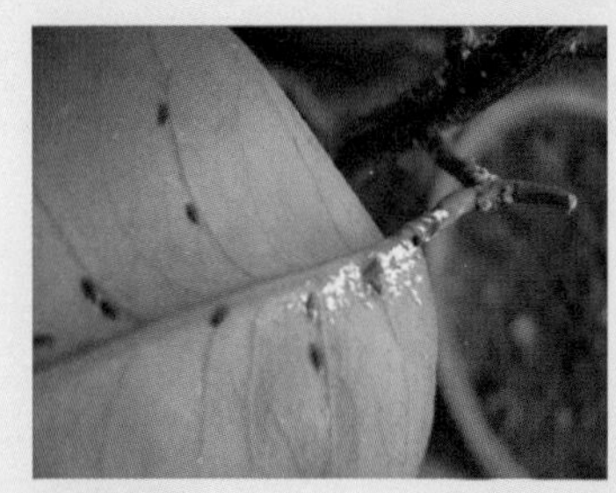

图 15-177　日本方头甲捕食矢尖蚧

2. 形态特征

（1）日本方头甲　属鞘翅目方头甲科。其成虫体椭圆形，长 0.8 ～ 1.1 毫米，体背漆黑色有光泽，无绒毛。头近长方形，口器、触角及足黄褐色。雄成虫头和前胸背板的颜色有淡黄色、深褐色或黑褐色等，雌成虫则全体为黑色，仅前胸部腹面为黑棕色（图 15-178）。卵长椭圆形，乳白色有光泽，长 0.4 ～ 0.5 毫米。幼虫初孵时肉红色，老熟时长约 2 毫米，头和胸足黑褐色，其余黄褐色，体壁两侧各有 1 对小瘤状突起，外披白色束状的蜡丝。

（2）整胸寡节瓢虫　为鞘翅目瓢虫科寡节瓢虫属，其成虫体椭圆形，全体黑色，长 1.9 ～ 2.0 毫米。全身密被灰白色绒毛。触角、口器和唇基前缘黄褐色，腹面黑色至黑褐色，足黄褐色，背面刻点细密而浅仅鞘翅上的明显，小盾片狭长（图 15-179）。卵短椭圆形，乳白色至淡黄色，长 0.35 ～ 0.40 毫米。老熟幼虫长 2.2 ～ 2.7 毫米，黄褐色，长卵圆形，头及胸足跗节黑色。体壁两侧各有 1 较粗短的外披白色蜡丝的突起，末端有1根刚毛。

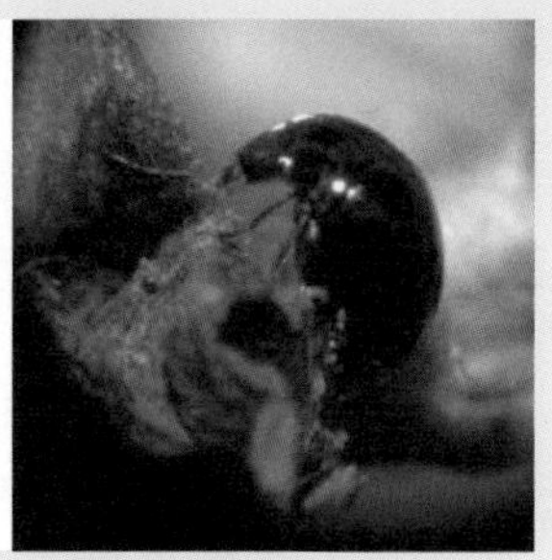

图15-178　日本方头甲成虫（左雄、右雌）

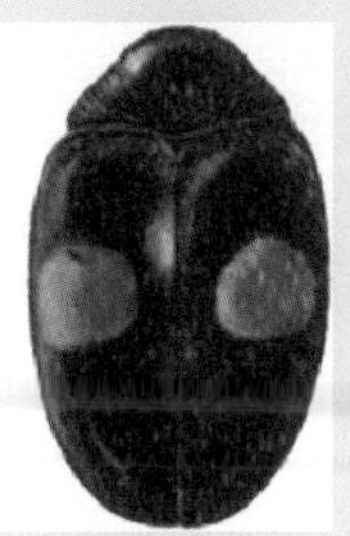

图15-179　整胸寡节瓢虫成虫（左雌、右雄）

3. 发生特点

（1）日本方头甲　1年发生3～5代，以成虫越冬。次年3月可见成虫活动，气温达16℃以上时开始产卵，每雌平均可产卵37～49粒，10月中下旬气温达20℃时停止产卵，成虫有假死习性。卵多产于雌介壳下，幼虫喜在矢尖蚧的雄虫群中活动和取食，并破坏雄虫介壳致其死亡。

（2）整胸寡节瓢虫　1年发生3～4代，以成虫越冬。田间以4～10月较多，成虫和幼虫均喜在枝干和叶上爬行取食，成虫有假死性，卵多产于矢尖蚧的寄生蜂羽化孔内。喜捕食若虫和雄虫。

4. 饲养繁殖和引移释放技术

可用马铃薯繁殖桑盾蚧再用来饲养繁殖日本方头甲（详细见红点唇瓢虫的饲养繁殖），还可用南瓜在25℃和60%～85%相对湿度条件下饲养梨圆蚧和桑盾蚧等后再来进行繁殖。整胸寡节瓢虫的繁殖方法与日本方头甲基本相同。用鸡蛋黄、蜂蜜、蜂王浆或玉米、丝瓜等鲜花粉作人工饲料只能暂时维持其生命，不能产卵繁殖。其他释放和田间保护措施与红点唇瓢虫相同。

三、深点食螨瓢虫和腹管食螨瓢虫

1. 捕食对象

食螨瓢虫种类很多，各地优势种也不一样。主要有深点食螨瓢虫、腹管食螨瓢虫、拟小食螨瓢虫和黑囊食螨瓢虫等多种，但以前两种较普遍。它们均喜捕食各种叶螨类害螨，如柑橘红蜘蛛、四斑黄蜘蛛、棉红蜘蛛、朱砂叶螨、苹果红蜘蛛和山楂红蜘蛛等（图15-180）。

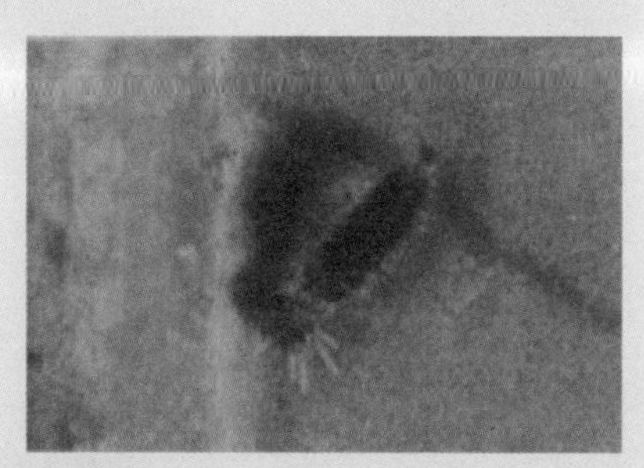

图15-180 深点食螨瓢虫幼虫捕食红蜘蛛

2. 形态特征

两种瓢虫均属鞘翅目瓢虫科昆虫。

（1）深点食螨瓢虫　其成虫体卵圆形呈半球拱起，体黑色，长1.3～1.5毫米，触角、口器、足股节末端、胫节和跗节为褐黄色，腿节基部黑褐色端部褐黄色，头、前胸背板、鞘翅及腹面均有较深刻点，全身均披灰白色绒毛。后基线弧形完整，其后缘伸至第一腹板中部而向前弯曲达前缘。卵长椭圆形淡黄色，长约 0.45 毫米。幼虫 2、3 龄时为淡黄色，老熟时中部为土黄色。蛹长约 1.6 毫米，黑褐色具光泽，密生细毛，后端有蜕皮壳（图 15-181）。

（2）腹管食螨瓢虫　成虫体卵圆形黑褐色，长 1.2 ～ 1.3 毫米，全体披灰白色细毛，触角、口器、唇基及足均为褐色，后基线弧形完整，后基线后缘达第一腹板 1/3。卵椭圆形淡红色，长约 0.35 毫米。幼虫体长约 2.4 毫米，灰褐色至暗红色，披细毛，胸部背面有褐色毛片。蛹暗褐色，披细毛，腹部末端有幼虫的蜕皮壳（图 15-182）。

图 15-181　深点食螨瓢虫

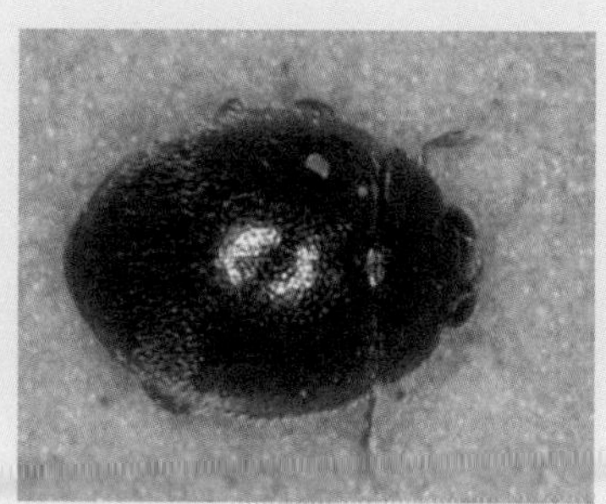

图 15-182　腹管食螨瓢虫

3. 发生特点

（1）深点食螨瓢虫　1 年发生 7 ～ 8 代，以成虫越冬。次年 3 月开始活动，但以 5 ～ 10 月最多，每雌一生可产卵 50 ～ 85 粒。成虫日平均捕食柑橘红蜘蛛螨、卵约 93.2 头。幼虫共 4 龄。在食料缺乏时幼虫有时有自相残杀现象。

（2）腹管食螨瓢虫　1 年约发生 6 代，以成虫越冬。2 月下旬至 11 月均可见成虫活动，气温达 12℃以上时成虫开始活动，达 16℃时开始产卵，其发育繁殖的适宜条件为 25 ～ 28℃和 80% ～ 85% 相对湿度。完成 1 代历期最短需 17 ～ 20 天，最长需 28 ～ 40 天。初龄幼虫喜食幼螨和卵，幼虫共 4 龄。老熟幼虫 1 天可食螨和卵 100 ～ 200 头。成虫寿命可达 2 个月以上。

4. 饲养繁殖和引移释放技术

食螨瓢虫目前用人工饲料饲养仅能维持生命不能产卵繁殖。故目前多用人工种菜豆苗等来繁殖叶螨后再用其来繁殖食螨瓢虫。田间着重保护利用，如使用选择性农药克螨特、双甲脒、三唑锡、单甲脒、苯丁锡等低毒药剂防治害虫；或在天敌少时施药；或在果园内或附近种植豆类或藿香蓟等螨类的寄主植物，用以繁殖叶螨类作天敌饲料等。

四、七星瓢虫和异色瓢虫

1. 捕食对象

这两种瓢虫均为鞘翅目瓢虫科。在我国分布较广泛。它们的成虫和幼虫主要捕食蚜虫如橘蚜、橘二叉蚜、棉蚜、桃蚜、豆蚜、高粱蚜和其他各种蚜虫（图 15-183），它还可捕食一些鳞翅目害虫的 1 ～ 2 龄幼虫如柑橘卷叶蛾和棉铃虫等的 1 ～ 2 龄幼虫，有时还吃木虱和粉蚧等。

2. 形态特征

（1）七星瓢虫　成虫体卵圆形，呈半球状拱起，体长 5.2 ～ 7.0 毫米，宽 4.0 ～ 5.6 毫米。头和复眼黑色，触角栗色，上唇和口器黑色，上颚外侧淡黄色，前胸背板和小盾片黑色。鞘翅红色或橙黄色，光滑无毛，两鞘翅上共有 7 个黑斑，其中位于小盾片下方的小盾斑被鞘缝分割为一边一半。其余每鞘翅各 3 个。鞘翅基部靠小盾片两侧各有一三角形小白斑。腹部和足黑色，触角 11 节稍长于额宽。雄虫第五腹板后缘中央微凹陷，第六腹板后缘平截。雌虫第五腹板后缘齐平，第六腹板后缘凸出，表面平整（图 15-184）。

（2）异色瓢虫　成虫（图 15-185）体卵圆形呈半球状拱起，体长 5.4 ～ 8.0 毫米，宽 3.8 ～ 5.2 毫米。背面光滑无毛，背面色泽和斑纹变形较大，头部由橙黄色、橙红色至黑色。前胸背板色浅而有 M 形黑斑，向深色型变异时该斑黑色部分扩展相连以致中部全为黑色，仅两侧色浅；向浅色型变异时该斑黑色部分缩小为 4 个或 2 个小黑点。小盾片橙黄色至黑色。鞘翅上各有 9 个黑斑，向深色型变异时斑点相连而成网形斑，或鞘翅黑色而各有 6 个、4 个、2 个或 1 个浅色斑，甚至全为黑色；向浅色型变异时鞘翅上的黑斑部分消失甚至全部消失，以致鞘翅全为橙黄色。腹面色泽也有变化，浅色的中部黑色外缘黄色，深色的中部黑色其余褐黄色。鞘翅近末端 7/8 处有一明显的横脊痕是本种的重要特征。雄虫第五腹板后缘弧形内凹，第六腹板后缘半圆形内凹；雌虫第五腹板后缘外凸，第六腹板后缘弧形外凸。卵长椭圆形，黄色至深黄色，排成 10 ～ 40 粒的卵块（图 15-186）。幼虫黑色至灰黑色，老熟时长约 11 毫米。蛹体长 7 毫米，橘黄色。

图 15-183 异色瓢虫捕食蚜虫

图 15-184 七星瓢虫成虫

图 15-185 异色瓢虫成虫

图 15-186 异色瓢虫卵

3. 发生特点

异色瓢虫 1 年发生 6 ～ 8 代，以成虫越冬。成虫在 10℃以下即停止取食，15 ～ 20℃时开始取食，20 ～ 25℃时交尾较多。28.1℃时卵期 2 天、幼虫期 14.6 天、预蛹和蛹期 5.8 天。成虫寿命多为 40 ～ 50 大。幼虫全期可捕食蚜虫 600 余头。一生可捕食橘蚜 5500

头左右。七星瓢虫1年约发生5～6代，以成虫越冬。3月中旬开始产卵，各代历期随温度而异。

4. 饲养繁殖和引移释放技术

目前该2种瓢虫用人工饲料饲养其繁殖率很低或不产卵，故多用其他作物上的蚜虫来饲养或用菜豆苗或马铃薯苗养蚜虫来繁殖瓢虫。但目前多采取田间迁移和保护措施。一是把麦田的瓢虫迁入果园，二是喷药时尽量不用或少用广谱性杀虫剂。

五、大草蛉和中华草蛉

1. 捕食对象

草蛉属脉翅目草蛉科。其种类较多，主要有大草蛉、中华草蛉、亚非草蛉和晋草蛉等多种。其成虫和幼虫均喜捕食蚜虫、柑橘红蜘蛛（包括叶螨类）和一些鳞翅目昆虫的低龄幼虫，由于捕食蚜虫量大故其幼虫称蚜狮。它们是捕食天敌中食量最大的种类之一。

2. 形态特征

（1）大草蛉　成虫体长13～15毫米，前翅长17～18毫米，后翅长15～16毫米。体黄绿色，头部有2～7个黑斑，但以4～5个较为常见。触角较前翅短，黄褐色，基部两节黄绿色，胸部背面有1条明显黄色纵带。翅透明，前翅前缘横列脉和后缘基半部脉多为黑色，翅脉上多黑毛。卵椭圆形草绿色，有一丝状卵柄。孵化前为黑褐色。老熟幼虫长12毫米，红褐色。腹部背面紫色，腹面黄绿色。体上常盖有其他害虫皮壳等物。茧白色圆球形（图15-187）。

（2）中华草蛉　成虫体长9～10毫米，黄绿色。前翅长13～14毫米，后翅11～12毫米。胸腹部背面有黄色纵带，头部黄白色，两颊及唇基两侧各有一黑线（斑）。触角灰黄色，比前翅短。翅透明，翅端部尖，翅痣黑色，翅脉黄绿色，翅脉上有黑色短毛。足黄绿色，跗节黄褐色（图15-188）。卵椭圆形，绿色至褐色，有丝状卵柄。成长幼虫体长约6毫米，黄白色。头部有八字形褐纹，胸腹部毛瘤黄白色。背面两侧有紫色纵带。幼虫体背面常附有其他害虫的皮壳或碎屑等。

图 15-187 大草蛉

图 15-188 中华草蛉成虫

3. 发生特点

大草蛉在重庆 1 年发生 5 代，以蛹越冬。次年 4 月上旬成虫开始活动，田间以 5 ～ 10 月虫口较多。卵常数粒至数十粒产在一起，每雌可产卵约 200 粒。幼虫和成虫日可捕食柑橘红蜘蛛螨、卵 30 ～ 300 头（粒），全幼虫期可食蚜虫 600 余头，成虫可食 400 多头。中华草蛉年发生代数随各地温度而异，多以成虫越冬。越冬成虫体色由绿变黄并出现许多红色斑纹，来春转暖后再变成绿色。卵单粒散产。

4. 饲养繁殖和引移释放技术

草蛉目前多用蚜虫或米蛾卵来饲养和繁殖，其他人工饲料有多种配方，但饲喂后成虫繁殖率很低，故大量繁殖多用田间蚜虫和米蛾卵。此外还应重视人工助迁和田间保护。当柑橘园蚜虫大发生时从附近有蚜虫的田块将草蛉迁移到柑橘园。柑橘园防治其他病虫害时尽量不用或少用对有益生物杀伤较大的广谱性杀虫剂，或选择在天敌少时施药。或在果园内间种豆类等作物或其他寄主植物。

六、塔六点蓟马和东亚小花蝽

1. 捕食对象

塔六点蓟马属缨翅目蓟马科昆虫，我国南北均有分布。主要捕食叶螨类。是柑橘园内早春和初夏柑橘红蜘蛛的重要捕食天敌。东亚小花蝽属半翅目花蝽科。我国南北方均有分布，捕食各种叶螨类、蚜虫、棉蓟马、棉铃虫和斜纹夜蛾等鳞翅目昆虫幼虫和卵等。

2. 形态特征

（1）塔六点蓟马　其成虫体长约 0.9 毫米，淡黄色至橙黄色，它吸食柑橘红蜘蛛后体显微红，翅狭长前缘有鬃毛 20 对，后缘有长而密的缨毛，翅上各有 3 个黑点故名六点蓟马（图 15-189）。卵白色肾形，卵柄呈直角弯曲。初孵若虫乳白色，体色随食物的颜色而变化。

（2）东亚小花蝽　其成虫体长约 2 毫米，全身具微毛，背面布满刻点。体淡褐色至暗褐色。头、复眼、前胸背板、小盾片、喙（端部除外）、体下、各足基节及后股节（端部除外）均为黑色，前翅膜片无色半透明，头短而宽，中、侧片等长，中片较宽。触角 4 节，第 1、2 节短，第 2 节棒形，第 4 节略似纺锤形而扁平。两单眼的距离远于各自与复眼的距离。前胸背板中部凹陷，后缘中间向前弯曲。小盾片中央有横凹陷。前翅膜质有纵脉 3 条，中间一根不明显，易被忽视。喙短，不到中胸，第 1 节长为头的 1/4。后胸有嗅腺孔。

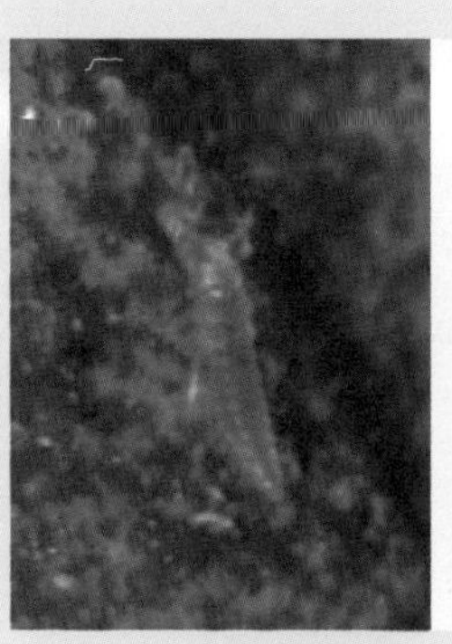

图 15-189　塔六点蓟马成虫

3. 发生特点

塔六点蓟马在重庆以成虫越冬，3 ～ 11 月田间均可发现，但以 4 ～ 5 月最多，是该时期螨类天敌的优势种，有时晚秋数量也很多。成、若虫日可捕食若螨 46 头或螨卵 17 粒。它的耐药力较强。东亚小花蝽以成虫在枯枝落叶和草堆中越冬，早春开始活动，是春天和夏初柑橘园中螨类的重要天敌。它还捕食蚜虫、蓟马和许多鳞翅目害虫的卵等。

4. 饲养繁殖和引移释放技术

这两种天敌的人工饲养和繁殖目前研究还较少。对塔六点蓟马主要用菜豆苗繁殖叶螨来饲养繁殖它。东亚小花蝽可用嫩玉米粒饲养其初孵若虫，成虫获得率为45%左右。果园间种或保留夏至草可引诱小花蝽在其上产卵，有利于繁殖和田间保护利用。在两种天敌盛发时果园内尽量不施或少施有机磷等对天敌高毒的广谱性杀虫剂，以免伤害天敌。果园间种豆科植物作为两种天敌的猎物寄主，有利于保持园内天敌的种群数量。

七、尼氏真绥螨和具瘤长须螨

1. 捕食对象

尼氏真绥螨属植绥螨科，是叶螨天敌的优势种之一，主要捕食红蜘蛛、四斑黄蜘蛛、苹果红蜘蛛等。具瘤长须螨又名神蕊长须螨，属长须螨科，它捕食柑橘红蜘蛛、四斑黄蜘蛛和锈壁虱及侧多食跗线螨。它还喜在矢尖蚧的雄虫介壳群中活动和爬行，对其介壳也有一定的破坏作用。此外在江西柑橘园中细毛长须螨也是柑橘园害螨的重要捕食者。上述捕食螨在我国分布较广。

2. 形态特征

（1）尼氏真绥螨　其成螨体椭圆形，长约0.33毫米，无色透明，腹部前窄后宽，尾部钝圆，体表光滑无瘤突。捕食红蜘蛛后体背呈现红色“凸”形，体背有18对毛，尾部3对明显，腹末1对最长。足4对，第1对发达而长成螯肢，故称畸螯螨（图15-190）。卵无色透明，葡萄形。若螨初孵时近圆形无色透明，足3对，腹末有一对几乎与足等长的毛。2龄若螨体扁平椭圆形，足4对，背面有2条明显纵沟，体色亦随食物颜色而异。

（2）具瘤长须螨　其成螨体短椭圆形，体红色至紫红色，冬季体色较暗。雌成螨体长0.2～0.4毫米，腹部前端较宽，尾端钝圆，背面光滑无瘤突。有刚毛 12 对。足 4 对，金黄色（图 15-191）。卵圆球形暗黄色。幼螨近圆形扁平，暗橙黄色，足 3 对，这可与柑橘红蜘蛛区别。若螨似成螨，体较小。

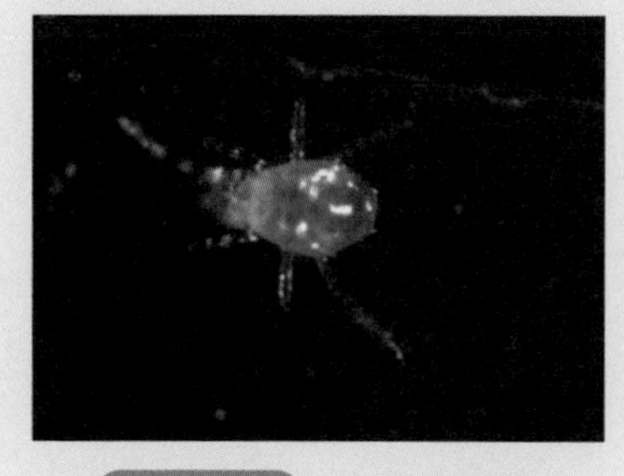

图 15-190 尼氏真绥螨

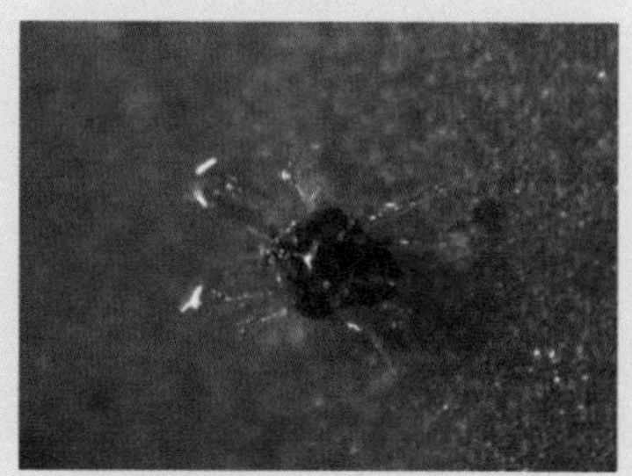

图 15-191 具瘤长须螨

3. 发生特点

（1）尼氏真绥螨　在重庆 1 年约发生 20 代，以成螨越冬。田间 3 ～ 11 月均可见其活动，但以 4 ～ 6 月和 9 ～ 10 月为多。一生平均产卵 41.5 粒。13℃以下很少捕食，20℃以上最活跃，一生可捕食柑橘红蜘蛛卵或若螨 200 ～ 500 个，尤喜食柑橘红蜘蛛，并可食许多植物花粉。多栖息在叶片背面，尤以有蛛网处为多。在日均温 25.6℃时完成 1 代需 17.6 天。

（2）具瘤长须螨　1 年约发生 16 代，以成螨越冬。田间 3 ～ 11 月均可见其活动，但以 4 ～ 7 月最多，最适温度为 25℃，10℃以下活动很少。成螨一生约产卵 34 粒，一生可捕食螨卵和幼、若螨 125 ～ 179 个。它对温度和雨水有较强适应力，其耐药性较强，它是柑橘园中最常见的螨类的捕食天敌。

4. 饲养繁殖和引移释放技术

尼氏真绥螨可在室内用玉米花粉、蓖麻花粉、丝瓜花粉和茶花粉等进行繁殖。具体作法是将厚约 1 厘米的泡沫湿润后放于瓷盘或塑料盘内加水至其厚度的 2/3 处，上面盖一块黑布再盖一块塑料薄膜，上面撒上花粉，将螨移上去，为便于产卵可在上面放一些棉花丝，每日收取螨卵进行释放。视情况添加饲料。具瘤长须螨只能用柑橘红蜘蛛等叶螨进行繁殖。田间保护可在果园及附近种植上述花粉植物或藿香蓟等，可为捕食螨提供饲料或其猎物的饲料。由于捕食螨的抗药力较差，在天敌盛发时尽量不施或少施有机磷等广谱性杀虫杀螨剂。

八、矢尖蚧黄蚜小蜂和花角蚜小蜂

1. 寄生对象

矢尖蚧黄蚜小蜂和花角蚜小蜂是膜翅目蚜小蜂科昆虫。矢尖蚧黄蚜小蜂仅寄生矢尖蚧的未产卵雌成虫，花角蚜小蜂寄生在矢尖蚧的已产卵雌成虫的体内，是控制矢尖蚧的重要天敌。除上述 2 种外，还有寄生矢尖蚧雄虫的镞盾蚧黄蚜小蜂、印巴黄蚜小蜂、盾蚧长缨蚜小蜂和凤蝶金小蜂等。

2. 形态特征

（1）矢尖蚧黄蚜小蜂　雌成虫体长 1.10 ～ 1.21 毫米，柠檬黄色，胸部腹面颜色略暗，小盾片后缘有浅黑色条纹，复眼紫红色，单眼红棕色。触角 6 节。卵长椭圆形无色。幼虫卵圆形，乳白色半透明，可见暗红色内脏，长 0.45 ～ 0.75 毫米。雄成虫体略小（图 15-192）。

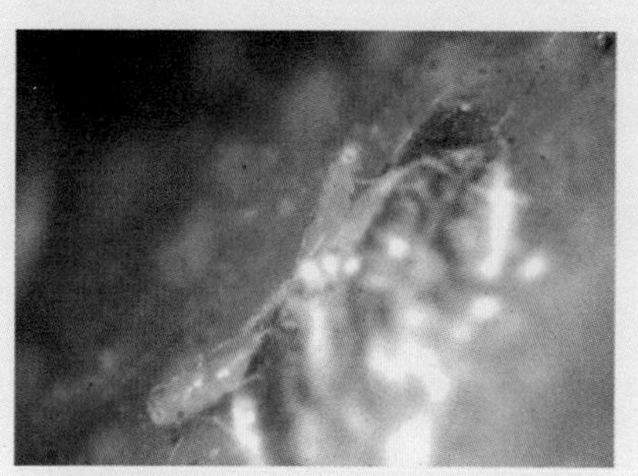

图 15-192　矢尖蚧黄蚜小蜂成虫

（2）花角蚜小蜂　雌成虫体长约 1 毫米，土黄色，头宽为长的 3 倍，复眼橄榄色，单眼红黄色。触角 7 节，柄节、梗节和第 3 索节为柠檬黄色其余为黑色。雄成虫全体黑色。触角 8 节。卵乳白色。幼虫米黄色，长约 1.35 毫米。蛹黑褐色。

3. 发生特点

（1）矢尖蚧黄蚜小蜂　在重庆 1 年发生 11 ～ 12 代，以幼虫越冬为主。田间以 7 月至次年 3 月虫口较多，尤以 9 ～ 10 月最多，3 ～ 6 月最少。它寄生在矢尖蚧未产卵的雌成虫的腹下，称体外寄生。雄虫极少，常行孤雌生殖。成虫多在叶上活动，爬行很快。

（2）花角蚜小蜂　以幼虫和蛹越冬。一年发生多代。一年中以 7 ～ 10 月最多，11 月至次年 6 月较少。它还可寄生紫牡蛎蚧，是体内寄生蜂。

两种寄生蜂耐药力均较差。

4. 饲养繁殖和引移释放技术

矢尖蚧黄蚜小蜂可在室内用柠檬果实（或夏橙果实）饲养出矢尖蚧后在 25℃和每日 10 小时日光灯光照下繁殖，最多平均每个果实可繁育出 99 头寄生蜂，但其增殖率不高。花角蚜小蜂的繁殖方法相似，但增殖率也不高。故目前田间多作人工助迁和保护利用，主要是避开寄生蜂虫口高峰期用药，尤其不用或少用有机磷和拟除虫菊酯类广谱性杀虫剂。其他还有用马铃薯繁殖茶长本圆蚧繁殖印巴黄蚜小蜂防治褐圆蚧，用南瓜繁殖褐圆蚧、用马铃薯繁殖红圆蚧和桑盾蚧来繁殖相应寄生蜂。

九、刺粉虱黑蜂和松毛虫赤眼蜂

1. 寄生对象

刺粉虱黑蜂又称粉虱细蜂，属膜翅目细蜂科。主要寄生黑刺粉虱 1、2 龄若虫，被寄生后黑刺粉虱体肥厚，其羽化孔多数在蛹背面中央近圆形而规则，而黑刺粉虱羽化孔多数不规则，部分蛹壳向上翘而易于区别。它还可寄生吴氏刺粉虱和柑橘黑刺粉虱。松毛虫赤眼蜂属膜翅目赤眼蜂科。我国分布很广，可寄生 210 余种昆虫卵，如松毛虫（枯叶蛾科）、夜蛾科、卷叶蛾科和尺蛾科害虫卵。它对柑橘卷叶蛾防效很好。

2. 形态特征

（1）刺粉虱黑蜂　雌成虫体长 0.75 ～ 1.10 毫米，黑褐色，触角及足褐色，头宽而光滑，单眼排列成钝三角形，头及胸部背面有网纹，触角 8 节，小盾片宽大于长。前翅膜质，无色透明披细毛，前缘毛短，外缘和后缘毛长，后翅缘毛特长（图 15-193）。卵棒状，无色透明。老熟幼虫体长 0.55 ～ 1.05 毫米，乳白色。蛹乳白色。

（2）松毛虫赤眼蜂　雄成虫体黄色，腹部黑褐色。前翅臀角上的缘毛的长度为翅宽的 1/8，外生殖器阳基背突有明显的宽圆的侧叶，末端伸达 *D*（腹中突基部至阳基侧瓣末端间的距离）的 3/4 以上。中脊成对不伸达 *D* 的 3/4。阳茎与其内突等长。雌成虫在 25℃以上时饲养出来的全体为黄色，仅腹部末端和产卵器末端有褐色部分，但在较低温度下饲养出来的虫体中胸盾片淡黄色，腹基部及末端呈褐色（图 15-194）。

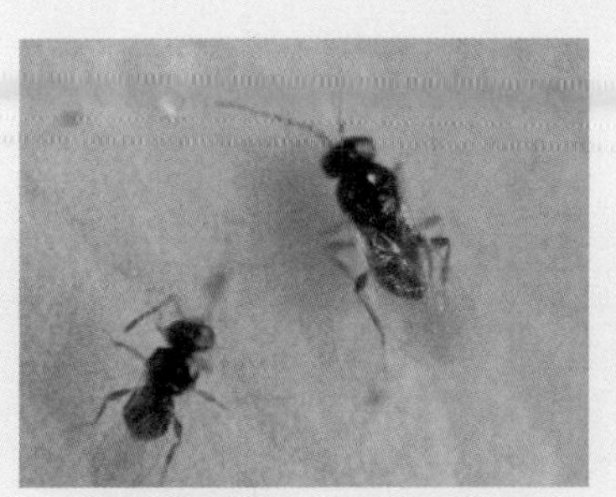

图 15-193　刺粉虱黑蜂

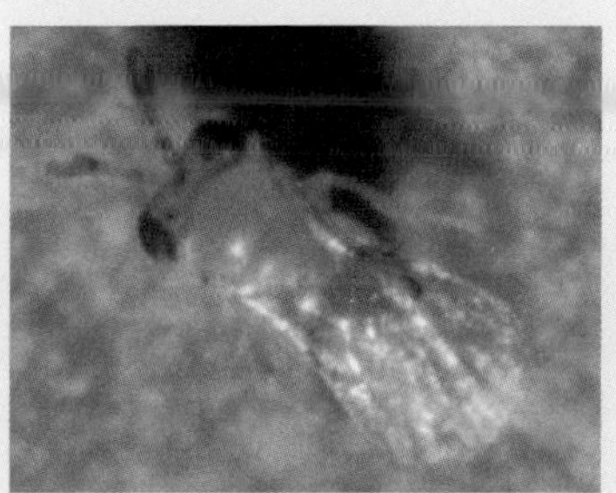

图 15-194　松毛虫赤眼蜂

3. 发生特点

（1）刺粉虱黑蜂　在重庆 1 年发生 4 ～ 5 代，以幼虫在寄主体内越冬。柑橘园中 4 ～ 11 月均可见成虫活动，其发生期与黑刺粉虱 1、2 龄若虫期相一致。雌雄性比为 5∶1，1 头成虫可产卵 11 ～ 384 粒，1 头黑刺粉虱蛹可出寄生蜂 1 ～ 4 头。成虫常在树冠内部的叶背面活动。晴天活动多雨天少，其对糖液有趋性。

（2）松毛虫赤眼蜂　在自然温度下一年可发生 17 ～ 19 代，以蛹在寄主卵中越冬。其发育起点温度为 6.02℃ ±0.51℃，发育历期与温度呈负相关。成虫多在白天羽化。寄主卵越新鲜出蜂率越高。它对刚产出的松毛虫卵寄生率可达 93%，平均每卵出蜂 139 头。田间以 6 ～ 10 月为多。

4. 饲养繁殖和引移释放技术

刺粉虱黑蜂目前多采用人工助迁和田间保护。即将有被寄生的黑刺粉虱叶片摘下装于开口的纸袋内，再挂于黑刺粉虱较多的柑橘树上让寄生蜂羽化后产卵于黑刺粉虱幼虫体内。松毛虫赤眼蜂目前可在室内用柞蚕卵、米蛾卵、蓖麻蚕卵制成卵卡来繁殖，在害虫卵期释放让其寄生卵。在柑橘园主要用于防治卷叶蛾，一般每亩次释放 25000 头，连放 3 ～ 4 次，控制效果很好。

十、粉虱座壳孢菌和红霉菌

1. 寄生对象

粉虱座壳孢菌又名赤座霉和猩红菌，主要寄生柑橘粉虱、绵粉虱、烟粉虱和双刺姬粉虱，还可寄生桑粉虱和温室白粉虱，但以对柑橘粉虱幼虫寄生率最高、控制效果最好（图 15-195），是我国广大柑橘区控制柑橘粉虱最有效的有益真菌微生物。红霉菌是许多盾蚧类害虫如褐圆蚧、红圆蚧、黄圆蚧、黑点蚧、糠片蚧、牡蛎蚧、长牡蛎蚧和矢尖蚧等的重要寄生菌（图 15-196），尤其在华南等南亚热带柑橘区多。

图 15-195　柑橘粉虱被粉虱座壳孢菌寄生状

图 15-196　黑点蚧被红霉菌寄生状

2. 形态特征

（1）粉虱座壳孢菌　系真菌微生物，其孢子侵入柑橘粉虱幼虫后虫体表面形成肉质子座，初为白色稍隆起，以后色泽逐渐变为猩红色故称猩红菌。其子座（菌落）直径为 1.2 ～ 3.3 毫米，顶部有分生孢子器的孔口，呈凹状。分生孢子纺锤形，有 3 ～ 4 个油球。此外，在美国加利福尼亚州还有 1 种黄色的粉虱座壳孢菌寄生云翅粉虱。

（2）红霉菌　寄生介壳虫后常在介壳四周长出紫红色至粉红色的分生孢子座，继而整个介壳上布满了红色肉质子座，这时介壳虫已死亡。它与粉虱座壳孢菌的区别是：它的子座较薄而扁平，其颜色较淡而呈粉红色，其子座形状不定；而粉虱座壳孢菌的子座多为圆形或近圆形，子座厚而突起。

3. 发生特点

粉虱座壳孢菌以菌丝在子实体上越冬。在高温高湿条件下侵染和传播迅速，寄生率可达 90% 以上。红霉菌亦以菌丝体在子实体上越冬，主要在湿度大的阴雨季节和较阴湿的柑橘园发生较多，但其寄生率不及粉虱座壳孢菌高。

4. 饲养繁殖和引移释放技术

粉虱座壳孢菌可在麦芽汁琼脂、玉米粉、马铃薯、葡萄糖和琼脂培养基上培养，生长很好。生产上一般多用麦芽汁琼脂培养基进行发酵生产。具体条件是：含糖 10%、琼脂 20%、pH 5.5 ～ 6.5。在 24 ～ 25℃和 80% ～ 100% 相对湿度的培养箱或发酵室内培养。经 5 ～ 7 天后培养基表面长满白色菌丝，经 25 ～ 30 天就能制成菌剂。在生长季节也可在田间采有粉虱座壳孢菌的柑橘叶片挂于柑橘粉虱较重的柑橘园中让其自然传播。还可将有粉虱座壳孢菌的叶片采下按 1000 个子座加水 1 千克，将叶片捣碎过滤后喷雾，效果也好。此外在粉虱座壳孢菌多时最好不喷铜制剂等广谱杀菌剂以免杀死病菌。红霉菌主要是加强田间保护利用，方法同粉虱座壳孢菌。

[1] 何天富．柑橘学．北京：中国农业出版社，1999.

[2] 庄伊美．柑橘营养与施肥．北京：中国农业出版社，1994.

[3] 彭良志．甜橙安全生产技术指南．北京：中国农业出版社，2013.

[4] 古汉虎，汤辛农．低产土壤改良．长沙：湖南科学技术出版社，1982.

[5] 侯光炯，高惠民．中国农业土壤概论．北京：农业出版社，1982.

[6] 桑以琳．土壤学与农作学．北京：中国农业出版社，2005.

[7] 熊毅，李庆逵．中国土壤．北京：科学出版社，1987.

[8] 中国农业科学院农田灌溉研究所．黄淮海平原盐碱地改良．北京：农业出版社，1977.

[9] 刘建德，柳小龙．节水灌溉技术与应用．兰州：兰州大学出版社，2007.

[10] 马耀光，张保军，罗志成，等．旱地农业节水技术．北京：化学工业出版社，2004.

[11] 史德明．江西省兴国县紫色土地区的土壤侵蚀及其防治方法．土壤学报，1965，13（2）：181-193.

[12] 朱莲青．绿肥作物在利用和改良盐渍土中的效果．土壤通报，1965（4）：18-21.

[13] 江才伦，彭良志，曹立，等．三峡库区紫色柑橘园不同耕作方式的水土流失研究．水土保持学报，2011，25（8）：26-31.

[14] 马嘉伟，胡杨勇，叶正钱，等．竹炭对红壤改良及青菜养分吸收、产量和品质的影响．浙江农林大学学报，2013，30（5）：655-661.

[15] 朱宏斌，王文军，武际，等．天然沸石和石灰混用对酸性黄红壤改良及增产效应的研究．土壤通报，2004，35（1）：26-29.

[16] 全国农业技术推广服务中心．果树轻简栽培技术，北京：中国农业出版社，2010.

[17] 曹立，彭良志，淳长品，等．赣南不同土壤类型脐橙叶片营养状况研究．中国

南方果树，2012，41（2）：5-9.

[18] 王男麒，彭良志，淳长品，等. 赣南柑橘园背景土壤营养状况分析. 中国南方果树，2012，41（5）：1-4.

[19] 淳长品，彭良志，凌丽俐，等. 赣南产区脐橙叶片大量和中量元素营养状况研究. 果树学报，2010，27（5）：678-682.

[20] 江泽普，韦广泼，蒙炎成，等. 广西红壤果园土壤酸化与调控研究. 西南农业学报，2003，16（4）：90-94.

[21] 王瑞东，姜存仓，刘桂东，等. 赣南脐橙园立地条件及种植现状调查分析. 中国南方果树，2011，40（1）：1-3.

[22] 黄功标. 龙岩市新罗区耕地土壤主要理化性状变化分析. 福建农业科技，2006（1）：44-45.

[23] 刘桂东，姜存仓，王运华，等. 赣南脐橙园土壤基本养分含量分析与评价. 中国南方果树，2010，39（1）：1-3.

[24] 刁莉华，彭良志，淳长品，等. 赣南脐橙园土壤有效镁含量状况研究. 果树学报，2013，30（2）：241-247.

[25] 唐玉琴，彭良志，淳长品，等. 红壤甜橙园土壤和叶片营养元素相关性分析. 园艺学报，2013，40（4）：623-632.

[26] 淳长品，彭良志，凌丽俐，等. 撒施复合肥柑橘园土层剖面中氮磷钾分布特征. 果树学报，2013，30（3）：416-420.

[27] 邢飞，付行政，彭良志，等. 赣南脐橙园土壤有效锌含量状况研究. 果树学报，2013，30（4）：597-601.

[28] 黄翼，彭良志，凌丽俐，等. 重庆三峡库区柑橘镁营养水平及其影响因子研究. 果树学报，2013，30（6）：962-967.

[29] 彭良志，淳长品，江才伦，等. 滴灌施肥对“特罗维塔”甜橙生长结果的影响. 园艺学报，2011，38（1）：1-6.

[30] 彭良志，刘生，淳长品，等. 滴灌柑橘园肥料撒施对土壤 pH 值的影响. 中国南方果树，2005，34（4）：1-5.

[31] 姜存仓. 果园测土配方施肥技术. 北京：化学工业出版社，2011.

[32] 西南大学柑橘研究所. 柑橘主要病虫害简明识别手册. 北京：中国农业出版社，2012

[33] 冉春 . 柑橘病虫害防治彩色图说 . 北京：化学工业出版社 ,2011.

[34] 周常勇 . 对柑橘黄龙病防控对策的再思考 . 植物保护，2018, 44 (05) : 30-33.

[35] 冉春，陈洋，袁明龙，等 . 桔全爪螨田间种群对杀螨剂的敏感性 . 植物保护学报，2008, 35: 537-540.

[36] 冉春，林邦茂，张权炳 . 日本方头甲捕食桑盾蚧功能反应研究 . 植物保护，1999 (05) : 14-15.